ARBEITEN DER LEHRKANZEL FÜR TIERZUCHT AN DER HOCHSCHULE FÜR BODENKULTUR IN WIEN

HERAUSGEGEBEN VON

HOFRAT PROFESSOR Dr. L. ADAMETZ

DRITTER BAND

MIT 39 ABBILDUNGEN
UND 14 TABELLEN

WIEN

VERLAG VON JULIUS SPRINGER

1925

ISBN-13: 978-3-7091-9564-2   e-ISBN-13: 978-3-7091-9811-7
DOI: 10.1007/978-3-7091-9811-7

Inhaltsverzeichnis

Kraniologische Untersuchungen des Wildrindes von Pamiątkowo

Ein Beitrag zur Frage nach der Abstammung europäischer Hausrinder

Von

Hofrat **Dr. Leopold Adametz**

o. ö. Professor der Hochschule für Bodenkultur in Wien

1. Fundort und Beschaffenheit des Schädels

Der im folgenden beschriebene Rinderschädel wurde im Sommer 1924 auf dem Gute des Herrn v. Koczorowski in Pamiątkowo (Kreis Szamotuly) etwa 25 *km* südwestlich von Posen gefunden. Zufälligerweise stieß man in Gegenwart des Professors für Tierzucht an der Krakauer Universität, des Herrn Dr. R. Prawohenski, im Verlaufe einer Demonstration der Torfgewinnung in fast 5 *m* Tiefe des dortigen Torflagers auf diesen Schädel. Derselbe ist relativ vorzüglich erhalten; es fehlen, vom Unterkiefer abgesehen, nur die Nasenbeine. In demselben Torflager wurden bereits zahlreiche interessante Knochenfunde gemacht. Von ihnen interessieren uns besonders Schaufeln vom ausgestorbenen Riesenhirschen (cervus euryceros). Sie wurden unweit dieses Rinderschädels in gleicher Tiefe gefunden und gestatten daher eine Datierung des Fundes, indem sie es ermöglichen, ihn als diluvial anzusprechen.

Herrn Prof. Dr. Prawohenski, der die Liebenswürdigkeit hatte, mir den interessanten Schädel zur Bearbeitung zu überlassen, sage ich verbindlichen Dank.

Ehe ich mit der Beschreibung des Wildrindschädels beginne, ist es nötig, zunächst folgende Fragen zu beantworten: 1. Gehört der Schädel tatsächlich einem Wildrinde an? 2. War das Individuum erwachsen? und 3. Welchen Geschlechtes war der Träger dieses Schädels?

2. Beweise für die Zugehörigkeit dieses Schädels zu einem wilden Individuum

Abgesehen von dem diesbezüglich hinreichend orientierenden, eben erwähnten Zusammenvorkommen dieses Schädels mit den Resten des Riesenhirsches, gilt es doch noch zu untersuchen, ob am Schädel des Posener Wildrindes selbst. nicht auch Merkmale vorkommen, welche für seine Zugehörigkeit zu einem wilden Individuum beweisend sind. Auf Grund einer vieljährigen und an reichem Materiale gewonnenen Erfahrung kann ich diese Frage auf das Bestimmteste bejahen. Ja ich gehe sogar soweit zu behaupten, daß nach eingehender Betrachtung des Schädels etwa diesbezüglich auftauchende Zweifel nur dann möglich sind, wenn der betreffende Beobachter über keine hinreichende Erfahrung verfügt.

Jene Momente, welche die Wildnatur des Trägers dieses Schädels außer allen Zweifel setzen, sind kurz folgende: 1. Alle Knochenhöcker, -kämme und -leisten sind in ungewöhnlich scharfer Weise ausgeprägt.

Dies gilt insbesondere für die Rauhigkeiten und den median verlaufenden Kamm der Hinterhauptfläche, den Kamm am Jochbeine, dessen eingehendere Beschreibung weiter unten folgt usw.

2. Alle Gefäß- und Nervenöffnungen sind relativ groß und die entsprechenden Rinnen sind tief in die Oberfläche der Knochen eingegraben, so scharf konturiert, daß sie, wie z. B. die Supraorbitalrinne, förmlich wie eingemeißelt aussehen. Dort, wo am Oberkiefer die Infraorbitalöffnungen sich befinden, schließt sich eine relativ tiefe, charakteristisch tropfenförmig gestaltete Grube an, welche bei Hausrindern entweder gar nicht sichtbar oder nur (im oberen Teile) angedeutet ist.

3. Endlich ist die Oberfläche aller Knochen, soweit sie nicht für Muskelansätze in Frage kommt, in ganz eigenartiger, schwer zu beschreibender Weise dicht gefügt und besitzt daher ein an Porzellan erinnerndes Aussehen. Dieses Merkmal der Knochen wilder Tiere, auf das meines Wissens schon R ü t i m e y e r (beim Schweine) aufmerksam gemacht hat, wird, wie ich aus der Literatur entnehme, von allen neueren Beobachtern ignoriert, obschon es meiner Erfahrung nach von hervorragendem Werte dort ist, wo es vorkommt (denn bei rezenten wilden Tieren findet es sich nicht in allen Gegenden). Der hiedurch bedingte Unterschied im Aussehen der Knochen wilden und domestizierten Geflügels (z. B. bei südmährischen Fasanen und den dortigen Haushühnern) ist mir bereits zu einer Zeit aufgefallen, da ich mich mit derartigen Studien noch nicht beschäftigte.

Eine solche auffallend dichte Struktur der äußeren Schichten des Knochengewebes, wie wir sie am Posener Rinderschädel sehen, findet sich keinesfalls beim Hausrinde, auch dann nicht, wenn man Schädel sehr alter männlicher Individuen zum Vergleiche heranzieht.

Daß der Träger des untersuchten Schädels ein wildlebendes Individuum gewesen sein muß, unterliegt nach dem Gesagten meines Erachtens nicht dem geringsten Zweifel.

3. Zugehörigkeit des Schädels von Pamiątkowo zu einem erwachsenen Individuum

Von großer Bedeutung ist ferner die Frage, ob der vorliegende Schädel einem erwachsenen Individuum angehört. Die relative Kleinheit unseres Wildrindschädels, dessen vordere Gesamtlänge von den größeren Schädelexemplaren der gewiß durch verhältnismäßig kleine Körperformen ausgezeichneten Oberinntaler-Rasse erreicht wird, könnte nämlich die Annahme näherrücken, daß es sich hier um den Rest eines noch jungen, nicht erwachsenen Tieres handle. Dies um so mehr, als L a u r e r[1] und neuerdings (1922) L a B a u m e[2] die Ansicht vertreten haben, daß nicht nur verschiedene kleine Urschädel, die früher als von Zwerguren herrührend bestimmt worden waren, sondern auch manche Schädel, die früher als zu Bos t a u r u s primigenius, also zum Hausrinde gehörend betrachtet wurden, nichts anderes vorstellen würden, als Schädel unerwachsener Individuen des gewöhnlichen Bos primigenius Boj.

---

[1] G. L a u r e r, Beiträge zur Abstammungs- und Rassenkunde des Hausrindes. Berlin, 1913, Seite 24. Aus Berichte des landwirtschaftlichen Institutes der Universität Königsberg, Bd. XIV.

[2] La B a u m e, Über zwei westpreußische Schädel von jungen Uren (Bos primigenius Bojanus). Sonderabdruck a. d. Schriften der Naturf.-Gesellschaft in Danzig. N. F. Bd. XV. Danzig, 1922, Seite 104—106.

Während N e h r i n g und andere Zoologen als ausschlaggebende Schädelmerkmale für das Erwachsensein des Rindes die Verknöcherung der Hinterhaupt- und Stirnnähte annehmen, behauptet L a u r e r, daß diese Kennzeichen kein Beweis für das volle Erwachsensein des betreffenden Individuums wären und dieser Ansicht schließt sich La Baume in seiner jüngsten Arbeit (1922) an. Ehe ich die Gründe anführe, welche meines Erachtens den einwandfreien Beweis dafür erbringen, daß der Schädel von Pamiątkowo einem vollerwachsenen Individuum angehört, möchte ich doch nicht unterlassen, darauf hinzuweisen, daß es sich hier offensichtlich um ein Mißverständnis seitens der genannten Autoren handelt.

Daß die Knochen des Schädels im engeren Sinne des Wortes (im Gegensatz zu jenen des Gesichts- bzw. Nasenteiles) früher ihr Wachstum abschließen als gewisse Knochen und Gewebe des Rumpfes, ist ja nicht neu; dies wurde von G. G l ä t t l i[1]) bereits 1894 nachgewiesen. Für das Ostschweizer Braunvieh zeigte G l ä t t l i, daß z. B. jene für die Beurteilung des Wachstums vom Schädelteile wichtigen Knochenmaße, wie die Stirnenge und Stirnbreite, schon vom 9. Monate an nur eine sehr geringe Zunahme zeigen und daß letztere vom 15. Monate an fast Null ist.

Die Gesichtsknochen bleiben länger wachstumsfähig, und zwar ganz ähnlich wie es bei der Rumpflänge der Fall ist, bis zu 34^1/$_2$ Monaten. Aber trotzdem ist auch bei ihnen schon vom 21. Monate an die Zunahme nur sehr gering. Es nimmt z. B. die Nasenlänge während der letzten 13^1/$_2$ Monate (vom 21. bis 34^1/$_2$) nur um 2 *cm* zu (von 25 auf 27 *cm*).

Wenn nun, wie es bei Wildrindfunden so oft der Fall ist, nur der Schädelteil vorliegt, so liefert derselbe, unter der Voraussetzung, daß die Hinterhaupt- und die Stirnnähte gut verwachsen sind, doch die Möglichkeit, einen hinreichend verläßlichen Schluß auf die ungefähre endgültige Größe des ganzen Schädels zu ziehen. Dieser Schädelteil hat dann eben doch schon seine endgültige Größe erreicht; irgendwelche namhafte Vergrößerung desselben ist dann aus naturgesetzlichen Gründen nicht mehr möglich. Und selbst wenn ein Träger eines solchen Schädels an Akromegalie erkranken würde, bliebe der Schädelteil davon doch unberührt, es würden nur an den Gesichtsknochen entsprechende Veränderungen vor sich gehen.

Zweck dieser scheinbar abseitsführenden Ausführungen ist, zu zeigen, daß N e h r i n g durchaus berechtigt war, auf Grund der angegebenen Schädelmerkmale Schlüsse auf die mutmaßliche Größe der Tiere selbst zu versuchen.

Als Beweis für die Zugehörigkeit des Schädels von Pamiątkowo zu einem in jeder Beziehung vollerwachsenen Individuum führe ich kurz folgende Momente an:

1. Vollkommenste Verknöcherung sowohl der Hinterhaupt- als auch der Stirnnähte;

2. Vollkommenes Verwachsensein der Gesichtsknochen miteinander;

3. Im Verhältnis zur Basilarlänge wohlentwickelte Hornzapfen, und zwar sowohl was deren Länge (60·7^0/$_0$), als deren Umfang (42·3^0/$_0$) betrifft;

4. Vorhandensein eines kräftig entwickelten Kranzes von Knochenperlen an der Basis der Hornzapfen (Forderung von L a B a u m e);

5. Kräftige Furchung der Oberfläche der Hornzapfen (L a B a u m e);

6. Beschaffenheit (Abnützungsrad) der Kauflächen der Molares, besonders jener ·von M 3.

---

[1]) G. G l ä t t l i, Untersuchungen am Körperbau des Hausrindes, insbesondere über die Gestaltung der durch das Skelett bedingten Formen. Landw. Jahrb. der Schweiz, Bd. VIII. Zürich, 1894, Seite 144—188.

An dieser Stelle sehe ich mich genötigt, einen Irrtum L a B a u m e s (1922, S. 108) richtig zu stellen. Als Zeichen eines jugendlichen Entwicklungszustandes von Wildrindschädeln führt der genannte Autor unter anderem auch „verhältnismäßig breite und flache Schläfengruben" an. Daß diese Ansicht irrtümlich ist, vermag ich mit einem umfangreichen Rinderschädelmateriale zu beweisen. Die angezogene Beschaffenheit der Schläfengruben ist wohl ein wichtiges Rassengruppenmerkmal und hat daher mit dem Alter der Individuen sehr wenig zu tun.

Flache, weite Schläfengruben, wie schon C. K e l l e r erkannte, sind ein Charakteristikum für brachycere Rassen. Schmale und tiefe für primigene, wobei speziell beim typischen Bos primigenius Boj. gewöhnlich extreme diesbezügliche Werte vorkommen. Als Stichprobe führe ich z. B. an, daß der in der Wiener Geologischen Reichsanstalt befindliche, aus Mittelgalizien stammende Urschädel, am bekannten Punkte gemessen, eine Schläfengrubenbreite von 30 *mm* bei 61 *mm* Tiefe besitzt.

Leider enthalten die bisher veröffentlichten Schädelmaße verschiedener Ure dieses Maß nicht.

Zum Beweise dessen, daß dieses Verhalten weder mit dem Alter der Tiere noch auch mit der Größe der Hornzapfen zusammenhängt, führe ich folgendes an: Schädel uralter Individuen albanesischer, montenegrinischer etc. Kühe besitzen extrem breite und seichte Schläfengruben, eben weil sie typische Vertreter primitiver Brachycerosrassen sind. Andererseits verfüge ich über unvollkommen entwickelte Schädel (mit unverknöcherten Schädelknochennähten) junger Individuen eines mischblütigen Landviehs aus der Gegend von Wilno mit umgekehrt tiefen und engen Schläfengruben. Es handelt sich also, und das ist von grundlegender Bedeutung, beim Baue der Schläfengruben um rasseliche, nicht aber um Altersverhältnisse.

Wenn nun in unserem Falle der Schädel von Pamiątkowo sich anders verhält als wie jene des gewöhnlichen Bos primigenius Boj. und durch relativ seichte und breite Schläfengruben ausgezeichnet ist, so spricht das, wie die angeführten anderen Merkmale klar beweisen, durchaus nicht für einen jugendlichen Zustand, wohl aber dafür, daß wir es mit einer Form eines Wildrindes zu tun haben, die sich hiedurch und durch eine Summe anderer Merkmale vom gewöhnlichen Bos primigenius Boj. unterscheidet und die daher mit Recht als eine Sonderform angesprochen werden muß.

4. Die Geschlechtszugehörigkeit des Trägers vom Schädel von Pamiątkowo

Im Jahre 1899[1]) habe ich darauf aufmerksam gemacht, daß man in gewissen Schlägen des Steppenrindes öfters Individuen beiderlei Geschlechtes findet, welche in Bezug auf Hörner und Kopfform einander zum Verwechseln gleichen. Eine diesbezügliche schärfere sexuelle Differenzierung wie sie bei unseren Kulturrassen des Rindes allgemein ist, hat in solchen Fällen noch nicht stattgefunden. Solche Fälle beobachtete ich zum erstenmal 1891 beim Posavina-Schlage des Steppenrindes in Bosnien. Bei bloßer Betrachtung des Kopfes kommt man daher, wenn man das Geschlecht bestimmen soll, einigermaßen in Verlegenheit. Übrigens erwähnt C. K e l l e r[2]) ähnliche Verhältnisse

---

1) A d a m e t z L., Die Abstammung unserer Hausrinder, Österreichische Molkereizeitung 1899.

2) C. K e l l e r, Studien über die Haustiere der Kaukasusländer. Neue Denkschrift der Schweizerischen Naturforschenden Gesellschaft, Band IL, Abhandl. 1, Zürich, 1913.

für gewisse Kaukasusrinder (interessanterweise) b r a c h y c e r e r Rasse. Er sagt ausdrücklich, daß die Geschlechtsunterschiede bei denselben „unerheblich" seien. In weitgehendem Maße finden wir nun diese große Übereinstimmung des Schädelbaues und der Hornentwicklung beider Geschlechter beim Bos primigenius. Mit Sicherheit kann im allgemeinen aus dem Schädelbau das Geschlecht wohl nicht erschlossen werden und wenn wir auch in der Literatur zahlreiche Bos primigenius-Schädel als von Stieren oder Kühen herrührend angegeben finden, so darf nicht vergessen werden, daß es sich bei diesen Bestimmungen nur um eine gewisse Wahrscheinlichkeit, keineswegs aber um volle Gewißheit handelt. Man kann daher L a B a u m e nur recht geben, wenn er bei der Beurteilung der von ihm studierten Wildrindschädel von Spangau und Flatow, die überdies im Gesichtsteile Defekte besitzen, auf die Geschlechtsbestimmung verzichtet und diesen Entschluß damit begründet, daß die Ansichten verschiedener Untersucher über das Geschlecht mancher Bos primigenius-Schädel einander oft entgegengesetzt lauten.

Obschon die Schwierigkeit der Geschlechtsbestimmung natürlich auch für den vorliegenden Schädel von Pamiątkowo, wie wohl für alle europäischen Wildrinder gilt, möchte ich doch einen Versuch in der Richtung nach Feststellung des Geschlechtes seines Trägers wagen.

Zu diesem Zwecke wäre von der bekannten Tatsache auszugehen, daß der Schädel des Stieres[1]) breiter und namentlich im Gesichtsteile kürzer als der Kuhschädel zu sein pflegt. Ferner müssen die Hörner, namentlich bei Wildrindern, im männlichen Geschlechte aus biologischen Gründen kräftiger, das ist nicht nur länger, sondern vor allem dicker sein. Wenn man nun auch von der sehr variablen Länge der Hörner bzw. der Hornzapfen absieht, muß doch der Umfang derselben sowohl als absoluter, als auch als relativer Wert durch seine Größe gegenüber den entsprechenden Werten der Kühe hervorstechen. Als Relativwert empfiehlt es sich, den in Prozenten der kleinen Basilarlänge ausgedrückten anzunehmen.

Erfahrungsgemäß sind ferner bei Stieren die Stirnlänge und Stirnbreite größer und besitzen namentlich in den Relativwerten deutlich höhere Zahlen als bei Kühen. Deshalb sollen gewisse Relativwerte des Schädels vom Pamiątkoworinde, und zwar speziell jene des Hornzapfenumfanges, der Stirnlänge und der Stirnbreite von diesem Gesichtspunkte aus näher geprüft werden. Um jedoch nicht allzutief in Theorie zu versinken, müssen wir Vergleichmaterial, das von einer noch lebenden Rasse gewonnen wurde, verwenden. Aber es handelt sich nicht bloß um in Bezug auf das Geschlecht vollkommen sicher bestimmte Schädel; es soll gleichzeitig auch eine Rasse gewählt werden, welche in Bezug auf die Hornbildung Ähnlichkeit mit dem Bos primigenius besitzt. Diesen Zweck erfüllt in vortrefflicher Weise die Steppenrasse. Im folgenden benütze ich die Maße von 9 Kuh- und 2 Stierschädeln des u n g a r i s c h e n Steppenrindes[2]), eines, wie bekannt, nur mittelgroßen Vertreters der Steppenrasse.

Auch die Zahlen von einigen gut erhaltenen Schädeln des Bos primigenius Boj. füge ich bei; 5 angeblich von Stieren, 2 von Kühen herrührende

---

[1]) Ein typisches Beispiel geringer sexueller Differenz im Schädelbau liefern die Katzen. Nur durch seine breitere Form unterscheidet sich hier der Kopf des Katers von jenem der Katze.

[2]) Die Zahlen sind einer bisher noch nicht veröffentlichten Doktordissertation, die in meinem Institute von Herrn Dr. Leo v. S c h ö l l e r verfaßt worden ist, entnommen.

solche Schädelwerte entnehme ich der Arbeit von La Baume (1909). Ganz verläßlich in Bezug auf die Bestimmung des zugehörenden Geschlechtes dürften sie jedoch kaum sein[1]). Bestimmt falsch dürfte die Bestimmung des in der Wiener Geologischen Reichsanstalt befindlichen galizischen Schädels von Bos primigenius Boj. sein; er gehört kaum einer Kuh an. Der Vollständigkeit und Übersichtlichkeit halber füge ich noch die entsprechenden Werte weiblicher Schädel verschiedener charakteristischer Rinderrassen bei.

Vergleicht man in Tabelle 1 zunächst die Werte der Steppenviehstiere mit jenen der Kühe, dann findet man die alte Erfahrung bestätigt, daß die Relativwerte für Stirnlänge, Stirnbreite und Hornzapfenumfang bei den Stierschädeln ganz wesentlich größer sind als bei den Kuhschädeln. Sind doch die Minimalwerte dieser Maße bei den Stieren entweder gleich groß oder sogar noch größer wie die Maximalwerte der Kuhschädel.

Ähnlich, wenn auch nicht ganz so typisch, liegen die Verhältnisse bei den Stier- und Kuhschädeln von Bos primigenius Boj. nach La Baume, obschon, wie erwähnt, volle Sicherheit der richtigen Geschlechtsbestimmung für diese Schädel nicht besteht. Hingegen kann man wohl mit großer Sicherheit auf Grund der gefundenen Relativwerte behaupten, daß die Bestimmung des in der geologischen Reichsanstalt befindlichen Urschädels falsch ist. Es ist wohl kaum ein Kuh-, vielmehr ein Stierschädel.

Und was endlich den Schädel von Pamiątkowo betrifft, ergibt ein Vergleich der wichtigsten Relativwerte mit jenen des Steppenviehs und des Bos primigenius Boj. seine wahrscheinliche Zugehörigkeit zu einem weiblichen Individuum.

Als Resultat der kritischen Voruntersuchung des Schädels von Pamiątkowo ergibt sich die Feststellung, daß derselbe ein vollerwachsenes weibliches Wildrind als Träger hatte, und daß dies Wildrind ein Zeitgenosse des Riesenhirsches gewesen ist.

5. Morphologische Beschaffenheit des Schädels von Pamiątkowo

Wie ich schon zu wiederholten Malen und an verschiedenen Stellen hervorzuheben Gelegenheit hatte, stellt das „Gepräge" des Schädels und ganz speziell jenes der Stiere bei den Rindern für die Unterscheidung von Rassengruppen bzw. von Spezies oder Subspezies ein viel brauchbareres und wichtigeres Merkmal vor, als wie die bisher üblichen Längen- und Breitenmaße des Schädels und die auf Grund solcher Maße errechneten Verhältniszahlen. Im Gegensatze zu dem stabilen Verhalten des ersteren hängen die letzteren doch weitgehend von äußeren Momenten ab, wie z. B. von der Übung (Art der Futteraufnahme) und der chemischen Beschaffenheit der Nahrung (mehr oder weniger konzentriert, Reichtum an Mineralstoffen). Ja selbst gewisse endokrine Einflüsse wirken in Bezug auf die Konfiguration der Stirne viel weniger verändernd ein als auf die Proportionen der einzelnen Schädelpartien.

Innerhalb derselben Rasse findet man daher diese Proportionen, je nach der Örtlichkeit, oft recht verschieden und es kommen auf diese Weise Untergruppen zustande, welche trotz genotypischer Gleichheit phänotypisch sich verschieden verhalten können.

---

[1]) Übrigens ist der hier unter den männlichen Schädeln angeführte von Bortfeld in Tabelle 5 der Arbeit von La Baume als männlich, in Tabelle 6 als weiblich bezeichnet.

Tabelle 1. Schädelmaße verschiedener Rinder zur Bestimmung des Geschlechtes vom Wildrinde von Pamiątkowo

| Bezeichnung der Schädel | in Prozenten der Basilarlänge | | | | | | | | | | | |
| | Stirnlänge | | | Stirnbreite | | | Hornumfang | | | Hornlänge | | |
	Mitt.	Min.	Max.	Mitt.	Min.	Max.	Mitt.	Min.	Max.	Mitt.	Min.	Max.
1 Wildrind von Pamiątkowo (kleine Basilarlänge: 420 mm)	51·4	—	—	48·8	—	—	42·4	—	—	60·7	—	—
2 Bos primigenius Boj. (La Baume) (5 Stierschädel, kleine Basilarlänge: 577·2 mm)	57·7	53·6	60·1	53·3	50·1	55·9	64·8	53·6	68·6	121·0	105·5	138·9
3 Bos primigenius Boj. (La Baume) (2 Kuhschädel, kleine Basilarlänge: 540 mm)	52·1	47·8	56·5	48·7	47·6	49·9	51·6	44·6	58·7	109·0	98·8	119·3
4 Bos primigenius Boj. (Wien, Geol. Reichsanstalt, kleine Basilarlänge: 570 mm, angebl. weiblich?)	58·5	—	—	54·2	—	—	63·6	—	—	110·8	—	—
5 Ungarische Steppenrasse (L. v. Schöller) (2 Stierschädel, kleine Basilarlänge: 475·5 mm)	55·4	53·6	57·2	52·0	51·6	52·5	59·9	54·0	65·9	120·7	101·9	139·5
6 Ungarische Steppenrasse (L. v. Schöller) (9 Kuhschädel, kleine Basilarlänge: 437·7 mm)	52·3	50·1	54·0	49·4	47·1	51·2	47·4	41·6	52·7	92·8	78·9	120·1
7 Andalusisches Rind (Ulmansky) (10 Kuhschädel, kleine Basilarlänge: 448 mm)	52·4	—	—	46·7	—	—	42·5	—	—	82·1	—	—
8 Rasse der Auvergne (Adametz) (11 Kuhschädel, kleine Basilarlänge: 438 mm)	51·3	—	—	48·4	—	—	36·8	—	—	56·2	—	—
9 Albanesenrind (Adametz) (5 Kuhschädel, kleine Basilarlänge: 350·6 mm)	49·1	—	—	48·9	—	—	28·0	—	—	32·0	—	—

Im Laufe eines Menschenalters und nach Untersuchung einer sehr großen Zahl von nach Herkunft und Rasse sicher bestimmter Rinderschädel gelangte ich dazu, z w e i g r o ß e H a u p t g r u p p e n derselben zu unterscheiden. Es sind dies dieselben Haupttypen, welche bereits L. R ü t i m e y e r klar erkannt, jedoch keineswegs bezüglich aller wesentlichen Merkmale erschöpfend beschrieben hat, nämlich: P r i m i g e n i u s und B r a c h y c e r o s.

Die bequeme Annahme, daß es sich bei diesen beiden Schädeltypen um Domestikationsmutationen oder um Verkümmerung handelt, versagt aus

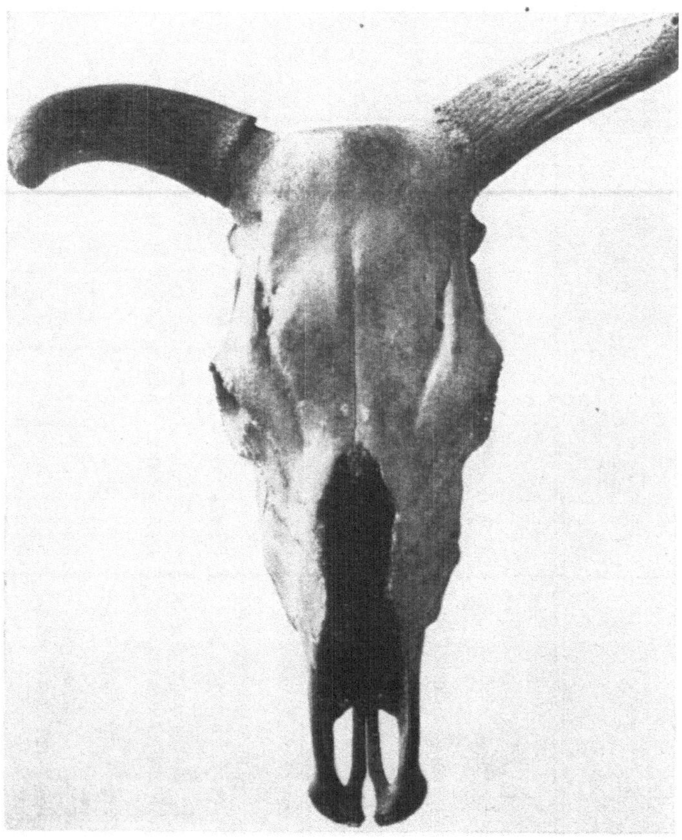

Abb. 1. Wildrind von Pamiątkowo

Gründen, die von anderen und mir bereits zu oft entwickelt worden sind, als daß es nötig wäre, sie hier noch einmal zu wiederholen.

Zahlreiche Fachleute sind nun seit den Tagen R ü t i m e y e r s auf der Suche nach den mutmaßlichen Stammformen dieser Rassengruppe von Rindern, welche durch die beiden genannten Schädeltypen charakterisiert sind.

Bezüglich der Gruppe P r i m i g e n i u s sind so ziemlich alle Zootechniker, die auf diesem Gebiete selbständig gearbeitet haben, mit seltener Einmütigkeit zu der Anschauung gekommen, daß Bos primigenius Boj. bzw.

sich wenig von ihm unterscheidende Unterformen, wie etwa Bos primigenius var. Hahni, Hilzheimer, die Stamm- und Ausgangsform bildet.

Anders liegt die Sache bezüglich der Rassengruppe Brachyceros. Hier herrscht nichts weniger als Einmütigkeit über ihre Herkunft. Ich beabsichtige nicht, an dieser Stelle auf die verschiedenen Hypothesen über die Abstammung bzw. Herkunft dieser Brachycerosrassen des Rindes einzugehen; das soll in einer späteren Arbeit geschehen, für welche die vorliegende Studie eine der nötigen Vorarbeiten darstellt.

Eine dieser Hypothesen sei mir jedoch gestattet, bereits hier herauszugreifen, weil sie meines Erachtens zum Gegenstande dieser Untersuchung in engen Beziehungen steht: nämlich jene, welche die Brachycerosrassen des Hausrindes von einer besonderen Spezies oder doch wenigstens Subspezies des europäischen Wildrindes ableitet und in einigen im östlichen Mitteleuropa gefundenen Schädeln und Schädelteilen von Wildrindern die Reste der für die Brachycerosrinder in Frage kommenden Stammformen erkennen will.

Weil nun gerade der vorliegende Wildrindschädel dieser Gruppe von Boviden entspricht, deshalb ist eine genaue Schilderung des eigenartigen, vom gewöhnlichen Bos primigenius Boj. abweichenden Verhaltens seiner morphologischen Beschaffenheit notwendig.

1. **Der Zwischenhornwulst und die Zwischenhorngegend** sind dadurch ausgezeichnet, daß im mittleren Teile der letzteren die miteinander verwachsenen Scheitel und Zwischenscheitelbeine in das Stirnbein eindringen und in Gestalt eines breiten (im Verlauf der Zwischenhornlinie gemessen: 40 *mm*!) Dreieckes tief auf die Vorderfläche der Stirne übergehen. Die Länge dieses Dreieckes beträgt von der Zwischenhornlinie bis zur Spitze gemessen 23 *mm*, ist also relativ beträchtlich, und spiegelt Verhältnisse wieder, welche man speziell am Schädel typischer Brachycerosrassen wiederfindet. Bei typischen Schädeln des Bos primigenius Boj. reicht dieser Hinterhauptanteil nicht auf die Stirne, er endet mehr oder weniger in der Zwischenhornlinie und überschreitet sie im allgemeinen nicht.

Wenn es beim Schädel von Pamiątkowo auch zu keiner eigentlichen Kammbildung in der Mittellinie der oberen Stirngegend kommt, so ist doch dieser ganze mittlere und obere Stirnteil stark vorgewölbt (senkrechte Stellung des Schädels vorausgesetzt).

Am stärksten vorgetrieben ist natürlich der vom genannten Dreieck gebildete Teil der oberen Stirne. Die Höhe des Zwischenhornwulstes wurde links und rechts von dem 3—4 *mm* hohen, scharfen Kamm gemessen, der die Hinterhauptfläche median vom Beginne des Zwischenhornwulstes bis zum Foramen magnum durchzieht. Der oberste Rand des Zwischenhornwulstes liegt 20 *mm* über der Hinterhauptfläche.

Unter Berücksichtigung dessen, daß der Schädel einem Wildrinde angehört, muß der Zwischenhornwulst als n i e d r i g b e z e i c h n e t w e r d e n. Seine Breite beträgt 35 *mm*.

2. **Die Hornzapfen.** Die im Verhältnis zur Länge an der Basis dicken Hornzapfen tragen an ihrem Ursprung einen breiten Kranz sehr stark entwickelter Knochenperlen. Vereinzelte solcher kräftig entwickelter Knochenwarzen setzen sich, besonders von der Unterseite der Hornzapfen (senkrechte Kopfstellung vorausgesetzt!) auf das Stirnbein selbst fort. Sie befinden sich namentlich dort, wo unterhalb der Hornzapfen der scharfe seitliche Rand des Stirnbeines beginnt. Deshalb, und weil der erwähnte Knochen-

perlenkranz dicht am seitlich oberen Stirnende angebracht ist, kann man von einer Stielung der Hornzapfen nicht sprechen. Diese scheinbar allzueingehenden Angaben sind deshalb wichtig, weil sie den Beweis dafür erbringen, daß der Träger dieses Schädels ein vollerwachsenes Individuum gewesen ist (siehe L a B a u m e 1922).

Die Oberfläche der Hornzapfen ist mit tiefen Rinnen und Furchen bedeckt und die namentlich an der Oberseite der Hornzapfen hervortretenden Gefäßlöcher sind auffallend groß.

Eine gewisse Abwegigkeit zeigen die Hornzapfen insoferne, als ihr Verlauf ungleich, unsymmetrisch ist. Sowohl in seiner unteren als auch oberen Hälfte strebt nämlich der linke Hornzapfen wesentlich steiler nach aufwärts als der rechte.

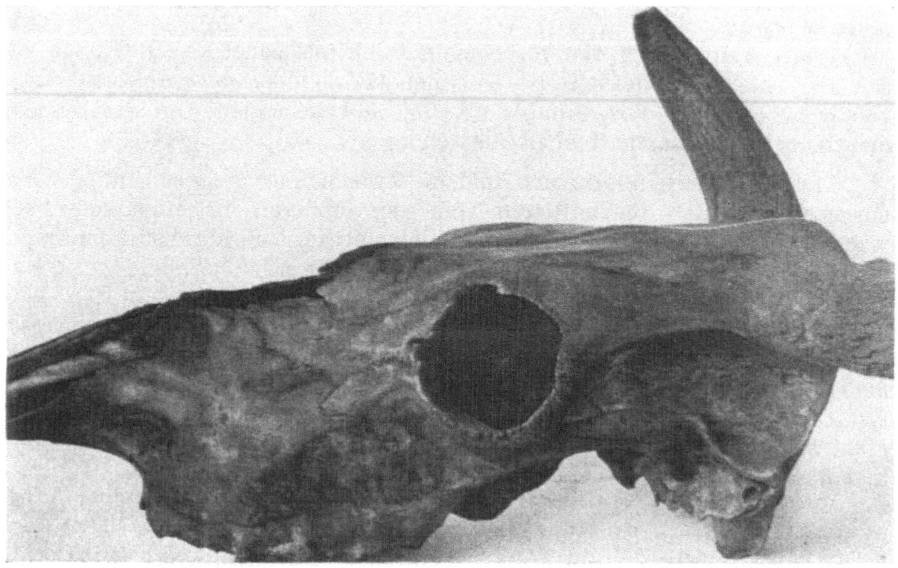

Abb. 2. Wildrind von Pamiątkowo (siehe mittlere Stirnbeule)

3. **Die Stirngegend.** Teilt man (bei senkrechter Schädelstellung) die Stirne in drei ungefähr gleich große Querzonen, dann befindet sich in der mittleren, und auch hier wiederum im medianen Teile, eine wohlentwickelte flache Beule. Diese Erscheinung ist bei primitiven Rassen der Brachycerosgruppe (z. B. beim illyrischen Rinde, beim Karpathenvieh u. a.) besonders deutlich zu beobachten und stellt eines der charakteristischesten Merkmale dieser Gruppe vor. An Schädeln der typischen Form des Bos primigenius Boj. und der sogenannten primigenen Rinderrassen kommt diese Beulenbildung im Zentrum der Stirne nicht vor. Bei diesen ist die Stirne flach und gerade. Bei den am schwersten gehörnten Schädeln des Bos primigenius Boj. kommt es manchmal zu einer gleichmäßigen Vorneigung der ganzen oberen Stirnpartie samt den Hornzapfen, so daß ein in der Mitte geführter Längsschnitt durch die Stirne eine konkave Form derselben anzeigt. Diese auch von Prof. H o y e r, Krakau, bestätigte Beobachtung läßt sich übrigens auch aus

den auf Tafel VI der La Baumeschen Arbeit (1909) wiedergegebenen Stirnformen des Bos primigenius Boj. deutlich erkennen.

Das untere Querdrittel der Stirnfläche nimmt am Schädel des Posener Wildrindes eine zwischen den Augenbögen gelegene umfangreiche, ziemlich tiefe, schüsselförmige Vertiefung ein. Damit steht im Zusammenhang, daß die medianwärts an die keineswegs stark gewölbten Augenbögen angrenzenden Stirnpartien tiefer zu liegen kommen als die Augenbögen (in diesem Falle horizontale Schädellage angenommen). Legt man z. B. ein Lineal quer über

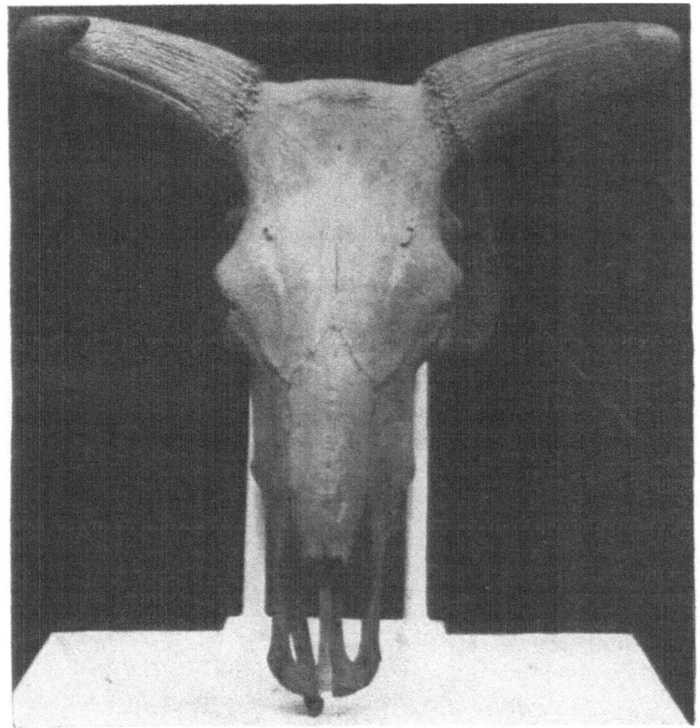

Abb. 3. Urschädel, Bos primigenius Boj. ♂ Gedrungenhörnige Form. London, Kensington-Museum

die Mitte der Augenbögen, so berührt es die erwähnten, nach innen zu gelegenen Stirnpartien nirgends.

Auch diesem Verhalten begegnen wir, und zwar oftmals in verstärktem Maße, bei typischen Brachycerosrassen.

Die Supraorbitalrinnen, welche die Augenbögen von den oben erwähnten nach innen zu gelegenen Stirnpartien trennen, sind wie bei allen wilden Tieren außerordentlich scharf markiert und tief in das Stirnbein eingegraben, förmlich wie eingemeißelt. Sie lassen sich in ihrem Verlaufe nach abwärts bis zum Tränenbein verfolgen und sind beiderseits auch noch an der Oberfläche dieser Knochen deutlich zu erkennen.

Dort, wo die jederseits doppelt vorhandenen, umfangreichen Gefäßlöcher an der Oberfläche des Stirnbeines münden, beträgt die Breite der Supraorbitalrinnen rechts 11 und links 13 *mm*.

Durch diese drei Momente: Vortreibung des mittleren Teiles der obersten Stirnpartie, Auftreten einer charakteristischen flachen Beule in der Stirnmitte und endlich Vorkommen einer zwischen den Augenbögen gelegenen flachen, umfangreichen Delle wird an diesem Schädel jene für typische Brachycerosrassen des Rindes wesentliche und jedem Beobachter auffallende große Unebenheit der Stirnoberfläche bedingt, welche sie in vollen Gegensatz setzt zur ebenen Stirnfläche der reinrassigen Primigeniusrinder und vor allem zum Bos primigenius Boj. selbst. Daß diese unebene Beschaffenheit der Stirne beim Wildrinde von Pamiątkowo ebenso wie bei den primitiven Brachycerosrassen durchaus nicht etwa als Folge von Verkümmerungsvorgängen aufzufassen ist, beweist das Vorkommen von Schädeln kleiner Formen des Ures, wie solche seinerzeit auch von C. v. d. Malsburg als Bos minutus beschrieben worden sind.

Trotz ihrer Kleinheit haben nämlich diese Schädel genau dieselbe Form und Beschaffenheit der Stirne, welche für die großen Formen des Bos primigenius Boj. typisch ist.

4. **Die Augenhöhlen** sind in ihren Umrissen mehr oder weniger viereckig. Dies kommt dadurch zustande, daß ihr oberer Rand, vom Tränenbeine angefangen, fast geradlinig nach hinten verläuft, und daß rückwärts, dort wo vom Stirnbeine der Fortsatz nach dem Jochbeine abgeht, ein scharfer, wenig über 90 Grade betragender Winkel vorhanden ist. Gerade diese unregelmäßig viereckige Umrandung der Augenhöhlen findet man bei primitiven Rinderrassen der Brachycerosgruppe wieder (z. B. regelmäßig beim Albanesen-Montenegriner Rinde etc.). Primigene Rinderrassen verhalten sich diesbezüglich recht verschieden. So finden sich beim Steppenrinde und bei der andalusischen Rinderrasse sowohl viereckige als auch oval geformte Augenhöhlenränder.

Der sogenannte horizontale Durchmesser der Augenhöhlen beträgt 60 *mm*, der vertikale 62 *mm*. Die Basis dieses von den Augenhöhlen gebildeten Viereckes bildet schätzungsweise mit der Horizontalebene einen Winkel von ca. 55 Graden; die Augenhöhlen sind also recht schräge gestellt.

5. **Die Nasenbeine** fehlen leider an dem sonst gut erhaltenen Schädel.

6. **Die Tränenbeine** sind lang und schmal. Ihr Oberrand verläuft schwach konkav, am Unterrande ist eine gerade noch feststellbare geringe Winkelung sichtbar.

7. **Am Oberkieferbein** ist eine Feststellung deshalb von Bedeutung, weil sie wieder einen überzeugenden Beweis für die Zugehörigkeit dieses Schädels zu einem wilden Individuum liefert. Sie ist umso wichtiger, als bisher noch niemals hierauf aufmerksam gemacht worden ist. Unterhalb des rückwärtigen Endes der Nasenfortsätze der Zwischenkiefer (horizontale Schädellage angenommen) befindet sich bekanntlich bei allen Rinderschädeln die Ausmündung eines großen Gefäßloches. Zunächst fällt die ungewöhnliche Größe dieser Öffnung in die Augen, wenn man den Vergleich mit ähnlich großen Schädeln von Hausrindern vornimmt. Wesentlicher ist jedoch die Tatsache, daß von dieser Öffnung eine breite, tiefe, umgekehrt t r o p f e n - f ö r m i g gestaltete Grube nach vorne verläuft. An der Mündung des Loches 15 *mm* breit, erweitert sich diese Knochengrube in ca. 10 *mm* Abstand nach vorne auf 18 *mm* und verläuft von da verkehrt tropfenförmig in eine nach vorne gerichtete Spitze, wobei immer eine horizontale Schädellage vorausgesetzt ist.

Der untere Rand dieser Knochengrube bildet gleichzeitig auch den Rand des verjüngten, den Nasenfortsätzen des Zwischenkiefers als Stütze

dienenden Teiles des Oberkieferbeines. Die Gesamtlänge dieser tropfen-
förmigen Grube beträgt 35 *mm* und ihre größte Tiefe 8 *mm*. Eine solche
wohlentwickelte Grube existiert an der geschilderten Stelle weder am
Schädel primigener noch brachycerer Hausrinder, sie ist eben ein äußerst
charakteristisches Merkmal für die Wildnatur dieses Schädels.

8. **Die Nasenfortsätze des Zwischenkiefers** besitzen ein deutlich gabel-
förmiges Ende. Bei den Hausrindern ist diese Gabelung meistens zwar
angedeutet, jedoch nicht so scharf ausgeprägt. Das Verhalten dieser Knochen
zu den Nasenbeinen läßt sich wegen Fehlens der letzteren am Wildrindschädel

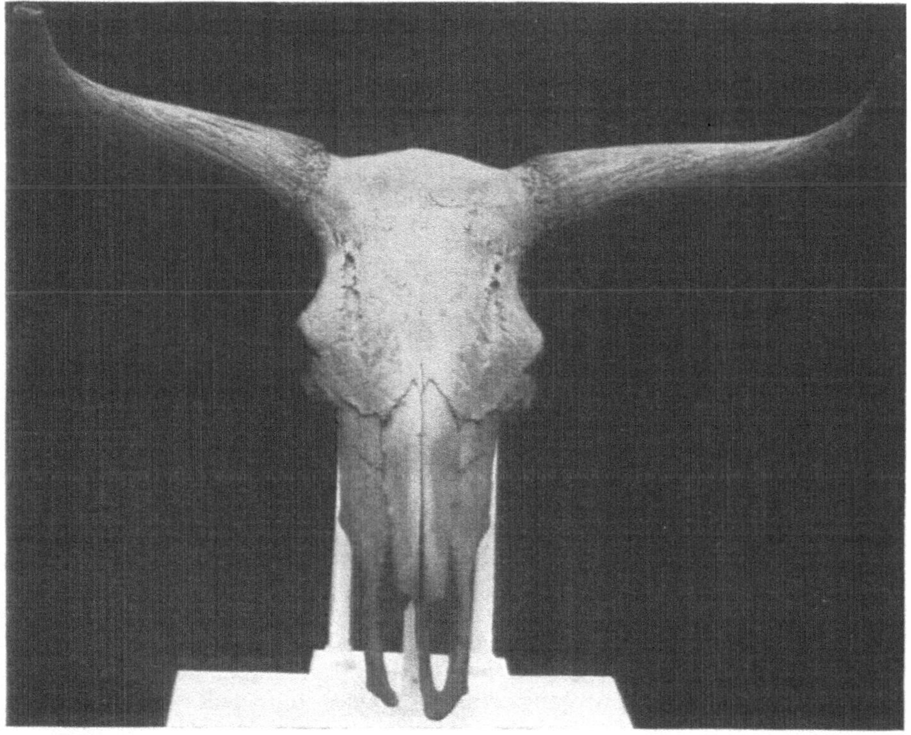

Abb. 4. Urschädel, Bos primigenius Boj. ♂ Schlankhörnige Form. London,
Kensington-Museum

von Pamiątkowo natürlich nicht genau beurteilen. Man kann jedoch nach
Vergleich der einschlägigen Verhältnisse mit jenen von Hausrindern mit
einiger Wahrscheinlichkeit schließen, daß sie mit ihrem Ende höchstens den
Nasenbeinrand gerade noch erreicht haben dürften. Ein Verlauf des Endstückes
der Zwischenkiefernasenfortsätze entlang den Nasenbeinrändern, ein Fall,
der speziell bei manchen Primigeniusrassen vorkommt, kann hier wohl als
ausgeschlossen betrachtet werden.

9. **Die Schläfengruben.** An jener Stelle des Schläfenbeines gemessen, wo
der Jochfortsatz desselben den Scheitelpunkt eines Winkels bildet, beträgt
die Breite der Schläfengruben im Mittel 34 *mm* (33 + 35) und die Tiefe
28 *mm*, d. h. sie sind, da ihre Breite 125% der Tiefe ausmacht, relativ

b r e i t und s e i c h t und spiegeln Verhältnisse wieder, die wohl für Brachycerosrinder, nicht aber für primigene Rassen typisch sind. Und auch die mir bekannten Schädel des Bos primigenius Boj. zeigen diesbezüglich völlig entgegengesetztes Verhalten wie das Posener Wildrind, insoferne als sie umgekehrt tiefe und schmale Schläfengruben haben. Weil manche Zootechniker auch die Breite und Tiefe der Schläfengruben dort messen, wo sie beim Hinterhaupt enden, führe ich die entsprechenden Maße an, sie betragen: Breite 55 *mm* und Tiefe 33 *mm*.

10. **Der Abstand der an die Hinterränder von Molnar 3 gezogenen Tangente vom Choanenrande beträgt** bei dem vorliegenden Schädel minus 3 *mm*. Weil nun für unsere typischen primitiven Brachycerosrassen die Neigung charakteristisch ist (im Gegensatze zu den primitiven Primigeniusrassen, wie Steppen- und andalusisches Rind), negative oder aber nur sehr kleine positive Werte dieses Maßes zu bilden, deshalb erlangt der erwähnte Befund ein besonderes Interesse. Leider wurden an den Schädeln des Bos primigenius Boj. diese Verhältnisse noch nicht studiert und zahlenmäßig festgelegt. Als Stichproben teile ich nur mit, daß dieser Choanen-M 3-Tangentenabstand, an dem gut erhaltenen Urschädel der Wiener geologischen Reichsanstalt volle + 22 *mm* ausmacht.

11. **Das Jochbein.** Einen klaren Beweis für die Zugehörigkeit des vorliegenden Schädels zu einem wilden Individuum liefert unter anderem auch das Verhalten des Jochbeines, auf das aus diesem Grunde näher eingegangen werden soll. Horizontale Schädellage angenommen: verläuft beim Rinde an diesem Knochen unterhalb des unteren Augenhöhlenrandes ein Kamm. Dieser Kamm ist nun am Schädel des Posener Wildrindes besonders stark entwickelt und namentlich fällt sein scharfkantiger Rücken auf. Vom Schläfenbeinaste des Jochbeines kommend, erstreckt sich dieser Knochenkamm, dem Unterrand der Augenhöhlen folgend und sich demselben allmählich nähernd, nach vorne und schließlich nach oben. Am Jochbeine endet er an diesem Schädel knapp vor dem Tränenbeine (3 *mm* Abstand) bzw. er biegt an dieser Stelle fast rechtwinklig ab und geht auf den Oberkiefer über, auf dem er ebenfalls wohl ausgeprägt (sichtbar und fühlbar) in geschlängeltem Verlaufe bis zum sogenannten „Wangenhöcker" sich erstreckt. Charakteristisch ist nun, daß dieser Knochenkamm sich vom Körper des Jochbeines in kräftiger Entwicklung auch noch auf den nach dem Schläfenbeine gerichteten Fortsatz erstreckt. Der Übergang dieses Kammes auf den Fortsatz erfolgt (im Gegensatze zu den Schädeln der Hausrinder allerverschiedenster Rassen) ohne Unterbrechung, er wird nur durch eine leichte Knickung im Verlaufe angezeigt. Er endet, ganz allmählich an Höhe abnehmend, erst unmittelbar vor dem äußersten Ende dieses Fortsatzes. Es ist nun allerdings Tatsache, daß dieser Knochenkamm des Jochbeines beim Hausrinde auch innerhalb derselben Rasse große individuelle Verschiedenheiten aufweist. Beispielsweise biegt er manchmal weit vor dem Beginne des Tränenbeines vom Unteraugenhöhlenrand ab, so daß sein Verlauf, praktisch, fast parallel zu demselben erfolgt. Ebenso ist sein Entwicklungsgrad sehr verschieden; speziell bei manchen Individuen von unter natürlichen Verhältnissen lebenden Rinderrassen, wie z. B. dem Rinde der Auvergne, ist er manchmal recht kräftig — aber doch niemals so vortrefflich wie beim vorstehenden Wildrinde — ausgebildet. Ebenso ist die Fortsetzung des Jochbeinkammes auf den Oberkiefer niemals ähnlich deutlich. Viele Hausrinderschädel lassen den Verlauf dieses Kammes an dieser Stelle überhaupt nur undeutlich, verschwommen erkennen.

Tabelle 2. Schädelmaße des Wildrindes von Pamiątkowo

	Bezeichnung des Maßes	mm	%
1	Vordere Schädellänge	481·0	114·5
2	Unterrand des Foramen mag.—Mitte Zwischenkiefer . . .	420·0	100·0
3	Oberrand des Foramen mag.—Mitte Zwischenkiefer . . .	444·0	105·7
4	Stirnlänge (bis zur Augenrandtangente)	216·0	51·2
5	Gesichtslänge (von der Augenrandtangente)	266·0	61·9
6	Oberrand des Hornzapfens—Hinterrand der Augenhöhle	160·0	38·1
7	Zwischenhornbreite	127·0	30·2
8	Stirnenge	153·0	36·4
9	Stirnweite (= 94% der Stirnlänge)	205·0	48·8
10	Stirnbreite zwischen den Augenhöhlen (engste Stelle) . .	135·0	32·1
11	Wangenweite	143·0	34·0
12	Zwischenkieferbreite	83·0	19·7
13	Zwischenkieferlänge (schräg zur Mitte des Vorderrandes)	143·0	34·0
14	Hinterhaupthöhe, große	150·0	35·7
15	Hinterhaupthöhe, kleine	110·0	26·1
16	Hinterhauptenge	121·0	28·8
17	Hinterhauptweite (größte)	196·0	46·6
18	Choanenrand—M3-Tangente (Plus oder Minus)	—3·0	—
19	Choanenrandtangente—Vorderrand des Zwischenkiefers .	261·0	60·7
20	M3-Tangente—Vorderrand des Zwischenkiefers	264·0	61·4
21	Choanenbreite (in der Mitte der Länge)	37·0	8·8
22	Choanenbreite vorne	39·0	9·2
23	P3-Tangente—Vorderrand des Zwischenkiefers	133·0	31·6
24	Zahnreihenlänge im Oberkiefer	133·0	31·6
25	Breite bei M3 (innen in der Mitte von M3 gemessen) . .	77·0	18·3
26	Breite zwischen M1/P1 (innen gemessen)	83·0	19·7
27	Breite zwischen P3—P3 (innen gemessen)	75·0	17·8
28	Breite zwischen P3—P3 (am Vorderrand gemessen) . . .	81·0	19·2
29	Breite der Schläfengrube	34·0	8·1
30	Tiefe der Schläfengrube	28·0	6·6
31	Länge des Hornzapfens (außen gemessen)	255·0	60·7
32	Umfang des Hornzapfens an der Basis	178·0	42·3
33	Durchmesser des Hornzapfens (kleinerer)	45·5	10·8
34	Durchmesser des Hornzapfens (größerer)	64·0	15·2
35	Durchmesser der Augenhöhle (senkrecht)	62·0	14·7
36	Durchmesser der Augenhöhle (horizontal)	60·0	14·2

Der größte Unterschied ist jedoch in der besonders kräftigen Entwicklung des Knochenkammes am Schläfenbeinfortsatze des Jochbeines gegeben. Bei den verschiedensten primitiven und selbst halbwild lebenden Rinderrassen ist er hier oft überhaupt nicht deutlich entwickelt. Und dort, wo er sich vorfindet, ist er nur sehr schwach ausgeprägt. Im letzteren Falle pflegt er in seinem Verlaufe dort unterbrochen zu sein, wo der Übergang vom Körper des Jochbeines zum Schläfenbeinfortsatze gelegen ist.

Alles in allem liefert· auch das Verhalten der Knochenleiste des Jochbeines einen wichtigen Beweis für die Wildnatur jenes Individuums, dem der Schädel angehört hatte.

12. **Die Zähne.** Von den Zähnen des Oberkiefers sind im rechten Anteile alle drei Molares gut erhalten; links hingegen ist nur M 1 vorhanden. Die Zähne befinden sich in einem Zustande mäßiger Abnützung, etwa einem Alter von 7 bis 8 Jahren entsprechend, wenn man die Verhältnisse beim Hausrinde zum Vergleich heranzieht. Der Bau des Schmelzgerüstes der Zähne ist einfach und durchaus unkompliziert. Es betrifft diese Feststellung nicht nur das Verhalten des äußeren Schmelzmantels, sondern auch dasjenige der innen befindlichen Marken. Die Kaufläche der Zähne ist stark von außen nach innen geneigt.

Wenn man alle mitgeteilten Einzelheiten des Schädelbaues zum Schlusse noch einmal überblickt, so ergibt sich mit voller Sicherheit die Tatsache, daß der Schädel von Pamiątkowo von einem e r w a c h s e n e n W i l d r i n d e herrührt, dessen charakteristischer Schädelbau sich durch eine ganze Reihe wichtiger osteologischer Momente vom Schädelcharakter des Bos primigenius Boj. unterscheidet. Und gerade diese, das Posener Wildrind vom Bos primigenius Boj. unterscheidenden Merkmale des Schädels sind solche, welche wir in sehr charakteristischer Weise und zum Teile in verstärkter Form am Schädel der typischen Brachyceros-Rassen wiederfinden (Konfiguration der Stirne, Beschaffenheit der Schläfengruben und Choanenabstand von der M 3-Tangente).

6. Diskussion über einige Schädelmaße des Rindes von Pamiątkowo

1. **Schädellänge.** An dem vorliegenden, unzweifelhaft einem v o l l e r w a c h s e n e n I n d i v i d u u m angehörenden Wildrindschädel fällt zunächst die verhältnismäßig geringe Größe in die Augen. Die absoluten Werte sind: 481 *mm* für die vordere Schädellänge und 420 *mm* für die Basilarlänge. Eine richtige Vorstellung erlangt man von diesen Werten dann, wenn man sie einmal mit jenen verschiedener Rassen des Hausrindes und das anderemal mit solchen des Bos primigenius Boj., des mitteleuropäischen Urs, vergleicht. Von europäischen Hausrindern steht dem wilden Ur wohl das Steppenrind am nächsten. Für einen nur mittelgroßen Zweig dieser Steppenrasse (dem ungarischen) führe ich folgende Mittelwerte von neun Schädeln reinrassiger Kühe an: Vorderschädellänge = 486·1 *mm* (Min. = 461 *mm*, Max. = 508 *mm*), kleine Basilarlänge = 453 *mm* (Min. 448 *mm*, Max. = 485 *mm*).

Auch die halbwild lebende andalusische Rinderrasse, die ebenfalls in höchst charakteristischer Weise den Primigeniustypus besitzt, gibt ein gutes Vergleichsobjekt ab. Die entsprechenden Mittelwerte von zehn Kühen dieser Rasse lauten: Vorderschädellänge = Mittel 528·5 *mm* (Min. = 496 *mm*, Max. = 556 *mm*), kleine Basilarlänge = Mittel 453 *mm* (Min. = 448 *mm*, Max. =

485 *mm*). Ein Vergleich dieser Schädelgrößen primitiver, unter keineswegs günstigen Daseinsverhältnissen lebender Rinderrassen der Primigeniusgruppe mit denen des Wildrindes von Pamiątkowo zeigt, daß die Mittelwerte bei den zahmen Rassen größere sind. Selbst die Minimalzahlen vom nur mittelgroßen ungarischen Schlage des Steppenrindes erreichen nahezu die Wildrindwerte (Differenz minus 20 *mm*, bzw. minus 2 *mm*) und die kleinsten festgestellten Werte vom andalusischen Rinde übertreffen jene des Wildrindes deutlich (Differenz + 15 *mm*, bzw. + 2 8 *mm*).

Und wenn ich das Albanesenrind als extremen Vertreter der brachyceren Gruppe zum Vergleiche heranziehe, dieses verkümmerte, kleinste aller bisher bekannten Rinder, dessen Widerristhöhe um 1 *m* herum gelegen ist, dann hätten wir an Mittelwerten von fünf alten Kühen: Mittel = 384·8 *mm* (Max. 400 *mm*!) als Vorderschädellänge und M = 350·6 *mm* (Max. = 358 *mm*) als kleine Basilarlänge. Es genüge dann noch die Bemerkung, daß etwas besser entwickelte Vertreter der notorisch kleinen und leichten Oberinntaler Rasse (alter Type) in ihren diesbezüglichen Schädelmaßen das Wildrind ziemlich erreichen. Verglichen mit unseren heute lebenden Rassen des Hausrindes würde somit, nach den wichtigsten Schädeldimensionen zu schließen, das Wildrind von Pamiątkowo nur von kleiner Figur gewesen sein.

Treten wir sodann an einen Vergleich unseres Wildrindes mit dem Bos primigenius Boj. heran, so orientiert uns über die beiden Schädellängen der von N e h r i n g[1]) aufgestellte Satz, daß bei dem Ure als normale Profillänge (Vorderschädellänge) eine Länge von 640 bis 720 *mm* und als normale kleine Basilarlänge eine solche von 540 bis 590 *mm* gelten kann. Schädel, deren Profillänge über 720 *mm* hinausgeht, betrachtet N e h r i n g als Riesen, solche, deren Vorderschädellänge unter 640 *mm* bleibt, als Zwerge des Bos primigenius Boj.

Weil die Vorderschädellänge des Wildrindes von Pamiątkowo volle 159 *mm* unter dem niedrigsten Normalwerte des Bos primigenius Boj. bleibt, hätten wir in dem Träger desselben eine ausgesprochene Zwergform des Urs zu erblicken, allerdings nur unter der Voraussetzung, daß dies Wildrind von Pamiątkowo keine besondere Abart (Subspezies oder selbst Spezies) vorstellt, sondern ein richtiger Bos primigenius wäre.

2. **Die Hornzapfen.** Die wichtige biologische Rolle, welche die Hörner bei Wildrindern spielen, macht es wünschenswert, auch dies Merkmal einer vergleichenden Betrachtung zu unterziehen. Die Hornzapfenlänge des Schädels von Pamiątkowo beträgt 255 *mm*, deren Umfang an der Basis 178 *mm*. Ziehen wir zunächst wieder primitive halbwilde Rinder der Primigeniusgruppe zum Vergleiche heran, dann hätten wir beim u n g a r i s c h e n S t e p p e n r i n d e als Mittelwerte von neun Kuhschädeln: Hornzapfenlänge = 411·8 *mm* (Min. = 345 *mm*, Max. = 502 *mm*), Umfang = 208·5 *mm* (Min. = 182 *mm*, Max. = 222 *mm*). Die entsprechenden Zahlen für ungarische Steppenviehstiere reichen bis zu 656 *mm* Länge und 310 *mm* Umfang!

Die a n d a l u s i s c h e R a s s e besitzt an Mittelwerten von zehn Kuhschädeln: Hornzapfenlänge = 368 *mm* (Min. = 320 *mm*, Max. = 465 *mm*), Hornzapfenumfang = 190·5 *mm* (Min. = 164 *mm*, Max. = 217 *mm*). (U l - m a n s k y).

Das A l b a n e s e n r i n d als Vertreter einer zum Teile verkümmerten Rasse der Brachycerosgruppe zeigt folgende Mittelwerte von fünf alten

---

[1]) Über Riesen und Zwerge des Bos primigenius. Sitzungsbericht d. Berl. Ges. Nat. Fr. Berlin 1889. Zitiert nach L a B a u m e l. c. 1909.

Kuhschädeln: Hornzapfenlänge = 112 *mm* (Min. = 105 *mm*, Max. = 122 *mm*), Umfang der Hornzapfen = 98 *mm* (Min. = 90 *mm*, Max. = 116 *mm*).

Der Vergleich mit den drei gewählten, zum Teil extreme Verhältnisse bezüglich der Hornentwicklung darstellenden Rassen des Hausrindes zeigt, daß das ungarische Steppenrind in jeder Beziehung, sowohl was den Umfang als was die Länge der Hornzapfen betrifft, durch ganz unvergleichlich höhere Werte charakterisiert ist als das Wildrind von Pamiątkowo. Sind doch die Minimalwerte bei dieser Rasse immer noch wesentlich höhere als beim Wildrind. Auch das andalusische Rind besitzt Mittelwerte, welche die Werte des Wildrindes deutlich übertreffen. Berücksichtigt man, daß die Größe und Stärke der Hörner beim andalusischen Rinde keineswegs bedeutend ist, dann kommt man zu dem Schlusse, daß die am Schädel von Pamiątkowo gefundenen Werte von einer nur sehr mäßigen Hornentwicklung zeugen, namentlich mit Rücksicht darauf, daß es sich dabei doch um ein Wildrind handelt.

Die für das Albanesenrind festgestellten minimalen Hornzapfenwerte zeigen anderseits wieder, bis zu welchem Grade die Verkümmerung dieser Gebilde reichen kann, wenn zu einer entsprechenden Anlage für schwache Hornentwicklung sich noch das Fehlen einer im positiven Sinne wirkenden natürlichen Zuchtwahl gesellt.

Über die Hornzapfenentwicklung beim Bos primigenius Boj. orientieren uns die von L a u r e r und La B a u m e ermittelten Mittelwerte. Nach den Genannten ist der Mittelwert für die Hornzapfenlänge von 82 männlichen und weiblichen Schädeln 620 *mm* und für 24 angeblich weibliche allein 561 *mm*. Für den Umfang lauten die entsprechenden Mittelzahlen 332, bzw. 292 *mm*. Daraus ist deutlich ersichtlich, welch kolossaler Unterschied in der Hornentwicklung zwischen dem Bos primigenius Boj. und dem Wildrinde von Pamiątkowo besteht. Letzteres muß im Gegensatz zum gewöhnlichen Ur geradezu als schwach gehörnt angesehen werden. Weil überdies reinrassige Abkömmlinge des Urs, wie das Steppenrind und das andalusische Rind, trotz des Domestikationszustandes, in welchem sie sich befinden, im allgemeinen wesentlich stärkere Hornzapfenentwicklung besitzen, so muß man wohl annehmen, daß das Wildrind von Pamiątkowo eine aus inneren Gründen, also genetisch bedingte Neigung zu schwacher Hornentwicklung besessen hat.

Teils aus den eingangs mitgeteilten Gründen, teils deshalb, weil doch nur ein Schädel vorliegt, verzichte ich auf einen eingehenden Vergleich der in Tabelle 2 zusammengestellten Relativwerte mit solchen verschiedener Rassen des Hausrindes oder aber des Bos primigenius Boj. Verhältnisse des Schädelbaues, welche auf gewisse Beziehungen dieses Wildrindes zu einer bestimmten Gruppe von Rassen des Hausrindes hinweisen, wurden überdies gelegentlich der Besprechung der Konfiguration des Schädels von Pamiątkowo hervorgehoben und ebensolche, durch welche sich dies Wildrind vom Bos primigenius Boj. unterscheidet.

Sie seien noch einmal kurz in Erinnerung gebracht: Die große Unebenheit der Stirnfläche, die gewölbten Augenbögen, die große Breite bei geringer Tiefe der Schläfengruben, der negative Choanenabstand von der Molar-3-Tangente und endlich die Neigung zu schwächerer Hornzapfenbildung sowie zu geringerer Wüchsigkeit (zu kleinen Körperformen) überhaupt.

Diese Merkmale besitzen einen ausgesprochenen zoologischen Charakter und bedingen, weil sie keineswegs innerhalb der normalen Variationsgrenze von Bos primigenius Boj. liegen, einen wesentlichen Unterschied des Wildrindes von Pamiątkowo vom gewöhnlichen Ur. Dies gibt aber auch die Berechtigung, es als den Vertreter von zumindest einer Subspezies des Urs anzusprechen.

Es liegt nahe, nach Resten ähnlich beschaffener Wildrinder Umschau zu halten. Da möchte ich zunächst an den im Jahre 1898 von mir beschriebenen diluvialen Schädelrest von K r z e s z o w i c e[1]) erinnern. Gestützt auf die weitgehende Ähnlichkeit des Schädelbaues der typischen sogenannten Brachycerosrassen, speziell des östlichen Mitteleuropas und der Balkanhalbinsel, mit diesem Krzeszowicer Schädelrest, dessen Träger ich als Bos (brachyceros) europaeus bezeichnete, erblickte ich in ihm eine Stammform jener Rassengruppe des Rindes, die als Brachyceros bezeichnet wird. Wenn nun auch die Übereinstimmung dieses Krzeszowicer Schädels mit dem Schädelbau der Brachycerosrassen eine gewiß noch weiter gehende ist als wie jene des Schädels von Pamiątkowo, so besitzt der letztere immerhin noch eine so weitgehende Ähnlichkeit mit dem Brachyceroscharakter, und zwar in allen wichtigen Punkten, daß der nahe Zusammenhang, der zwischen jenem Wildrinde und diesen Hausrindrassen besteht, unverkennbar ist. Es unterliegt keinem Zweifel, daß der Schädel von Pamiątkowo und der von Krzeszowice einer und derselben Type angehören, und daß die Träger dieser Schädelform eben die so lange und vergeblich gesuchte Stammform der brachyceren Rassengruppe des Hausrindes vorstellen.

Was die deutliche Ähnlichkeit der beiden genannten diluvialen Wildrindschädel (von Pamiątkowo und Krzeszowice) miteinander anbetrifft, so liegt sie in all den eben angeführten Momenten, durch welche sich der Schädelbau des Bos primigenius Boj. von den beiden Wildrindern unterscheidet (anders gearteter Bau der Stirne, der Augenbögen, der Schläfengruben, des Hinterhauptes usw.).

Um auch das Verhalten der wichtigsten Schädelmaße (der absoluten und der auf die Stirnlänge bezogenen) dieser beiden Wildrinder (von Pamiątkowo und Krzeszowice) einer Prüfung zugänglich zu machen, füge ich sie in der Tabelle 3 bei. Zugleich stelle ich diesen Zahlen die entsprechenden absoluten und relativen Mittelwerte von fünf weiblichen Uren[2]) (Bos primigenius Boj.) gegenüber; sie werden den bedeutenden Unterschied zwischen Bos primigenius Boj. und den Wildrindern von Pamiątkowo und Krzeszowice in ziffermäßiger Form zum Ausdruck bringen. Zur besseren Beurteilung der Größenverhältnisse der Schädel beider Wildrindgruppen und ihrer Beziehungen zum Hausrinde führe ich endlich noch die Maße (Mittel von sieben Kuhschädeln) der alten Oberinntaler Type (nach D r e x e l) an. Es handelt sich hier um einen Repräsentanten eines noch nicht mittelschweren, also relativ kleinen Rindes der Brachycerosgruppe, dessen einschlägige Maße im allgemeinen recht gut mit jenen des Schädels von Pamiątkowo übereinstimmen.

Vergleicht man die absoluten Werte der wichtigsten Schädelmaße des Wildrindes von Pamiątkowo mit jenen des Schädels von Krzeszowice, dann findet man, daß zwischen beiden Schädeln nur geringe Größenunterschiede bestehen; es erweist sich der von Pamiątkowo als der um weniges größere.

Vergleicht man hingegen die Schädelmaße dieser beiden kleinen Wildrinder mit jenen weiblicher Ure, dann fällt der enorme Unterschied sofort

---

1) Studien über Bos (europaeus) brachyceros, die neue Stammform der Brachycerosrassen des europäischen Hausrindes. Journal für Landwirtschaft. Jahrg. 46, Berlin 1898, S. 268—320.

2) Nach La B a u m e, „Beitrag zur Kenntnis der fossilen und subfossilen Boviden". Schriften d. Naturf.-Ges. in Danzig 1909. N. F. Bd. XII. Tabelle 5 u. 6.

Tabelle 3

		Schädel von Pamiątkowo		Schädel von Krzeszowice		Bos. primigenius Boj. 5 Kuhschädel nach La Baume		Urkuh (Geologische Reichsanstalt, Wien)		Mittel aus 5 Stück Albanesenschädel (5 Kühe)		Mittel aus 7 Stück Oberinntaler Schädel (Kühe)	
		mm	0/0	*mm*	0/0	*mm*	0/0	*mm*	0/0	*mm*	0/0	*mm*	0/0
1	Stirnlänge	216	100·0	196	100·0	299	100·0	334	100·0	172	100·0	213·9	100·0
2	Zwischenhornlinie	127	58·8	116	59·2	—	—	174	52·0	112·2	65·0	157·2	73·4
3	Stirnenge	153	70·8	145	73·9	219	73·2	240	71·8	133·2	77·5	155·9	72·9
4	Stirnweite	205	94·9	182	92·8	271·6	91·2	309	92·5	171·4	99·8	203·4	95·0
5	Hornzapfenumfang	178	82·4	142	72·4	294	98·3	363	108·6	98·0	56·9	136·5	63·8
6	Hinterhauptenge	121	56·0	120	61·2	184·8	61·8	231	69·1	94·8	55·1	127·0	59·4
7	Hinterhauptweite	196	90·7	—	—	280·6	93·1	323	96·7	160·0	93·1	195·6	90·0
8	Kleine Hinterhaupthöhe	110	50·9	98	50·0	150·2	50·2	162	48·5	88·2	51·1	112·6	52·6
9	Große Hinterhaupthöhe	150	69·4	132	67·3	194·2	64·9	213	63·7	117·2	68·3	143·5	67·1

auf. Obschon den üblichen Relativwerten (hier auf die Stirnlänge bezogen), wenn von einzelnen Schädeln gewonnen, im allgemeinen kein großer Wert zuerkannt werden kann, möchte ich der Vollständigkeit halber doch wenigstens den Versuch in der Richtung eines solchen Vergleiches der beiden Wildrindschädel kleiner Type unternehmen.

Der Schädel von Pamiątkowo unterscheidet sich von dem von Krzeszowice durch eine relativ schmälere Stirnenge (—3·1%) und eben solche Hinterhauptenge (—5·2%), während die Stirnweite merkwürdigerweise einen mäßig größeren Relativwert zeigt (+2·1%). Inwieweit hier bei einem oder dem anderen Schädel individuelle Momente mitspielen, läßt sich in Anbetracht dessen, daß von jedem Herkunftsort nur ein Schädel vorliegt, natürlich nicht beurteilen. Das Hinterhaupt des Schädels von Pamiątkowo ist verhältnismäßig sehr schmal und hoch gebaut. Während der Schädel von Krzeszowice sich in dieser Hinsicht ähnlich verhält, besteht gegenüber den weiblichen Urschädeln ein beträchtlicher Unterschied. Letztere sind im Hinterhaupte viel niedriger und gleichmäßig wesentlich breiter gebaut. Daß aus den wie üblich gewonnenen Relativwerten der Schädelmaße verschiedener Wildrinder etwas interessantes, sei es im positiven oder negativen Sinne zu entnehmen wäre, kann nicht behauptet werden. Individualität, örtliche Daseinsverhältnisse, Ernährung, ja selbst aus verschiedenen Gründen abgeänderte endokrine Momente können die Relativwerte so sehr beeinflussen, daß der Einfluß von Subspezies, Varietät, ja möglicherweise selbst von guter Spezies verwischt wird. Dies ist umso beachtenswerter, als von den uns besonders interessierenden Wildrindern nur je ein Schädel bzw. Schädelteil zur Verfügung steht.

Ganz anders verhält sich die Sache, wenn man die absoluten Zahlen in das Auge faßt. Vergleichen wir d i e s e miteinander, dann ist der Unterschied zwischen dem Schädel von Pamiątkowo und dem von Krzeszowice in so ziemlich allen Schädelmaßen so unbedeutend, daß — abgesehen von der früher geschilderten Übereinstimmung des Schädelgepräges — auch aus diesen absoluten Zahlen die Zusammengehörigkeit beider Wildrindschädel zum gleichen Typus klar ersichtlich ist.

Das einzige Maß, welches an diesen beiden Schädeln stärker differiert, ist der den Entwicklungsgrad der Hörner anzeigende Hornumfang an der Basis (142 : 178 *mm*). Nun ist aber bekannt, daß gerade die Hornentwicklung ein besonders variables Merkmal vorstellt, welches z. B. beim domestizierten Rinde von 0 *mm* (Akeratos-Rassen) bis zu 540 *mm* (Hornumfang der Watussi-Wahima-Rinder) zu variieren vermag.

Selbst die zwischen beiden Schädeln festgestellte diesbezügliche Differenz (36 *mm*) schrumpft jedoch zu einer ganz unbedeutenden zusammen, wenn man beachtet, daß die Differenz im Hornzapfenumfang zwischen dem Schädel von Pamiątkowo und dem mittleren Umfang der Hornzapfen weiblicher Individuen vom Bos primigenius Boj. volle 116 *mm* beträgt. Hier liegt tatsächlich ein großer Unterschied vor.

Es ist ferner auffallend, wie gut die Übereinstimmung in den absoluten Schädelmaßen zwischen dem Schädel von Pamiątkowo und dem untermittelgroßen (zirka 400 *kg* Lg.) Brachycerosrinde des Oberinntales sich darstellt. Wenn man von der bei den Oberinntaler Schädeln schwächeren Hornentwicklung, die bei domestizierten Formen leicht verständlich ist, absieht, dann besteht zwischen ihnen und dem Schädel von Pamiątkowo nur einzig in der Zwischenhornbreite ein deutlicher Unterschied. Wodurch derselbe bedingt wird, ist nicht zu ersehen.

Als Gesamtresultat des Vergleiches des Wildrindschädels von Pamiątkowo mit dem von Krzeszowice einerseits, und den Schädeln weiblicher Schädel des Bos primigenius Boj. anderseits, ergibt sich somit:

1. Daß der Schädel von Pamiątkowo sowohl in den Größenverhältnissen, als auch im Gepräge der wichtigsten Schädelpartien mit dem Schädel von Krzeszowice vortrefflich übereinstimmt.

2. Daß diese beiden Schädel in allen wesentlichen, das charakteristische Gepräge eines Rinderschädels bedingenden Punkten mit dem Typus der Brachycerosgruppe des Rindes übereinstimmen, und daß sie sich selbst in den Größenverhältnissen beispielsweise von den kaum mittelgroßen Brachycerosrassen des Hausrindes nicht unterscheiden.

3. Als Wildrinder betrachtet und verglichen mit dem Bos primigenius Boj. können die Träger beider genannter Schädel nur als kleine Formen angesprochen werden.

4. Daß beide Wildrindschädel sich im Gepräge der einzelnen Schädelteile und ebenso auch in den absoluten Maßen vom weiblichen Bos primigenius Boj. vollkommen verschieden verhalten, selbst aus dem Verhalten der Relativwerte (wenn auf die Stirnlänge bezogen), lassen sich grundsätzlich verschiedene Entwicklungstendenzen erkennen (z. B. niedrigere, aber breitere Entwicklung des Hinterhauptes).

5. Daß — nach den vorliegenden Maßen der Hornzapfen zu schließen — die Entwicklung der Hornzapfen auch des Wildrindes von Pamiątkowo bereits eine relativ schwächere gewesen ist, namentlich, wenn man beachtet, daß es sich hier um ein Wildrind handelt, bei welchem doch wohl die natürliche Zuchtwahl auf kräftige Hornentwicklung gerichtet gewesen sein dürfte.

6. Die meisten jener Merkmale, welche diese beiden Wildrindschädel von Pamiątkowo und Krzeszowice vom Bos primigenius Boj. unterscheiden, besitzt der Schädel von Pamiątkowo gegenüber jenem vom Krzeszowice um eine Kleinigkeit weniger scharf ausgeprägt.

Unter solchen Umständen glaube ich berechtigt zu sein, den Schädel von Pamiątkowo als Repräsentanten eines vom gewöhnlichen Bos primigenius Boj. verschiedenen Wildrindes anzusprechen. Ich stelle ihn dem von mir 1898 beschriebenen diluvialen Wildrindschädel von Krzeszowice an die Seite und bezeichne, wie damals, jenes durch diese Schädelmerkmale charakterisierte Wildrind als Bos brachyceros europaeus.

Die Frage, ob es sich bei diesem durch die beschriebenen beiden Schädel charakterisierten Wildrinde um eine „gute Spezies“ im Sinne der Zoologen oder nur um eine „Subspezies“, um eine erblich bedingte Varietät des Bos primigenius handelt, möchte ich vorläufig noch offen lassen. Als sicher sehe ich nur den Umstand an, daß wir in dieser Wildrindform keinesfalls eine durch bloße Daseinsverhältnisse hervorgerufene Kümmer- oder Zwergform, wie N e h r i n g für andere kleine Urschädel angenommen hat, sehen dürfen. Daß wir in diesen Schädeln einen bestimmten Genotypus und keineswegs bloß einen besonderen Phänotypus des europäischen Wildrindes zu sehen haben, beweist meines Erachtens das Vorkommen genau desselben Schädeltypus bei jener Gruppe von Hausrindern, welche als Brachycerosrassen zusammengefaßt werden. Wo immer nun diese Brachycerosrinder vorkommen, überall behalten sie die spezifische Konfiguration des Schädels und die Neigung zu relativ kleinen Formen bei. Ich habe früher (1899) schon darauf aufmerksam gemacht, daß es ein Unding wäre, z. B. die kleinen Formen der Jerseys durch ungünstige Daseinsverhältnisse und daraus resultierende Verkümmerung erklären zu wollen, denn diese landwirtschaftlich hochinteressante, im Golfstrom eingebettete Insel bildet mit ihrem milden Klima und den guten Futterverhältnissen ein Milieu, das für große Rinderformen wie geschaffen erscheint.

Selbst für den Fall, als es sich bei diesem Wildrinde von Pamiątkowo (und dem von Krzeszowice) nur um eine Subspezies des Bos primigenius Boj. handeln sollte, sind die kraniologischen Merkmalunterschiede beider Wildrindtypen groß und deutlich genug, um in ihm die langgesuchte und bisher meist in Asien vermutete Stammform der Gruppe der Brachycerosrinder zu erkennen.

Allerdings möchte ich auch bezüglich der Rindergruppe Brachyceros der Vermutung Raum geben, daß auch sie hinsichtlich der Abstammung nichts Einheitliches vorstellt, daß vielmehr auch hier noch Untergruppen vorkommen, von welchen möglicherweise eine oder die andere noch von einer anderen kleinen Wildrindform herrührt. Insbesondere wäre hier noch die Rolle zu untersuchen, welche der Bos urus minutus v. d. Malsburgs, jenes in kraniologischer Beziehung diminutive Spiegelbild des Bos primigenius Boj., spielt.

Die durch die Schädel von Pamiątkowo und Krzeszowice repräsentierte Wildrindform bin ich aus kraniologischen Gründen geneigt, als die Stammform folgender Rinderrassen bzw. -schläge anzusehen: 1. des ursprünglichen brachyceren Landviehs der Sudetenländer; 2. des ursprünglich an den Nordseeküsten verbreitet gewesenen Terpenrindes, von welchem offenbar der starke brachycere Einschlag vieler Zuchten des Niederungsviehs (nicht nur der einfärbig roten Ostfriesen!) herrührt; 3. der Angler; 4. verschiedener Schläge des östlichen Mitteleuropas, von denen das Karpathenrind angeführt werden mag, aus welchem das „polnische Rotvieh" herausgezüchtet worden ist; auch das Maydanerind und jenes der Heiligenkreuzberge Kongreßpolens, sowie das Landvieh Litauens und der Pinskschen Sümpfe (des sogenannten Polesie) gehört hieher; 5. der zahlreichen brachyceren Schläge Albaniens, Bosniens, Kroatiens, der Herzegowina, Mazedoniens und Serbiens; 6. wäre von ausgestorbenen Zweigen der Abkömmlinge dieser Bos europaeus-Form noch zu erwähnen, das brachycere Pfahlbauvieh der Schweiz (als dessen noch vorhandene letzte Reste das Gomser Rind und das Rind des Haslitales gelten können) und das alte Wendenvieh. So sehr alle diese brachyceren Schläge und Zuchten kraniologisch sich vom gewöhnlichen Bos primigenius Boj. unterscheiden, ebenso weitgehend gleichen sie im Schädelbau dem Wildrinde, das durch die Schädel von Pamiątkowo und Krzeszowice vorgestellt wird; es drängt sich unter solchen Umständen der Gedanke, daß alle diese Rinderschläge von diesem vorläufig im östlichen Mitteleuropa festgestellten Wildrinde abstammen, unwillkürlich auf.

Den Nachweis, daß anderseits diese meist primitiven brachyceren Rinderzuchten nichts mit dem Zebu zu tun haben und daß ihre Herkunft von Asien als ausgeschlossen betrachtet werden kann, beabsichtige ich in einer späteren Arbeit zu führen.

Der eventuell zu gewärtigende Einwand, daß das gleichzeitige Vorkommen verschiedener Rinder (Spezies bzw. Subspezies) in Mitteleuropa unwahrscheinlich sei, läßt sich durch den Hinweis auf die analogen Verhältnisse beim Pferde abtun. Wir finden nämlich in derselben Epoche in Mitteleuropa gleichzeitig verschiedene Pferdespezies. Ich erwähne Equus Abeli mit ähnlichen Formen, den Tarpan (E. Gmelini) und E. ferus, das Przewalskische Wildpferd, das selbst wieder recht variabel gewesen zu sein scheint, und das durch manche Unterformen gewissermaßen eine Übergangsform vom Tarpan zum abendländischen Pferde vorgestellt hat. Es sei diesbezüglich nur daran erinnert, daß manche Zoologen Equus germanicus, Nehring, als zum Formenkreis des E. ferus gehörend, ansehen.

Und all diese recht verschiedenen Pferdespezies und Subspezies haben dennoch, wie gesagt, innerhalb Mitteleuropas gleichzeitig gelebt. Es liegt daher auch kein Grund vor, der gegen die Annahme bzw. die Möglichkeit des gleichzeitigen Vorkommens und Nebeneinanderlebens mehrerer Bovidenarten in Mitteleuropa spräche.

An dieser Stelle muß ich noch auf einen inzwischen hinfällig gewordenen Einwand Nehrings bezüglich des Bos europaeus zurückkommen, den er mir seinerzeit brieflich bekannt gab: nämlich, daß auf Grund eines einzigen Fundstückes die Aufstellung einer neuen Wildrindart nicht berechtigt sei. Abgesehen von den bereits in einer 1898 publizierten Arbeit gemachte Mitteilungen über ähnlich beschaffene, andern Orts gemachten Funde von Wildrindresten, stellt der eben beschriebene sicher diluviale Schädel von Pamiątkowo einen weiteren und überzeugenden Fall vom Vorkommen anders beschaffener Wildrinder vor, als es Bos primigenius Boj. gewesen ist.

Endlich teilte mir Dr. Z. Jaworski (Krakau), der den Krzeszowicer Fund aus eigener Anschauung genau kennt, mit, daß er 1918 in den Sammlungen von Pulawy, wo er in militärischer Verwendung stand, einen dem Krzeszowicer Schädel vollkommen gleichen Wildrindschädel gesehen habe. Derselbe soll an der Weichsel gefunden worden sein. Als ich vor kurzem Schritte machte, den Schädel zur Untersuchung zu erhalten, stellte es sich heraus, daß derselbe unauffindbar war; er muß im Trubel des Umsturzes oder kurz nach demselben verloren gegangen sein.

Zum Schlusse möchte ich nur kurz erwähnen, daß verschiedene Anhaltspunkte dafür gegeben sind, daß der im Jahre 1627 zu Jaktorowo ausgestorbene Tur nichts anderes gewesen sein dürfte, als der Nachkomme dieses aus erblichen Gründen kleinwüchsigen Wildrindes, das wir vorläufig durch die Schädel von Pamiątkowo und Krzeszowice kennen gelernt haben.

7. Zusammenfassung

1. Der Schädel von Pamiątkowo stammt wegen der ihn begleitenden Reste vom Riesenhirsch aus dem Diluvium.

2. Er gehört einem vollerwachsenen, wilden Individuum, welches höchstwahrscheinlich weiblichen Geschlechtes war.

3. Die Schädeldimensionen lassen auf ein Wildrind von relativ kleineren Körperformen schließen.

4. Die morphologischen Einzelheiten des Schädelbaues beim Funde von Pamiątkowo stimmen mit jenen des 1898 von mir beschriebenen Schädels von Krzeszowice überein. Der Träger des ersten Schädels gehört somit in den Formenkreis des Bos europaeus.

5. Das Gepräge des Schädels von Pamiątkowo unterscheidet sich in vielen, und zwar wesentlichen Punkten von jenen des Bos primigenius Boj. und ebenso besteht ein beträchtlicher Unterschied hinsichtlich der Größenverhältnisse zwischen beiden Boviden.

6. Jene Merkmale, welche den Schädel von Pamiątkowo vom Bos primigenius Boj. unterscheiden, finden sich als charakteristische Gruppenmerkmale bei den sogenannten Brachyceros-Rassen des Hausrindes wieder.

Bei letzteren treten sie offenbar durch die Domestikation bedingt, zum Teil in etwas verstärkter Form hervor.

7. Auch in den absoluten Größenverhältnissen des Schädels und daher natürlich auch des Körpers schließt sich das Wildrind von Pamiątkowo an die kaum mittelgroßen Vertreter brachycerer Rinder (z. B. der alten Type des Oberinntaler Rindes) an.

8. In Anbetracht der vielen, offensichtlich genetisch bedingten (zoologischen) Unterschiede zwischen Bos primigenius Boj. einerseits und dem Wildrinde von Pamiątkowo und Krzeszowice anderseits, handelt es sich bei letzterem gewiß um eine spezifische Abart des Urs, welcher, wenn schon nicht Spezies-, doch Subspeziescharakter zuzuerkennen ist.

9. Gestützt auf die große zoologische Übereinstimmung der Wildrindschädel von Pamiątkowo und Krzeszowice mit dem Schädelcharakter der brachyceren Rassen des europäischen Hausrindes, darf man wohl in dem Träger dieser Schädeltype die wilde Stammform, zumindest eines Teiles jener Rassen und Schläge, die wir zur Gruppe Brachyceros zusammenfassen, vermuten bzw. erblicken.

10. Der erstmals von Nehring gegen die Aufstellung der Wildform: B. (brachyceros) europaeus, gemachte Einwurf, daß ein einzelner Schädelfund hiezu nicht ausreiche, fällt gegenwärtig weg, weil bereits mehrere Schädel dieser Type bekannt sind und der in der vorliegenden Arbeit beschriebene Wildrindschädel von Pamiątkowo einen derselben abgibt.

Über den Schädelbau, die Herkunft und die vermutliche Abstammung des im südöstlichen Europa verbreiteten Kalmückenrindes

Von

Hofrat **Dr. Leopold Adametz,**

o. ö. Professor an der Hochschule für Bodenkultur in Wien

Im Jahre 1900 veranlaßte ich Herrn Wilhelm G r u n d zu einer Studienreise in die Kalmückensteppe und in die anschließenden Zuchtgebiete des K a l m ü c k e n r i n d e s.

Über diese wirtschaftlich sehr beachtenswerte Rinderrasse lagen so spärliche Nachrichten, namentlich in der deutschen Fachliteratur, vor, daß es mir schon aus diesem Grunde wünschenswert erschien, genaueres über sie zu erfahren. Außerdem lag mir daran, an Ort und Stelle von fachkundiger Hand gesammeltes Schädelmaterial zu erhalten, um gelegentlich die Ansicht zu prüfen, ob — entsprechend der Konrad K e l l e r schen Hypothese vom asiatischen Ursprung der europäischen Brachycerosrinder — dies asiatische Rind etwa gewisse Beziehungen zum Brachycerostypus erkennen lasse.

Die morphologische und wirtschaftliche Seite dieser Frage wurde von Herrn W. G r u n d in einer Artikelserie in der Österreichischen Molkereizeitung (1903)[1]) klar und erschöpfend behandelt, während die theoretisch wissenschaftliche Aufgabe, die Schädeluntersuchung, vorläufig zurückgestellt wurde.

Weil ich jetzt die Zeit für gekommen erachte, die Untersuchungen über die Abstammung der Kurzhornrinder wieder aufzunehmen, deshalb machte ich mich an die Aufarbeitung des seinerzeit von W. G r u n d mitgebrachten Schädelmateriales, das aus 5 Kuh- und einem Stierschädel bestand. Es stammt von rasereinen, typischen Tieren her und zeichnet sich, obschon an verschiedenen Örtlichkeiten gesammelt, durch auffallend einheitlichen Charakter aus — ein Moment, welches allein schon für rasseliche Reinheit des Kalmückenrindes und für dessen Zugehörigkeit zu einer wohl charakterisierten Rasse spricht.

Daß eine genaue zoologische Untersuchung der Kalmückenrasse, abgesehen von allen anderen Gründen, schon an und für sich wünschenswert ist, geht aus dem nach wie vor bestehenden Mangel entsprechender Untersuchungen hervor. Haben doch die inzwischen erschienenen Veröffentlichungen Stegmanns (1906—1924) über diese interessante Rinderrasse nicht nur nichts Neues gebracht, sondern die Frage eher verwirrt statt geklärt. Sie stellen, wie gezeigt werden soll, eher einen Rückschritt statt Fortschritt in unserer Kenntnis von der Herkunft und Entstehung dieser asiatischen Rinderrasse vor.

---

[1]) Band X, Nr. 1—17. Später erschienen diese Artikel gesammelt als Broschüre unter dem Titel „D a s K a l m ü c k e n r i n d", Verlag C. Fromme, Wien, 1905.

Ebenso wie die vorhergehende, im selben (III. Bd.) Bande der „Arbeiten der Lehrkanzel für Tierzucht" veröffentlichte Studie über das Wildrind von Pamiątkowo gehört auch diese Untersuchung zu den Vorarbeiten für die endgültige Beantwortung jener Frage nach der Abstammung der zahlreichen europäischen Rinderrassen, die von der wissenschaftlichen Tierzuchtlehre als Brachycerosgruppe zusammengefaßt werden.

Herkunft des auf europäischem Boden lebenden Kalmückenrindes

Das Kalmückenrind führt seinen Namen von dem die westlich und südwestlich von Astrachan gelegenen Steppen bewohnenden Volke der Kalmücken. Die Bezeichnung „Kalmück" stammt nach W. Grund aus dem Tatarischen und bezeichnet soviel wie „abgeschieden", eine Benennung, welche diesem Volke erst nach seiner Trennung vom zentralasiatischen Hauptstamme beigelegt worden ist. Das mit diesem Namen belegte Volk ist nämlich rein mongolischen Ursprungs und stammt aus Zentralasien, von wo es erst im 17. Jahrhundert (1630) auf vorwiegend friedlichem Wege eingewandert ist. Die Ursitze dieses Volkes, das sich in 4 Stämme gliederte, nämlich in die Choschot, Dsungaren, Derbeten und Torgaten kann durch folgende Grenzen bezeichnet werden: im Südosten das Nanschan- und Kukunorgebirge, im Süden das Borochorogebirge, im Westen das Alataugebirge und der See Ala-Kul und im Norden das Tarbagataigebirge, der Schwarze Irtysch sowie das Altaigebirge (W. Grund nach russischen Quellen).

Übrigens sind die Kalmücken auch nach Anutschin[1]) Vertreter reiner Mongolen; sie haben als nächste Verwandten: 1. die mongolischen Tanguten, 2. die altaiischen Telengiten und 3. die transbaikalischen Burjäten.

Zum Teile Übervölkerung, zum Teile chinesische Bedrückung, zwangen Teile aller 4 Stämme zur Auswanderung nach dem Westen. Weil die Mitnahme der Haustiere für solche Hirtenvölker geradezu eine Existenzbedingung vorstellt, deshalb ist es fast selbstverständlich, daß wir die Kalmücken auch an ihrem neuen, europäischen Wohnsitze im Besitze ihrer ihnen eigentümlichen Haustiere finden müssen. Tatsächlich züchtet denn auch heute noch dieser nach Europa verschlagene Mongolenstamm neben seinen eigenartigen Rindern noch Kamele und Fettsteißschafe, das sind spezifisch mongolische, zentralasiatische Haustiere; und diese Asiaten stellen eine Insel vor inmitten europäischer Haustierrassen.

Es ist ferner naheliegend anzunehmen, daß unter solchen Umständen ihre eigentümliche Rinderrasse, die, wie gesagt, vollkommen verschieden von allen europäischen Rinderrassen ist, eine rein mongolische sein wird.

Daran ändert auch der Umstand nichts, daß das Verbreitungsgebiet dieser Rinderrasse über die neuen Wohnsitze der Kalmücken in Südrußland etwas hinaus reicht. Verwandte Rinder werden höchst wahrscheinlicherweise bereits früher nach Südostrußland gelangt sein, zumal gelegentlich der zu Beginn des 13. Jahrhunderts erfolgten Vorstöße zentral- und westasiatischer Völkerschaften unter Tschingis-Chan, durch welche große Teile des südöstlichen Rußlands asiatische Besiedler erhielten. Weil dieselben Nomaden waren, so waren sie naturgemäß im Besitze ihrer ursprünglichen Haustiere und darunter mußte sich das charakteristische Mongolenrind Zentralasiens befinden.

---

1) Ergebnisse der anthropologischen Erforschung Rußlands in: Globus 1901, Seite 271.

Auf alle Fälle ist anzunehmen, daß gerade das Rind der nach Europa gewanderten Kalmücken, weil letztere zuletzt angelangt waren, den ursprünglichen zentralasiatischen Rassetypus am besten, reinsten zeigen muß. Fanden doch die Ankömmlinge schlimmsten Falls eine ihnen ohnedies verwandte Rinderrasse in diesem Gebiete vor. Kreuzungen mit dem dort früher einheimischen europäischen Rinde (etwa der grauen Steppenrasse) waren unter solchen Umständen gar nicht möglich. Eine solche Möglichkeit bestand nur für die ersten Ankömmlinge im 13. Jahrhundert.

Außer diesem zum Teil indirekten Beweise von der spezifisch zentralasiatischen, sozusagen mongolischen Natur der Rinder der europäischen Kalmücken, vermag ich noch einen direkten, wohl alle Zweifel ausschließenden Beweis darüber anzuführen, nämlich die Tatsache, daß aus vorhistorischer Zeit stammende, in Transbaikalien von Talko Hryncewicz gesammelte Rinderschädel genau denselben Rassetypus aufweisen, wie die heutigen Kalmückenrinder. Über diesen Punkt soll jedoch später, an anderer Stelle, genauer berichtet werden.

Wenn man das Vorgebrachte überblickt, so wird man wohl nicht daran zweifeln, daß im heutigen Kalmückenrinde eine charakteristische, aus Zentralasien stammende und speziell für mongolische Völker eigentümliche Rasse erblickt werden muß, oder mit anderen Worten: das Kalmückenrind Südostrußlands ist ein typisches Mongolenrind und stammt aus Innerasien.

Literatur über das Kalmückenrind

Trotz der großen wirtschaftlichen Bedeutung des Kalmückenrindes und der ihm verwandten Zuchten, die in der russischen Tierzuchtliteratur als „Hordenrasse" (ordünskaja poroda), d. h. als Rinder der „goldenen (Tataren-) Horde" bezeichnet werden, und die am besten daraus erhellt, daß nach Krawzow in den letzten Dezennien des vorigen Jahrhunderts ca. 80% des auf den St. Petersburger Markt gelangenden Schlachtviehs dieser Rindergruppe angehörte, trotzdem ist die Fachliteratur über diese Rindertype auch in Rußland äußerst armselig geblieben, wie W. Grund auf Seite 66 seiner Broschüre (1905) näher ausführt.

In die deutsche Fachliteratur dürfte C. Freytag[1] diese Rinder und speziell auch das Kalmückenrind eingeführt haben. Seine Schilderung desselben entspricht jedoch nach Grund nicht der Wirklichkeit und auch seine Ansicht, daß es sich bei ihm um Kreuzungen zwischen russischem Landvieh und der podolischen Steppenrasse handeln soll, beruht auf Irrtum.

In den russischen Fachkreisen wurde das Kalmückenrind und seine verwandten Zuchten speziell durch Krawzow[2] und P. N. Kuleschow[3] bekannt. Namentlich letzterer packte diese Frage auch von der wissenschaftlichen Seite an, indem er dem Schädelbau des Kalmückenrindes sein Augenmerk schenkte und als erster auf gewisse an Zeburinder gemahnende Merkmale des Schädels vom Kalmückenrind hinwies. Diese Arbeit Kuleschows ist offenbar die Ursache, daß später publizierende Zootechniker,

---

[1] Rußlands Rinderrassen, Halle 1877.

[2] Krawzow, Das Schlachtvieh in St. Petersburg in den Jahren 1876 bis 1885. Russisch, zitiert nach W. Grund.

[3] Kuleschow, abgesehen von seinem in russischer Sprache erstmals 1889 (St. Petersburg) herausgegebenen Lehrbuch über „Das Rind", das inzwischen mehrere Neuauflagen erlangt hat, dann aber in seiner Arbeit „Die Schädeleigentümlichkeiten der roten Kalmückenrasse des Rindes" in Sjeslkoje Chosjaistwo i Lesowodstwo, 1888, S. 13 des Maiheftes (nach W. Grund).

speziell Werner und Stegmann, ihre Hypothesen vom Zebuursprunge des Kalmückenrindes bildeten.

H. Werner[1]) glaubt in seinem großen Lehrbuche im roten Kalmückenvieh und in den verwandten Schlägen Südosteuropas den Rest der alten, vor der Einwanderung der podolischen Rasse das ganze Steppengebiet erfüllenden Rinderrasse zu erblicken. Bereits 1892 vermutet Werner, offenbar durch Kuleschow beeinflußt, Zebublut im Kalmückenrinde und 1912, in der III. Auflage, spricht er ausdrücklich davon, daß es „mutmaßlich aus einer Kreuzung des europäischen Rindes mit dem Zebu hervorgegangen“ sei. Beweise liefert Werner jedoch für die Behauptung keine.

Auf Grund eingehender, im Zuchtgebiete selbst ausgeführter Studien hat zweitens Grund im Jahre 1903 eine monographische Beschreibung des Kalmückenrindes verfaßt. Das von ihm mitgebrachte Schädelmaterial wurde damals nicht verarbeitet, es diente als Ausgangsmaterial für die vorliegende Arbeit. Immerhin äußerte ich mich in dem Vorworte, das ich für die Ausgabe der Grundschen Arbeit in Broschürenform (1905) verfaßte, über die rasseliche Natur des Kalmückenrindes wie folgt: „ . . . daß es sich beim Kalmückenrinde um eine ganz spezifische, in den gebräuchlichen Systemen nicht wohl unterzubringende Rinderrasse handelt. Mit den besser bekannten und studierten europäischen Rinderrassen scheint es rasselich nicht verwandt zu sein. Hingegen dürfte ein gewisser Zusammenhang mit dem Zeburinde wahrscheinlich sein, obschon es nicht angeht, es einfach als einen Zweig dieser Rinderart anzusehen, wie dies bereits geschehen ist.“

F. P. Stegmann[2]) hat sich in drei größeren Arbeiten mit der von ihm aufgestellten, aus asiatischen Rindern gebildeten Gruppe „Bos orthoceros“ beschäftigt. Nach Stegmann gehört neben anderen Rinderschlägen vor allem das Kalmückenrind in diese Gruppe des aufrechthörnigen Rindes (das ist der sogenannten „Hordenrasse“ der Russen), in der er (1924) geradezu die „Leitrasse“ der westasiatischen Mongolen erblickt. Im Jahre 1906 charakterisiert Stegmann diese Rinder folgenderart: Schädel schlank und schmal, im oberen Teile gleichsam zusammengedrückt „und lang“. Hornzapfen: sie entspringen nahe beieinander aus der oberen Stirnbeinkante, wie bei dem Schädel des Bantengs oder des Zebus. Zwischen den Augen ist die Stirne eingesenkt, ihre Breite nähert sich der Länge, die Stirnenge ist nicht viel kleiner als die Stirnbreite. Über den als wichtiges Gruppenmerkmal betrachteten Hornverlauf äußert sich Stegmann wie folgt: erst nach hinten-außen, dann nach oben, während die Spitzen nach vorn-unten oder nach vorn-innen gerichtet sind. Weil diese Art des Hornverlaufes bei keinem europäischen Rinde vorkommt, deshalb meint Stegmann sie zur Aufstellung einer besonderen Abart des Rindes benützen zu sollen.

Wie ersichtlich, berücksichtigte Stegmann nur die üblichen Schädelmaße, die er übrigens zu keinen eingehenden Vergleichen mit den wichtigsten Typen des europäischen Rindes verwendet, übersieht jedoch hiebei die ganz eigenartige Konfiguration der Stirne, der Zwischenhorngegend und des Hinterhauptes, das heißt gerade das, was bei diesem Rinde das zoologisch wichtigste

---

1) H. Werner, Die Rinderzucht. I. Aufl. Berlin, 1892 (Seite 150), II. Aufl. Berlin, 1902 (Seite 155), III. Aufl. Berlin, 1912 (Seite 186).

2) Rußlands Rinderrassen.

Studien über das aufrechthörnige Rind. Jahrbuch für wissenschaftliche und praktische Tierzucht, Bd. VII, 1912, Seite 37—65.

Die Rassegeschichte der Wirtschaftstiere und ihre Bedeutung für die Geschichte der Menschheit, Jena, 1924.

Moment im Schädelbau vorstellt. Stegmann gelangt auf Seite 157 zu folgendem Schlusse: „Infolge dieser Form des Schädels und seines ganzen Exterieurs dürfte das rote Steppenvieh nicht nur Zebublut enthalten, wie Werner (1902) annimmt oder ein Kreuzungsprodukt des Zebus mit primigenen Rinderschlägen sein, wie es Keller (Naturgeschichte der Haustiere, 1905, Seite 51) angibt, sondern als ein direkter Nachkomme des asiatischen Zebus zu betrachten sein, zumal die Ähnlichkeit zwischen den Formen des roten Steppenviehs einerseits und denen des Zebus und Bantengs anderseits eine recht große ist." Diese „Abart des Rindes" dürfte nach Stegmann mit den Tataren Dschingis-Chans im 13. Jahrhundert aus den Steppen Asiens nach Europa gekommen sein.

In seiner 1912 erschienenen Arbeit über das rote südostrussische Steppenvieh wiederholt Stegmann die bereits 1906 gegebene Schädelbeschreibung, in welcher nur die Bemerkung neu ist (Seite 40), daß die Stirnbeinkante „auffallend kurz und in ihrem Verlauf geknickt" (? der Referent) sei, „so daß auf ihr zwischen den Hörnern ein kleiner Höcker entsteht".

Auf Seite 52 versucht Stegmann den indischen (Zebu-) Ursprung des durch Dschingis-Chans Zug nach Europa gebrachten aufrechthörnigen roten Steppenviehs dadurch verständlich zu machen, daß er auf die zwischen gewissen Teilen Zentralasiens und Indiens früher bestandenen Verbindungen mit den Worten hinweist: „...und wir wissen, daß seit Mahmud von Ghazna (zirka 1100) zwischen dem Ostiran und Turkestan einerseits und Indien anderseits ein enger Konnex bestanden hat. Wir besitzen also auch eine historische Handhabe für einen asiatischen, resp. indischen Ursprung des Bos orthoceros, worauf uns schon seine Schädelform hingewiesen hat."

Sein Endurteil faßt Stegmann (S. 52) in folgende Worte zusammen: „Der Bos orthoceros stellt also ein gut typiertes Rind dar, welches aus einer Kreuzung von Zebu oder Banteng mit Hausrindern, deren Typus kaum mehr festzustellen sein dürfte, hervorgegangen ist, und das sich durch Anpassung an ein kontinentales Steppenklima zu einer gut charakterisierten Rassengruppe entwickelt hat".

Wie ersichtlich, schwächt Stegmann 1912 seine 1906 gegebene scharfe Fassung bezüglich der reinblütigen Banteng- oder Zebuherkunft des Orthocerosrindes wesentlich ab und nähert sich nicht nur der früher von ihm bekämpften Anschauung Werners und Kellers, sondern stimmt eigentlich strenge genommen mit ihnen durchaus überein.

Im Jahre 1924 endlich erblickt Stegmann (S. 115) im Orthocerosrinde „die Leitrasse der goldenen Horde" und versucht dessen angebliche Zebuähnlichkeit in folgender Weise zu erklären: „....das aufrechthörnige Rind aber weist durch seine Ähnlichkeit mit dem Balirinde auf den Südosten von Asien hin und daraus wäre zu folgen, daß die goldene Horde im südlichen Teile der mongolischen Steppe entstanden ist, wo sie ihre Rinder aus Hinterindien beziehen und die fruchtbaren, subtropischen Gebiete des südöstlichen Asien brandschatzen konnte. Durch irgendwelche schwerwiegende Gründe aus ihren alten Wohnsitzen verdrängt, ist die goldene Horde dann wohl außerhalb der chinesischen Westgrenze nordwärts gezogen und dann wohl über Turkestan nordwärts an den Uralfluß und die Wolga gelangt."

Im Laufe der achtzehn Jahre umfassenden Beschäftigung Stegmanns, mit der Frage nach dem Herkommen der Orthocerosrinder (das ist unserer Kalmücken- bzw. Mongolenrasse), tritt in seinen diesbezüglichen Anschauungen insoferne eine grundlegende Änderung ein, als er seine ursprüngliche (1906)

Ansicht von der indischen (Zebu-) Herkunft dieses Rindes fallen läßt und ihren Ursprung nach Hinterindien verlegt (1924). Auch betont er nun dessen Ähnlichkeit mit dem Balirinde, das ist also mit dem Javaschinen Banteng.

Daß diese neueste Annahme Stegmanns unmöglich ist, beweist ein Blick auf die Karte von Mittel- und Südasien. Aus Hinterindien konnte die angeblich in der südlichen Mongolei entstandene goldene Horde sich deshalb unmöglich durch Raubzüge Rinder verschaffen, weil das vollkommen unwegsame und unbewohnte, riesig ausgedehnte Hochland Tibets einerseits, und das dicht bevölkerte, relativ (damals) hochkultivierte China anderseits dazwischen lagen. Die Unmöglichkeit dieser Annahme Stegmanns ist so handgreiflich, daß es weiterer Worte über diesen Gegenstand tatsächlich nicht bedarf.

Aber ganz abgesehen davon, sucht man in allen zitierten Arbeiten Stegmanns vergeblich nach irgend einem stichhältigen Beweis zoologischer Natur für die behauptete Ähnlichkeit des Orthocerosrindes mit dem Balirinde (das heißt mit dem Banteng) oder dem Zebu. Entsprechendes Schädelmaterial dieser angenommenen Stammväter ist also entweder nicht vorgelegen, oder aber nicht benützt, nicht untersucht worden, sonst müßten doch die anatomischen Gründe etc. angegeben worden sein. Man findet aber solche nirgends. Es scheint, daß Stegmann, offenbar beeinflußt durch Kuleschow, auf Grund von bloßen Beschreibungen zu seiner Hypothese von der Zebunatur oder Bantengherkunft dieser Mongolenrinder gekommen ist.

Vorläufig möchte ich an dieser Stelle nur kurz erwähnen, daß auch der von Stegmann vermutete (1906) „enge Connex", der zwischen den Wohnsitzen der Züchter des mongolischen Kalmückenrindes und Indien um das Jahr 1100 bestanden haben soll, deshalb für die Herkunft dieses Mongolenrindes ganz gleichgültig ist, weil — wie ich gleich später zeigen werde — das echte „Orthocerosrind" im Sinne Stegmanns schon in vorgeschichtlicher Zeit im Besitze mongolischer Völker gewesen ist, das heißt zu einer Zeit, in welcher zwischen den nördlichen Wohnsitzen mongolischer Orthocerosrinderzüchter (genauer gesagt, zwischen Transbaikalien und Vorderindien) keinerlei nahe Berührungspunkte, wie sie Stegmann annimmt, möglich waren.

Einer kritischen Prüfung hält, wie ersichtlich, die Ansicht Stegmanns über die Abstammung und Herkunft unserer mongolischen (bzw. Kalmücken-) Rinder, trotz seiner langjährigen Beschäftigung mit dieser Frage somit in keiner Weise stand.

Endlich meint O. Antonius[1]) (1922), daß das rote, aufrechthörnige Kalmückenrind der russisch-asiatischen Steppen entweder als Übergangs- oder doch sehr ausgeglichene Kreuzungsform des Zebus mit dem Primigeniusrinde zu betrachten wäre. Durch das Kalmückenrind würden diese beiden Rinderstämme „auf das engste" miteinander verbunden. Jedoch möchte Antonius das Erstere für das Wahrscheinlichere halten wegen des Fehlens von Rückschlägen bei einer so weit verbreiteten und nicht „auf Exterieur" gezüchteten Rinderform. Er schließt: „Wie die Zebus, so gehen zweifellos auch diese roten Steppenrinder auf eine Wildform aus der engsten Verwandtschaft des Urs zurück, vielleicht auf die gleiche wie jene."

---

[1]) Antonius, Grundzüge einer Stammesgeschichte der Haustiere. Jena, 1922, S. 190.

Das Alter der Kalmückenrasse des Rindes

Falls das Kalmückenrind, bzw. genauer und allgemeiner gesprochen, das Mongolenrind (denn als solches sprechen wir ja das Kalmückenrind an) tatsächlich einen eigenartigen Rassetypus repräsentiert, und nicht etwa, wie Stegmann angenommen hat, ein durch heterogene Kreuzungen aus dem indischen Zebu oder gar dem Balirinde hervorgegangenes Kreuzungsrind ist, dann müssen sich Reste desselben aus alten Zeiten in den von mongolischen Völkerschaften bewohnten (oder bewohnt gewesenen) Gebieten nachweisen lassen. Man muß dieselbe Rasse, die heute in Südosteuropa als Kalmückenrind mit eigenartigem Hornverlauf lebt, auch in solchen Teilen Innerasiens finden, die weitab vom Verbreitungsgebiete des Zebus liegen. Selbstverständlich muß auch der Schädelcharakter dieser Vorfahren des Kalmückenrindes in allen wesentlichen Stücken der gleiche sein; daran darf auch der erfolgte Wechsel der Umwelt nichts ändern, welcher durch die Vertauschung der zentralasiatischen Heimat mit der europäischen Kalmückenstätte gegeben erscheint.

Diese Forderung ist tatsächlich bereits erfüllt worden. Der verdiente Anthropologe J. Talko Hryncewicz, der viele Jahre an der sibirisch-mongolischen Grenze gelebt und geforscht hat, beschäftigte sich unter anderem auch mit der Ausgrabung und Untersuchung zahlreicher alter Grabhügel (sogenannter Mogyly) jener Gegend. Der Inhalt solcher vorhistorischer Grabmäler lieferte den interessanten Beweis, daß jene mongolischen Stämme bereits im Besitze fast aller heute von ihnen gezüchteter Haustiere gewesen sind, und daß letztere auch den gleichen, heute noch dort lebenden Rassen angehörten [1].

Alle gefundenen Materialien wurden in dem von Talko Hryncewicz in Troitzkossawsk gegründeten Museum gesammelt und neben zahlreichen paläontologischen Funden seinerzeit von der St. Petersburger Zoologin, Madame M. Pavlow untersucht. Weil Zoologen für gewöhnlich keine Kenner von Haustierrassen zu sein pflegen, ist es als ein glücklicher Zufall zu betrachten, daß Frau Pavlow in ihrer Arbeit „Mammifères fossiles du Musée de Troitzkossawsk — Kiakhta," Livraison I. 1910, S. 21—59 (Russisch mit französischem Auszuge)[2] es trotzdem nicht unterließ, auch von den in Grabhügeln gefundenen Haustierrassen vortreffliche Abbildungen (Steindruck!) beizustellen. Einer nachträglichen Rassebestimmung steht unter solchen Umständen nichts im Wege.

Im vorliegenden Falle interessiert uns speziell der Fund eines bis auf die Nasenbeine und Hornspitzen vortrefflich erhaltenen Schädels eines Hausrindes, der in der genannten Arbeit auf Tafel II, Nr. 22, auch abgebildet worden ist. Dieser Schädel stammt aus einem Grabhügel bei der Ortschaft Sudzinski unweit Ilmowoj in Transbaikalien. Aus den Beigaben (neben Geräten von Bronze kommen auch solche von Eisen bereits vor, ferner Tongefäße usw.) wurde das Hügelgrab von Talko Hryncewicz[3] als ein vorgeschichtliches bestimmt. Dieser Rinderschädel besitzt nicht nur die höchst charakteristische Klemmhörnerform, das heißt den Orthocerostypus Stegmanns,

---

[1] Bezeichnender Weise macht das Kamel eine Ausnahme, dessen Reste vollkommen fehlen.

[2] Diese Arbeit ist enthalten in dem Bande: Trudy troitzkossawsko-kiaktinskago oddzielenia imperatorskowo ruskogo geograph. obszczestwa Bd. XIII, St. Petersburg, 1911.

[3] Talko Hryncewicz, Trudy troitzkossawsko-kiaktinskago oddzielenia usw. Bd. I, St. Petersburg, 1902.

sondern stimmt auch sonst in seinem Aussehen mit dem gewiß sehr eigenartigen Kalmückenrinde vollkommen überein.

Durch diesen Fund ist der Beweis vom hohen Alter und der festen Typierung der Rasse des Mongolen- (Kalmücken-) Rindes erbracht. Es geht nicht an, unter solchen Umständen an so wenig wahrscheinlichen, den Stempel des Unwahrscheinlichen tragenden Hypothesen festzuhalten, wie es jene von der Einkreuzung von Zebus aus Vorderindien, oder von Balirindern aus Hinterindien sind, um eine zum Teil wirklich bestehende, allerdings nur oberflächliche und teilweise Ähnlichkeit mit den genannten südasiatischen Rinderarten zu verstehen.

Es ist klar, daß wir es beim Kalmücken- bzw. Mongolenrinde mit einer alten und relativ reinen Rasse zu tun haben, deren wilde Stammform allerdings noch festzustellen bleibt, die aber, wie noch gezeigt werden soll, gewiß nicht mit dem javanischen Banteng — denn dieser ist ja die Ausgangsform des sogenannten Balirindes — identisch sein wird. Der Ort, an dem wir die Suche nach der wilden Stammform vorzunehmen haben, kann logischerweise nur das ursprüngliche Verbreitungsgebiet des Mongolenrindes selbst sein.

Nur nebenbei sei noch erwähnt, daß ähnliche Hausrinderreste in größerer Menge, und noch in anderen alten Grabhügeln, die sich entlang dem Flusse Dzidy (im Transbaikalgebiet) hinziehen, gefunden worden sind. Der angeführte Fund steht also keineswegs vereinzelt da.

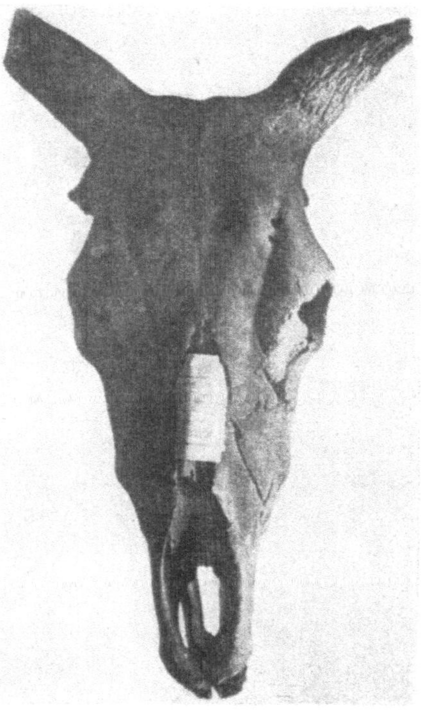

Abb. 1. Orthocerosrinderschädel aus dem prähistorischen Grabhügel bei Sudzinski in Transbaikalien (Talko Hryncewicz)

Charakteristik des Schädelbaues vom Kalmückenrind[1])

Wenn man von den absoluten Maßen der Schädel, welche der Kalmückenrasse ihren Platz unter den kleineren bis mittleren Rinderformen anweisen, absieht und nur den allgemeinen Eindruck berücksichtigt, dann fällt zunächst die eigentümliche Stellung der Hörner (bzw. der Hornzapfen) und die absolut wie relativ kleine Zwischenhornbreite dieser Schädel auf. Es fällt ferner auf, daß — bei Ansicht des Schädels von vorne — der Schädelumriß (wenigstens bis zu den sogenannten Wangenhöckern) eine fast rechteckige Form besitzt. Dies rührt daher, daß die Augenbögen weniger vorspringen und speziell die Stirnenge im Verhältnis zur Stirnweite relativ

---

1) Das Material bestand aus den Schädeln von drei vollerwachsenen, älteren Kühen und eines ebensolchen Stieres, ferner aus dem Schädel Nr. IV mit nicht ganz herangewachsenen M3 und aus Nr. I, bei welchem M3 sich im Durchbruche befand.

groß ist. Deshalb ist die Konkavität des Stirnbeinrandes zwischen Hornbasis und Augenhöhlenrand gering.

Vergleicht man nämlich die Relativwerte der einschlägigen Breitenmaße (der Stirnenge, Stirnweite und Wangenweite) des Kalmückenrindes
mit jenen primitiver Rinderrassen Europas, z. B. der Brachycerosgruppe
(etwa dem Rinde Albaniens oder des Podgorica-Poljes), dann findet man
bei normalen Werten für die Stirn- und Wangenweite einen entschieden
größeren Wert für die Stirnenge. Dies begründet den erwähnten Eindruck,
die mehr weniger rechteckigen Umrißlinien, den diese Schädel, von vorne
betrachtet, machen.

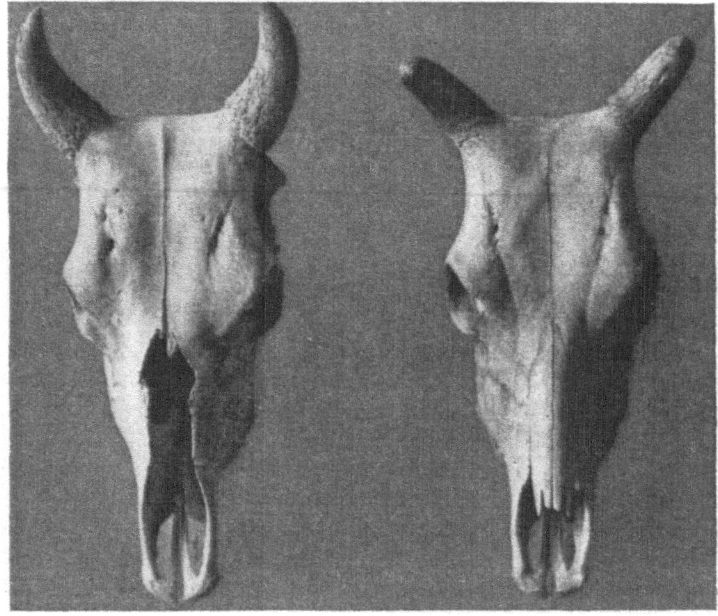

Abb. 2. Stierschädel (E 312) der Kalmückenrasse links und Kuhschädel (E 313) rechts

Aus Zweckmäßigkeitsgründen sollen nun die einzelnen Schädelpartien
besonders besprochen werden. Weil von Seite mancher Zoologen (z. B. von
Conr. Keller, Zürich) die europäischen Rinderrassen der Brachycerosgruppe
von asiatischen Rindern, allerdings speziell vom Zebu oder von dessen
vermutlicher wilden Stammform, dem Banteng (Bibos sondaicus) hergeleitet
werden, deshalb muß ich im Verlaufe dieser Beschreibung auf typische
Vertreter dieser europäischen Rindergruppen zurückgreifen. Was speziell
die Ansicht Stegmanns anbelangt, nach welcher das Kalmückenrind vom
Balir-Rinde, d. h. vom domestizierten Banteng der Sundainseln, abstammen
soll, so will ich auf sie am Schlusse dieser kraniologischen Beschreibung
noch einmal kurz eingehen, obwohl deren Unwahrscheinlichkeit bereits
früher an anderer Stelle begründet worden ist. Vorerst seien die sich
überaus einheitlich darstellenden weiblichen Schädel behandelt.

Die Zwischenhorngegend. Dadurch, daß es beim Eindringen des
Hinterhauptanteiles in die Stirnbeine (im Bereich der Zwischenhorngegend)

mit Ausnahme von Nr. 311[1]) bei keinem der weiblichen Kalmückenrinderschädel zur Bildung eines Stirnwulstes kommt, daß vielmehr als Regel gerade der Mittelpunkt der Zwischenhornlinie am t i e f s t e n liegt, von dem aus nach außen, zum Ursprunge der Hornzapfen e i n a l l m ä h l i c h e s A n s t e i g e n erfolgt, dadurch unterscheidet sich der Schädel des Kalmückenrindes scharf von jenen aller europäischen Rinderrassen, auch von jenen der Brachycerosgruppe. Nicht nur bei der Gruppe Primigenius, auch bei Brachyceros ist nämlich der Stirnwulst normalerweise immer deutlich entwickelt und gerade im mittleren Drittel der Zwischenhornlinie pflegt sich der Wulst am höchsten zu erheben. Dieser mittlere Teil des oberen Stirnbeinendes liegt also am höchsten, von diesem Teile aus senkt sich die Zwischenhornlinie gleichmäßig nach den beiden Hornzapfen zu. Zur Illustration dieser Verhältnisse sei folgendes erwähnt: Zieht man (senkrechte Schädelstellung!) eine Verbindungslinie von der Mitte des inneren oberen Randes des einen Hornzapfens zu demselben Punkte des anderen, dann kommt beim Kalmückenrind die Zwischenhorngegend an allen Punkten unter diese Linie zu liegen. Letztere bildet mit dem oberen Rande der Zwischenhorngegend eine Kalotte. Selbst bei dem Schädel Nr. 311, bei dem ein schwach entwickelter Stirnwulst vorhanden ist, wird letzterer nirgends von der genannten Linie berührt oder geschnitten, er bleibt an allen diesen Punkten unter dieser Linie. Ganz anders verhalten sich in diesem Falle die Schädel europäischer Rinder. Selbst bei den Schädeln der verkümmerten Brachycerosrinder, z. B. Nordalbaniens oder des Podgorica-Poljes, schneidet diese Linie den Oberrand der Stirne und bleibt ca. 8 *mm* tiefer als der mittlere Teil des Stirnwulstes. In diesem Punkte ist der Unterschied im Bau der Zwischenhornpartie zwischen dem Kalmückenrinde und den europäischen Rindern ein sehr großer.

Infolge Fehlens eines wohlentwickelten Zwischenhornwulstes kommt ein beträchtlicher Teil der Hinterhauptschuppe höher zu liegen als die Zwischenhorngegend (der obere Stirnbeinrand). Sieht man von oben auf den h o r i z o n t a l liegenden Schädel und faßt man die Stirnmitte ins Auge, dann bleibt infolge der erwähnten Verhältnisse selbst beim Schädel Nr. 311 trotz des hier vorhandenen schwachen Stirnwulstes doch noch der mittlere Teil der Hinterhauptschuppe sichtbar. Demgegenüber ist in solcher Stellung bei den europäischen Rindern vom Hinterhaupte überhaupt nichts zu sehen. Es wird auch dann vom Zwischenhornwulst verdeckt, wenn derselbe nur schwach entwickelt ist. Es ist offenkundig, daß in diesem Verhalten der Kalmückenrinder ein Anklang an die einschlägigen Verhältnisse beim Genus Bibos erblickt werden kann. Eine andere Frage ist es allerdings, ob diese Verwischung einer scharfen Grenze zwischen Hinterhaupt- und Stirngegend und die Neigung zum Verschwinden des für die echten Rinder charakteristischen Zwischenhornwulstes dem Kalmückenrinde von Haus aus zukam, ob hiedurch bereits die wilde Ausgangsform ausgezeichnet war oder ob wir es hier nur mit einer Domestikationserscheinung zu tun haben.

Immerhin beweisen diese Schädel der Kalmückenrinder, daß mit dem Eindringen eines Hinterhauptanteiles in den oberen Stirnteil keineswegs immer ein Auftreiben der Stirnbeinwände, eine stärkere Wulst- oder Kammbildung, verbunden sein muß. Haben doch mit Ausnahme von Nr. 311 alle Kuhschädel des Kalmückenrindes einen Zwischenhornwulst nicht einmal an-

---

[1]) Die Höhe des Zwischenhornwulstes über der Hinterhaupthöhe beträgt nur 6 *mm*.

gedeutet, so daß keine trennende Kante zwischen Hinterhaupt- und Stirngegend vorhanden ist, der Übergang vielmehr ganz allmählich erfolgt.

Sonst ist noch zu erwähnen, daß die miteinander verwachsenen Scheitel- und Zwischenscheitelbeine in Gestalt eines Dreiecks von großer Basis in die Zwischenhorngegend treten. Die stumpfe Spitze dieses Hinterhauptdreieckes reicht nur bei Schädel Nr. 311 (ca. *5mm*) auf die Vorderfläche der Stirne. Bei den anderen Schädeln überschreitet die Spitze jenes Dreieckes die Zwischenhorngegend nicht.

Die Hornzapfen sind, senkrechte Schädelstellung stets vorausgesetzt, am äußersten seitlichen Ende der Stirne etwas hoch angesetzt. Ohne daß es zu einer Stielung kommt, ist das Stirnbein dort, wo die Hornbasis beginnt, etwas nach oben-außen verlängert, aus welchem Umstande sich das später geschilderte Verhalten der oberen Hornbasisvangente ergibt.

Sieht man die senkrecht gestellten Schädel des Kalmückenrindes von vorne aus mäßiger Entfernung an, dann bilden die Hornzapfen im Vereine mit dem mehr weniger konkaven Verlauf der kurzen Zwischenhornlinie (dem oberen Stirnbeinende) einen deutlichen Halbkreis. Nur bei Nr. 311 erscheint dieser Bogen im Bereiche der Zwischenhornlinie etwas abgeflacht, weil bei diesem Schädel infolge des ganz schwach entwickelten Zwischenhornwulstes der Verlauf der Zwischenhornlinie ein ziemlich geradliniger ist.

Die Hornscheiden, mit ihren nach vorn-unten oder vorn-innen gerichteten Spitzen verändern natürlich dieses Bild bei älteren Tieren. Immer jedoch bleibt auch beim lebenden Tiere die Form, der Verlauf der Hörner recht eigentümlich und auffallend; sie stellen die sogenann

Abb. 3. Kalmückenstier
(Orig.-Phot. W. Grund)

ten Klemmhörner vor, welche namentlich bei Ochsen sich unter Umständen mit den Spitzen direkt kreuzen. Die Richtung der Hornzapfen ist zunächst im unteren Drittel der Länge: nach oben-außen und ein wenig nach vorne, im zweiten Drittel: nach oben-außen und stärker nach vorne, endlich im letzten Drittel: nach oben-innen und vorne. Wenn schon das steile Emporstreben der Hornzapfen charakteristisch ist, so liegen dieselben doch bei keinem Schädel in der Richtung (Verlängerung) der Stirnebene. Stets besteht auch von ihrem Ursprunge an eine gewisse Neigung nach vorne, die allerdings nicht entfernt so stark ausgeprägt ist, wie bei den europäischen Rinderrassen. Eben wegen dieser starken und auffallenden Richtung der Hörner nach oben erhielt das Kalmückenrind von Stegmann die Bezeichnung des aufrechthörnigen (orthoceros), die allerdings, wie gezeigt, nicht wörtlich genommen werden darf.

Infolge des eigentümlichen Verlaufes der Hornzapfen ist der Spitzen-
abstand stets kleiner als der Abstand an der äußersten Krümmung. Bei
europäischen Rinderrassen ist hingegen die Norm die, daß die Hornspitzen
die größte Entfernung besitzen. Der Querschnitt der Hornzapfen ist in der
Mitte und gegen die Spitze zu ziemlich scharf kreisförmig, an der Basis,
weil von vorne nach hinten etwas zusammengedrückt, elliptisch.

Die Hornzapfen sind relativ kurz, jedoch namentlich an der Basis
ziemlich dick und machen daher im Gegensatze zur Beschaffenheit der Hornzapfen europäischer Brachycerosrinder einen stämmigen Eindruck. Für
sich betrachtet, haben sie Halbmondform, zeigen also, unähnlich den Ver-

Abb. 4. Kalmückenkuh
(Orig.-Phot. W. Grund)

hältnissen bei europäischen Rinderrassen, durchaus keine Spiraldrehung.
Die dicht gelagerten, aber relativ kleinen Gefäßlöcher geben der Oberfläche
der Hornzapfen das charakteristische Ansehen „wurmstichigen Holzes". Die
Farbe der Hornscheiden ist gelblich-braun mit dunkleren, aber immer noch
braunen, niemals schwarzen Spitzen.

Die Stirne. Die Oberfläche der Stirne ist uneben, und zwar gilt dies
nicht nur für die fünf Kuhschädel, es ist auch der Stierschädel durch eine
beträchtliche Unebenheit der Stirne gekennzeichnet. Bei näherer Betrachtung
ergibt sich jedoch zwischen der Art des Stirnbaues des Kalmückenrindes
und jenen der ebenfalls durch Unebenheit der Stirnoberfläche charakterisierten Brachycerosrinder Europas ein wesentlicher Unterschied.

Gleichartig bezüglich des Verhaltens der Stirnfläche sind die Schädel II, Nr. 311, Nr. 313, und IV, während der Schädel I, der auch sonst Zeichen einer unvollkommenen Entwicklung zeigt und dessen M3 erst durchzubrechen beginnt, der sein Wachstum noch nicht abgeschlossen hat, sich etwas anders verhält als wie die vier ersterwähnten Schädel. Das Wesentliche im Bau der Stirne liegt bei den vier bezeichneten Schädeln darin, daß von der Zwischenhornlinie (denn von einem Zwischenhornwulst kann man beim Kalmückenrind wohl nicht sprechen) angefangen durch die ganze Länge der Stirne bis zum Beginne der Nasenbeine eine breite, ziemlich flache Rinne zu verfolgen ist. Es fällt daher die Stirnfläche beiderseits von außen nach innen gegen die Mittellinie zu ab und bildet auf diese Weise die erwähnte median gelegene charakteristische breite Furche. Es sieht aus, als wären die beiden Längshälften der Stirne etwas um die mediane Achse nach vorne (senkrechte Schädelstellung angenommen!) und gegeneinander gedreht.

Diese Längsfurche der Stirne ist in den verschiedenen Querzonen der Stirne nicht überall gleich tief. Teilt man die ganze Stirnlänge in vier Querzonen, dann ist diese Längsfurche am seichtesten und schmälsten in der zweiten Querzone (von der Zwischenhornlinie an gerechnet). Nach oben und unten vertieft sich von hier aus diese Längsfurche und nimmt wohl auch noch an Breite zu, derart, daß es im obersten Viertel der Stirne (in der ersten Querzone) und ebenso im dritten und vierten Viertel der Stirnlänge zur Bildung von ausgesprochen schüsselförmigen Gruben (Dellen) kommt.

Gerade diese untere, zum Teil zwischen den Augenbögen gelegene Delle bietet eine gewisse Ähnlichkeit mit dem Verhalten der Schädel primitiver europäischer Brachycerosrassen. Es besteht jedoch insofern auch bezüglich dieses Verhaltens ein deutlicher Unterschied zwischen diesen beiden Rindertypen, als die Delle beim Brachycerosrinde Europas nur wenig über die an die oberen Augen-

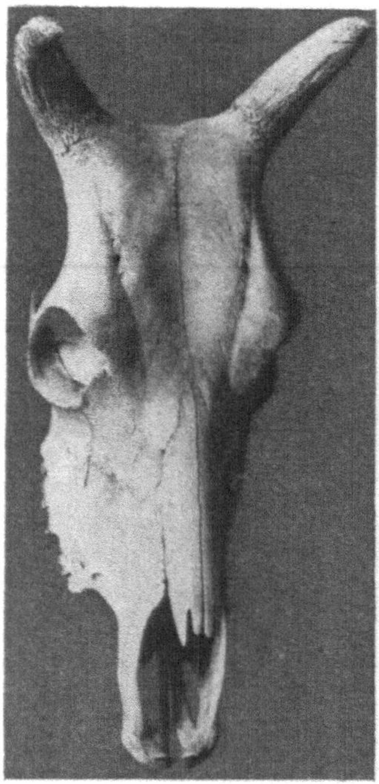

Abb. 5. Schädel Nr. E 313 in halbschräger Stellung. (Siehe Stirnlängsfurche)

höhlenränder gezogene Tangente hinausreicht, während dies beim Kalmückenrind der Fall ist. Beim letzteren läßt sich diese Delle viel höher hinauf verfolgen, sie nimmt die halbe, manchmal auch mehr als die halbe Stirnlänge ein und steht durch die im oberen Teile der zweiten Stirnquerzone befindliche, wie erwähnt, etwas weniger tiefe Furche mit der oberen Stirndelle in Verbindung.

Infolge Vorhandenseins dieser im obersten Viertel der Stirnlänge befindlichen schüsselförmigen Vertiefung erscheint die Stirne im Querschnitt konkav. Aus demselben Grunde kommt es aber auch noch zu folgendem merkwürdigen Verhalten: Verbindet man die Mitte des Vorderrandes der Basis beider Hornzapfen miteinander, dann berührt diese Linie nirgends die Stirnflächen, letztere ist vielmehr gerade in der Medianlinie am tiefsten

unter ihr gelegen. Die seitlich oberen Stirnpartien, von denen die Hornzapfen abgehen, sind nämlich samt diesen weiter nach vornezu gelegen
(senkrechte Schädelstellung!) als der zwischen ihnen gelegene mittlere Stirnteil.
Zwischen den beiden seitlich-oberen Stirnenden breitet sich eben die zur
oberen Stirndelle erweiterte breite, flache Mittelrinne der Stirne aus. Die
genannte Verbindungslinie der Vorderbasis der Hornzapfen trifft auch bei
dem Schädel Nr. 311 den mittleren Stirnteil nicht, obschon hier auf 18 *mm*
Länge eine schwache Ausbuchtung in der Stirnmitte stattgefunden hat.

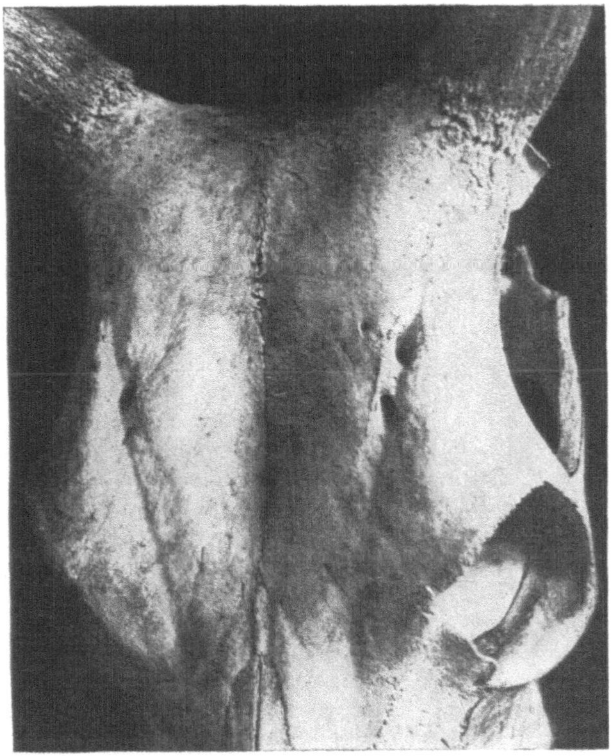

Abb. 6. Stirne des Schädels E 313

Vergleicht man diese Art des Stirnbaues der Kalmückenrinder mit
jenem charakteristischer, primitiver Brachycerosrinder (z. B. der illyrischen
Rasse), dann findet man, daß trotz der bei beiden Typen vorhandenen großen
Unebenheit der Stirne keinerlei Ähnlichkeit zwischen beiden vorkommt.

Beim Kalmückenrind fehlt die charakteristische, starkentwickelte Stirnbeule, der bei brachyceren Rassen oft vorkommende Stirnbeinkamm, die
charakteristische Hornzapfenform und -Anordnung und der stark erhöhte,
nach den Hornzapfen hin abfallende mittlere Teil der Zwischenhorngegend.

Anderseits fehlt beim primitiven Brachycerosrind wieder jene
charakteristische, die Stirnmitte in ihrer ganzen Länge durchziehende, breite
Grube. Beide Schädeltypen gehen in ihrem Verhalten so sehr auseinander,
sind einander so ungleich, daß wohl niemand auf eine nähere zoologische
Verwandtschaft dieser beiden Rindergruppen wird schließen können.

Ich hebe diesen Umstand deshalb hervor, weil von manchen Zoologen die europäischen Rinderrassen der Brachycerosgruppe von asiatischen Rindern hergeleitet werden. Selbst wenn diese Ansicht richtig wäre, würde gerade das Kalmückenrind als eine solche Stammform gewiß n i c h t i n F r a g e k o m m e n. Alle einschlägigen Eigentümlichkeiten des Stirnbaues und der Hornstellung des Kalmückenrindes ergeben sich übrigens klar und deutlich aus den beigefügten Abbildungen. Und daß man selbst am lebenden Tiere nicht nur die typische Hornstellung, sondern sogar die breite Mittelfurche der Stirne erkennen kann, ergibt sich aus der Abbildung des Kopfes eines Kalmückenochsen. Diese Tatsache ist umso wichtiger, als der hier auftretende Kastrations-Atavismus dies Merkmal auch für die wilde Stammform des Kalmückenrindes höchstwahrscheinlich macht.

Ein etwas anderes Verhalten als die bisher beschriebenen vier Kuh-schädel der Kalmückenrasse zeigt der Schädel Nr. 1. Hier ist die Stirne im oberen Teile der zweiten Querzone gleich-mäßig, wenn auch nur sehr schwach quer-gewölbt, so daß an dieser Stelle die große untere Stirndelle, welche ca. $^2/_3$ der ganzen unteren Stirnlänge einnimmt, von der kleineren oberen vollständig getrennt ist.

Diese sehr flache Querwölbung der Stirne erlangt zwar in der Mittellinie der Stirne ihre größte Erhebung, bildet aber trotzdem keine eigentliche Beule, etwa wie beim europäischen typischen Brachycerosrinde.

Es ist nicht zu leugnen, daß dieser Schädel im Stirnbau eine gewisse oberfläch-liche Ähnlichkeit mit Einzelschädel, speziell vom Karpathenrinde besitzt. Diese Ähnlichkeit verschwindet jedoch sofort bei einer genaueren Prüfung. Solche, statt einer gut entwickelten Stirnbeule eine Querwölbung zeigenden Schädel, speziell der Karpathen-Brachyceros-rinder, besitzen dann stets einen gut ent-wickelten Stirnbeinkamm (oberhalb dieser Querwölbung) und die untere Stirndelle reicht nie so hoch hinauf wie bei diesem Kalmücken-

Abb. 7. Kopf eines Kalmücken-ochsen (siehe Stirnlängsfurche)

schädel. Vollkommen verschieden ist dann aber vor allem die Bildung des oberen Stirnbeinrandes zwischen den Hornzapfen und die Stellung und der Verlauf der letzteren. Beim Kalmückenschädel Nr. 1 ist der obere Stirnbein-rand (die Zwischenhornlinie) stark konkav, verläuft halbmondförmig, wegen vollkommenen Fehlens eines Zwischenhornwulstes. Hingegen ist bei derartig beschaffenen Schädeln der Karpathenrinder der obere Stirnbeinrand in der Mitte zwischen den Hornzapfen beträchtlich erhöht und fällt von hier nach den Hornzapfen zu ab. Ebenso abweichend verhält sich endlich noch die Stellung und der Verlauf der Hornzapfen beim Karpathenrinde. Selbst wenn man solche extreme Ausnahmsverhältnisse heranzieht, wie sie der Ausnahms-schädel Nr. 1 der Kalmückenrasse einerseits und ein oder der andere Ausnahmsschädel der Karpathenrasse (z. B. aus der Gegend von Milowka in Westgalizien) bieten, selbst dann sind die Unterschiede zwischen beiden Rindergruppen so beträchtliche, daß an eine irgendwie nähere zoologische Verwandtschaft nicht wohl zu denken ist.

Die Tränenbeine. Im Bereiche der Tränenbeine ist als charakteristisches Merkmal des Kalmückenrindes an sämtlichen Schädeln die Neigung zu stellenweise offenem Verlauf des Tränenkanales festzustellen, eine Eigentümlichkeit, die ich an den Schädeln des europäischen Brachycerosrindes nicht vorfinde. Im vorliegenden Falle liegt der Kanal beim Stierschädel ca. 20 *mm* unterhalb des Augenrandes auf 5 *mm* Länge (fast 3 *mm* breit) offen.

Ähnliche Verhältnisse zeigen auch die Kuhschädel. Bei Nr. I z. B. befindet sich beiderseits (ca. 2·8 *cm* unterhalb des Augenrandes) eine solche Öffnung. Desgleichen bei Nr. 313. Bei Nr. 311 ist beiderseits von 10 *mm* unterhalb des Augenhöhlenrandes angefangen der Kanal bis zur Mündung offen. Bei Schädel Nr. IV verläuft der Kanal auf der einen Seite

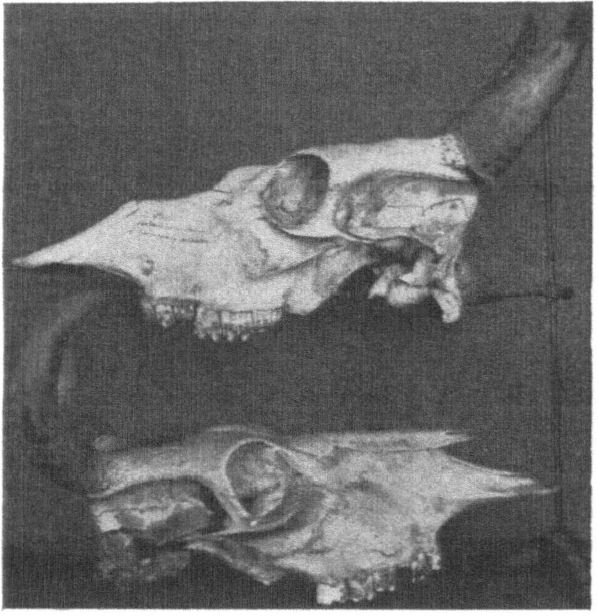

Abb. 8. Oben: Schädel des Kalmückenstieres E 312,
unten: Schädel der Kalmückenkuh E. 313

sogar auf einer Länge von 14 *mm* offen. Die Regelmäßigkeit des Auftretens dieses Merkmales ist unter allen Umständen merkwürdig, da doch die Schädel an verschiedenen Orten gesammelt worden sind.

Die Augenbögen und die Form der Augenhöhlen. Bei allen Schädeln des Kalmückenrindes sind die Augenbögen wenig gewölbt, also niedrig, am meisten bei Schädel Nr. 311.

Die an sie nach innen zu unmittelbar anschließende Stirnpartie ist gleich hoch wie die Augenbögen bei Nr. I und II, etwas höher gelegen bei Nr. IV und Nr. 313, während bei Nr. 311 diese angrenzende Stirnpartie deutlich höher gelegen ist.

Die Umrißlinie der Augenhöhlen ist bei allen Schädeln unregelmäßig viereckig. Ihre Anordnung ist eine auffallend seitliche.

Die Schläfengruben sind breit und seicht, sie stimmen in dieser Beziehung mit jenen der primitiven europäischen Brachycerosrinder überein.

Die Nasenbeine. Das Fehlen der Nasenbeine an den meisten Kalmückenschädeln macht sich deshalb unangenehm fühlbar, weil wider Erwarten auch ihre Beschaffenheit einen Fingerzeig über die Verwandtschaft mit gewissen Wildrindern geben kann. Beim Schädel Nr. 313, dem einen von den zwei vollkommene Nasenbeine besitzenden, zeigen dieselben etwa in der Hälfte ihrer Länge eine deutliche Einschnürung der Seitenränder; sie verhalten sich also ähnlich (wenn auch in abgeschwächter Weise) wie die in der Mitte ihrer Länge stark eingebuchteten Nasenbeine mancher asiatischer Wildrinder (z. B. des ausgestorbenen Bos namadicus, dann einer der in Hinterindien vorkommenden Varietät des Bantengs usw.). Folgende Breitenmaße der Nasenbeine des Schädels Nr. 313 klären diese Verhältnisse auf: größte Breite oben = 44 *mm*, Breite in der Einbuchtung ca. in der Mitte der Länge = 36 *mm*, Breite gegen das Ende zu = 39 *mm*. Hingegen sind die Seitenränder der Nasenbeine des Schädels Nr. II ohne jede Konkavität. Die relativen Werte der Nasenbeinlänge des Kalmückenrindes sind normale, auch wenn man sie mit europäischen Rassen vergleicht.

Die Nasenfortsätze der Zwischenkiefer. Sie enden niemals, wie bei den europäischen Brachycerosrindern, in einer Gabelung, sondern sind hier entweder in eine Spitze ausgezogen oder erscheinen rechtwinkelig abgestutzt. Bei dem Schädel Nr. 313 enden die Zwischenkieferfortsätze 15 *mm* unterhalb der Nasenbeine. Bei dem Schädel Nr. II enden sie wenige Millimeter unterhalb der Nasenbeine. Trotz der sonst fehlenden Nasenbeine kann man aus der Lage des Endes der Zwischenkieferäste auch für die andern Schädel mit ziemlicher Sicherheit behaupten, daß sie die Nasenbeine nicht erreicht haben können. Die hiedurch veranlaßte scheinbare Kürze dieser Nasenfortsätze der Zwischenkiefer ist für das Kalmückenrind gewiß eine charakteristische Eigenschaft, wenn schon ich ihr nicht jene Bedeutung zuerkennen möchte, welche Lydekker seinerzeit diesem Merkmal beim Bos namadicus zugeschrieben hat.

Übrigens kann man von einer Kürze der Nasenfortsätze der Zwischenkiefer des Kalmückenrindes (24·1—28·4 % der Basilarlänge) nur dann sprechen, wenn man europäische Rinderrassen der Primigeniusgruppe zum Vergleiche heranzieht. Primitive Rassen der Brachycerosgruppe (Albanesenrind), bei denen die Zwischenkieferfortsätze oben die Nasenbeine nicht erreichen, zeigen ähnliche Relativwerte wie die Kalmückenrasse.

Beschaffenheit des Hinterhauptes. Das Hinterhaupt ist im allgemeinen ziemlich hoch und besonders in der sogenannten Hinterhauptenge schmal gebaut, jedoch nicht in solchem Maße wie bei der javanischen Varietät des Bantengs. Diese Hinterhauptenge ist nur um weniges größer als die Condylenbreite, beim Schädel Nr. IV fällt die Differenz sogar negativ aus (— 9 *mm*).

Im Mittel beträgt die Differenz: Hinterhauptenge weniger Condylenbreite = 9 *mm*. Demgegenüber sind die entsprechenden Werte bei europäischen Rinderrassen folgende:

A n d a l u s i s c h e s R i n d (Primigenius): Mittel aus 7 Schädel = 40 *mm*.
    (Min. = 32 *mm*, Max. = 42 *mm*).
S t e p p e n r i n d (Primigenius): Mittel aus 7 Schädel = 31·1 *mm*.
    (Min. = 14 *mm*, Max. = 41 *mm*).
K a r p a t h e n r i n d (brachycer): Mittel aus 4 Schädel = 5·25 *mm*.
    (Min. = 6·5 *mm*, Max. = 16 *mm*).
N o r d a l b a n e s i s c h e s R i n d und Rind vom Podgorica-Polje: Mittel aus 10 Schädel = 13 *mm*.
    (Min. = 3 *mm*, Max. = 25 *mm*).

Mißt man von der Mitte der Hinterhauptengenlinie nach dem vorderen (oberen) Rande des Foramen magnum (Kopfstellung senkrecht!), dann ist dies Maß viel länger (bei manchen Schädeln doppelt so lang) als jene Linie, welche nach der Mitte des oberen und vorderen Randes der Stirne gezogen wird. Beim javanischen Banteng (2332) ist dies genau umgekehrt. Hier ist die Breite des zwischen der Hinterhauptengenlinie und der Mitte des oberen (vorderen) Stirnrandes gelegenen Anteiles vom Hinterhaupt wesentlich größer als die Breite der zwischen der Hinterhauptengenlinie und dem oberen Rande des Hinterhauptloches befindlichen Partie.

In senkrechter Schädelstellung liegt die Hinterhauptfläche bei den Schädeln Nr. I, II, IV und E 313 etwas höher als der obere Rand der Stirne zwischen den Hornzapfen. Hieran trägt das völlige Fehlen jeglichen Zwischenhornwulstes Schuld. Hingegen beim Stierschädel mit einem mäßig, und bei E 311 mit einem schwach entwickelten Zwischenhornwulst, überragt letzter die Hinterhauptfläche um ein geringes.

Daß wir in dieser Tendenz zum Unterbleiben einer Zwischenhornwulstbildung ein für die Gruppe der Bibovinen charakteristisches Merkmal vor uns haben, ist wohl sicher. Mangels Vorhandenseins jeglicher sonstiger Hemmungsbildungen an den betreffenden Schädeln bleibt diese Annahme allein übrig. Anderseits fehlt z. B. selbst beim Bantengstier trotz der enormen Breite der Zwischenhornpartie (die seitlich jederseits von den Stirnbeinen, in der Mitte von Hinterhauptanteilen gebildet wird) und trotz der höckerartigen Auftreibung in der Mitte der Zwischenhorngegend, jede Spur eines Zwischenhornwulstes. Die Hinterhauptebene bildet mit der Stirnebene einen mehr weniger rechten Winkel.

Die Unterkiefer. Für die Unterkiefer ist der relativ kurze und steil aufwärtsstrebende Schnabelfortsatz charakteristisch. Die von seiner Spitze abwärts gefällte Senkrechte trifft bei allen Schädeln die Gelenksfläche. In dieser Beziehung liegen beim Kalmückenrinde die Verhältnisse ähnlich wie beim typischen Brachycerosrinde Europas.

Die Konfiguration des Schädels vom Kalmückenstier

Auch bei diesem aus den Wolgasteppen bei Astrachan stammenden Schädel eines vollerwachsenen Kalmückenstieres fällt die große Unebenheit der Stirne, die jedoch einen ganz anderen Charakter besitzt als jene der europäischen Brachycerosrinder, in die Augen. Während bei letzteren die Stierschädel gewöhnlich die Unebenheiten der Stirne viel weniger stark ausgeprägt besitzen als die Kuhschädel, verhält es sich hier umgekehrt. Die Stirne wird in ihrer Gesamtlänge von einer breiten, flachen Furche durchzogen, welche sich unten zu einer fast $2/3$ der Stirnlänge einnehmenden großen Delle erweitert, also nicht bloß zwischen den Augenbögen befindlich ist.

Diese Längsfurche der Stirne kommt beim Stier durch zwei Knochenhügel zustande, jederseits einer, unterhalb der Hornzapfenbasis beginnend und etwa in der halben Stirnlänge am stärksten (geradezu in Gestalt zweier, durch die Furche voneinander getrennter seitlicher Beulen) hervortretend und welche nach abwärts zu allmählich verstreichen.

Weil diese beiden, nach außen von der Supraorbitalrinne begrenzten, die Stirne von oben nach unten durchziehenden Knochenhügel hier bereits knapp oberhalb der oberen Augenhöhlentangente verstreichen, deshalb kommen die an und für sich niedrigen Augenbogen höher als die median angrenzenden Stirnpartien zu liegen und es kommt zur Bildung jener besonders umfangreichen, schüsselförmigen Vertiefung, die, wie erwähnt, den unteren Teil der Stirne einnimmt.

Der obere Rand der Stirne, die kurze Zwischenhornlinie bildend, verläuft ziemlich horizontal. Ein Hinterhauptanteil tritt in Gestalt eines breiten (Basis: 30 *mm*) Dreieckes in die Zwischenhorngegend ein und reicht mit der stumpfen Spitze noch wenige Millimeter auf die vordere Stirnfläche. Im medianen Teile ist der obere Stirnrand hiedurch mäßig nach vorne (außen) gebogen. Dort, wo die Spitze des Hinterhauptdreieckes auf der Stirne endet, beginnt eine niedrige (3—4 *mm*), schmale (5—6 *mm*), aber scharfe Knochengräte. Sie verläuft, allmählich verstreichend, genau in der Mittellinie ca. 80 *mm* auf der Stirnfläche nach unten[1]). Um Mißverständnissen vorzubeugen, sei hervorgehoben, daß diese mediane Knochengräte nichts mit jenen typischen, mächtig entwickelten Stirnbeinkämmen mancher primitiven Brachycerosrinder gemein hat. Sie liegt in der erwähnten breiten Stirnbeinfurche, deren Eindruck durch das Vorkommen dieser schwachen Gräte keineswegs verringert wird. Trotzdem fällt nämlich die durch die breite Furchenbildung veranlaßte Längszweiteilung des Stirnschädels sehr auf.

Die dicken, kurzen und daher stämmigen, halbmondförmigen Hornzapfen haben den gleichen Verlauf wie jene der Kühe. Auch bei ihnen fällt das Aufwärtsstreben sowie die geringe Neigung nach vorne (der Orthocerostypus S t e g m a n n s) deutlich auf. Daß sie am seitlichen Stirnbeinrande ziemlich hoch angesetzt sind, beweist der Umstand, daß, wenn man die Mitte der o b e r e n Hornbasis beider Hornzapfen verbindet, diese Linie nirgends den oberen Stirnbeinrand berührt, sie geht auch über den hier vorhandenen, allerdings niedrigen Zwischenhornwulst hinweg. (Unterschied der Hornzapfenlage und der Zwischenhorngegend gegenüber allen europäischen Rinderrassen!)

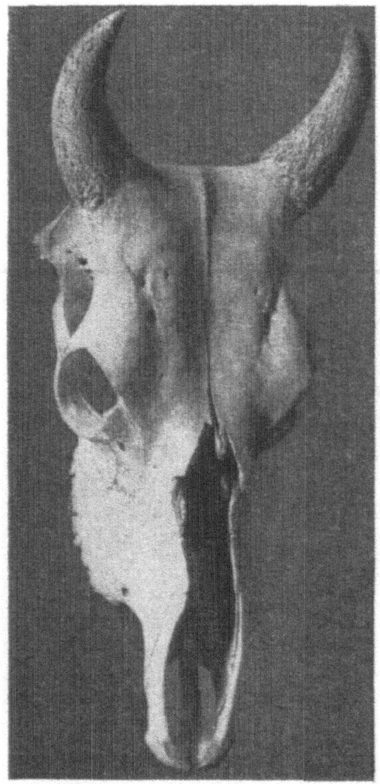

Abb. 9. Schädel des Kalmückenstieres E 313 in halbschräger Stellung (siehe Stirnlängsfurche)

Verbindet man ferner die Mitte des V o r d e r r a n d e s der Hornzapfenbasis beider Hornzapfen miteinander, dann berührt auch diese Linie nirgends die mittleren Partien der Stirne, auch die erwähnte Knochengräte wird nicht getroffen. Das beweist, daß die seitlich oberen Stirnpartien (unterhalb des Ursprungs der Hornzapfen) weiter nach vorne gerückt sind als der mittlere Stirnteil. Ein Querschnitt an dieser Stelle zeigt eine deutliche Konkavität in der Querrichtung der Stirne. Daß dies vollkommen verschiedene Verhalten des Baues der oberen Stirnpartien des Kalmückenrindes gegenüber

---

[1]) Wo nicht speziell erwähnt, wird bei der Schädelbeschreibung stets eine senkrechte Stellung des Schädels, wie beim lebenden Tiere, angenommen.

allen europäischen Rinderrassen und auch dem Bos primigenius Boj. mit der geschilderten Bildung einer großen Längsfurche der Stirn zusammenhängt, ist selbstverständlich.

Bei diesem Stierschädel ist ein schwach entwickelter Zwischenhornwulst vorhanden; der obere Rand des Stirnbeines ist ca. 10 *mm* höher als die anschließende Hinterhauptfläche gelegen. Dadurch kommt hier eine scharfe Grenze zwischen Hinterhaupt- und Stirngegend zustande im Gegensatze zu den weiblichen Schädeln.

Die Neigung zum offenen Verlauf des Tränenkanales ist auch hier beiderseits vorhanden. Ungefähr 20 *mm* unterhalb des Augenhöhlenrandes ist der Tränenkanal in einer Breite von 2 bis 3 *mm* auf 5 *mm* (im Mittel) Länge bloßgelegt.

Als wesentlich ist daher am Schädelbaue des Kalmückenstieres die Tatsache hervorzuheben, daß alle osteologischen Rassenmerkmale der weiblichen Schädel auch bei ihm, und zwar zum Teil sogar in verstärkter Form (wie die beiden seitlichen, die Stirne von oben nach unten durchziehenden Knochenhügel) hervortreten. Endlich sei noch auf die große Ähnlichkeit des Stierschädels mit den Kuhschädeln hingewiesen. Der s e x u e l l e   D i m o r p h i s m u s ist hier f a s t v e r w i s c h t, während er sowohl beim wilden javanischen Banteng als auch beim   z a h m e n   B a l i r i n d e   einen h o h e n   G r a d erreicht. Auch dieser Umstand spricht gegen die nähere Verwandtschaft des Kalmückenrindes mit dem Banteng oder dem Balirinde, bzw. gegen die Abstammung des ersteren von den beiden letzteren.

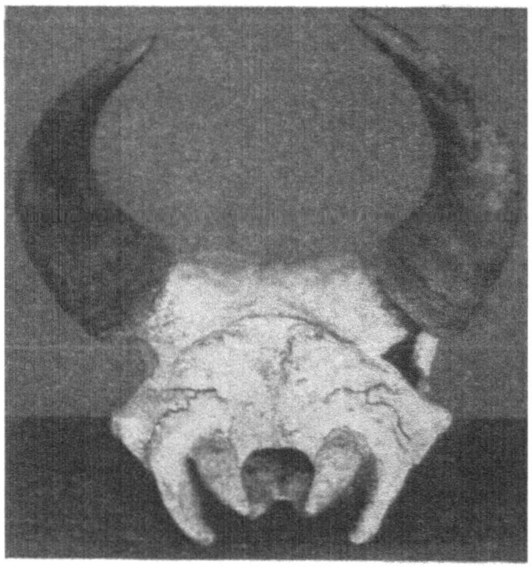

Abb. 10. Schädel des Kalmückenstieres E 312, Hinterhaupt

Beziehungen des Kalmückenrindes zu Wildrindern und zu anderen Rinderrassen Asiens

Von gegenwärtig lebenden Wildrindern Asiens sind aus naheliegenden Gründen als eventuelle Stammformen des Kalmückenrindes von vorneherein auszuschließen: Der Yak, der Gaur und der Gayal. Weil seit K u l e s c h o w die Ansicht, daß das Kalmückenrind direkt oder indirekt vom Zebu abstamme, immer wiederholt wird, und weil vielfach angenommen wird, daß letzteres vom Banteng abstamme, deshalb ist eine Prüfung der einschlägigen Verhältnisse notwendig.

Auf Grund des Schädelmaterials des javanischen Bantengs, das ich im Wiener Naturhistorischen Bundesmuseum, in Zürich in der C. K e l l e r schen Sammlung des landwirtschaftlichen Institutes und im Tierzuchtinstitute zu Halle untersuchen bzw. besichtigen konnte, glaube ich, eine nähere Verwandtschaft des Mongolen- (Kalmücken-) Rindes mit dem Banteng der Sundainseln ausschließen zu müssen. Die Unterschiede im Schädelbaue sind zu groß und lassen sich etwa durch .Heranziehung der Domestikation auch aus folgender Beobachtung nicht erklären.

Ein im Naturhistorischen Museum in Wien befindlicher Schädel einer hinterindischen Abart des Bantengs vom oberen Mekong zeigt zwar etwas weniger grundlegende Unterschiede im Schädelbaue, doch kommt auch sie für die Abstammung des Kalmückenrindes nicht in Frage. Ich komme zu dieser Ansicht durch die Feststellung, daß im östlichen Bochara Hausrinder vorkommen, welche große Ähnlichkeit, zum Teil schon Übereinstimmung im Schädelbaue gerade mit dieser hinterindischen Unterart des Bantengs besitzen, ohne jedoch — trotz der durch Domestikation bedingten Veränderungen — irgend welche deutliche Ähnlichkeit mit dem Kalmückenrinde zu zeigen[1]).

Bestünde ein Zusammenhang zwischen diesem und dem hinterindischen Banteng, dann müßten sich aller Erfahrung nach auch gewisse kraniologische Ähnlichkeiten zwischen den erwähnten bocharischen Rindern und dem Kalmückenrinde nachweisen lassen. Das ist jedoch nicht der Fall.

Von den heute lebenden Wildrindern Zentral- und Südasiens kommt somit — das dürfte wohl sicher sein — keines als Stammform für das Kalmückenrind ernstlich in Frage.

Unter solchen Umständen heißt es unter den ausgestorbenen Wildrindern Asiens Umschau zu halten. Hier dürfte vor allem Bos namadicus Falc. aus dem Pleistozän Indiens wichtig sein. Weil nach Mitteilungen der Fachleute des Kensington-Museums an Herrn Kurt Liebscher (April 1925) seit der großen Arbeit Lydekkers[2]) vom Jahre 1878 keine wichtigere Arbeit über diesen Gegenstand erschienen ist, muß aus ihr Aufklärung über den Schädelbau dieses Bos namadicus geschöpft werden.

Es ergibt sich dabei, daß die als Bos namadicus zusammengefaßte Gruppe von rinderartigen Tieren äußerst variabel gewesen ist.

Als den normalen Typus vorstellend, schildert Lydekker einen gut erhaltenen, aus dem Nerbuddatale stammenden, im indischen Museum zu Kalkutta befindlichen Schädel folgenderart: Stirn lang und schmal. Zwischenhornwulst vorhanden, über das Hinterhaupt erhaben. Zwischenhornlinie wegen einer das mittlere Drittel des oberen Stirnrandes einnehmenden eiförmigen Beule im Bogen (konvex) verlaufend. Orbiten groß mit fast parallel zur Mittelachse des Schädels verlaufenden Vorderränder. Die Oberfläche der Stirnbeine ist auf der Innenseite der Supraorbitalrinnen höher als auf ihrer Außenseite. (Dies spricht für das Vorhandensein einer Mittelfurche. D. Ref.) Die Hinterhauptfläche bildet mit der Stirnfläche einen spitzen Winkel. Hornzapfen lang, in der Mitte kreisförmig, an der Basis birnförmiger Querschnitt. Verlauf: erst aufwärts-auswärts und schwach nach vorne, dann fast gerade nach vorne, endlich einwärts schwach aufwärts. Auf Tafel XI befindet sich eine Abbildung dieses Schädels in Vorderansicht. Aus der hier angebrachten Schattierung ergibt sich das Vorhandensein einer in der Stirnmitte befindlichen, hoch über die obere Augentangente hinaufreichende Furche. Ob diese, wegen analoger Verhältnisse beim Kalmückenrinde so wichtige Furche bis zum oberen Stirnrande reicht, ist nicht ersichtlich. Ferner geht aus der Abbildung die für asiatische Rinder so charakteristische Nasenbeinbeschaffenheit deutlich

---

1) Ich behalte mir die Untersuchung über eine eventuelle Verwandtschaft gewisser Hausrinder Bocharas mit dieser Abart des Bantengs für eine spätere Arbeit vor. Das notwendige Schädelmaterial befindet sich bereits in meinem Besitze.

2) R. Lydekker, Crania of Ruminnants. Ser. X. 3., Seite 95. ff. in Memoires of the Geol. Survey of India. Indian Tertiary and Posttertiary Vertebrata. Vol. I. 3. Calcutta MDCCCLXXVIII.

hervor. Während beim europäischen Rinde die Nasenbeine von der oben befindlichen breitesten Stelle sich gleichmäßig bald stärker, bald schwächer verjüngen, gibt es beim Namadicus zweimalige Verbreiterung. Nach der oberen großen Verbreiterung der Nasenbeine verengen sie sich zunächst in der Mitte deutlich, um weiter unten, etwa im letzten Viertel der Länge sich noch ein zweitesmal stark zu verbreitern. Namentlich bei manchen Bibovinen ist diese untere Breite gleich groß wie die obere.

Ein zweiter wichtiger Schädelrest, auch aus dem Nerbuddatale stammend, stellt eine andere Varietät des Bos namadicus vor. Der Unterschied von der Hauptform ist vor allem der in der Mitte der Hornlänge elliptische, also flache Hornzapfenquerschnitt und der vollkommen gerade Verlauf der Zwischenhornlinie.

Besonders hebt L y d e k k e r das Vorhandensein einer Leiste am oberen Rand der Hornzapfen hervor, die von der Basis derselben an ihren Ursprung nimmt und welche eine gewisse Ähnlichkeit der Hornzapfenform mit jener des männlichen Gaur bedingen soll.

Wieder einen anderen Namadicusschädel beschreibt L y d e k k e r dann l. c. auf Seite 100. Derselbe stammt von Ihansi Ghat aus dem Nerbuddatale. Für ihn ist folgende Stelle der Beschreibung deshalb wichtig, weil sie das Verständnis der eigentümlichen, breiten, beim Kalmückenrind so typischen Längsfurche der Stirne vermittelt: „d i e S t i r n e b e n e i s t i n l o n g i -t u d i n a l e r R i c h t u n g l e i c h t c o n v e x m i t e i n e r s e i c h t e n, a u f w ä r t s b i s z u m U r s p r u n g d e r H o r n z a p f e n r e i c h e n d e n K o n k a v i t ä t". Hier sehen wir die A n l a g e j e n e r n u r f ü r d i e a s i a t i s c h e n H a u s r i n d e r e i g e n t ü m l i c h e n L ä n g s f u r c h e d e r S t i r n e klar auch bei gewissen Formen des Namadicus festgestellt. Diese Feststellung ist von fundamentaler Bedeutung.

Endlich beschreibt L y d e k k e r noch mehrere gegenüber den bisher erwähnten, wesentlich kleinere Schädel des Namadicus, die aber trotzdem von voll erwachsenen Individuen herrühren. Sie stammen von demselben Fundorte, aus denselben Schichten im Nerbuddatale wie die großen Exemplare. L y d e k k e r glaubt in ihnen w e i b l i c h e Namadicusschädel erblicken zu sollen.

Von ihrer Beschreibung interessiert uns folgende Stelle (l. c. 102): „Die Stirnen jener Schädelstücke weichen von den Stirnen der größeren Schädel dadurch ab, daß sie i n d e r M i t t e l l i n i e w e s e n t l i c h s t ä r k e r k o n k a v s i n d und daß sie eine scharfe Leiste von fast einem halben Zoll Höhe besitzen, welche die Stirnnaht entlang verläuft, und zum Ansatz der Stirnmuskel dient." Ich möchte hiezu bemerken, daß diese Schilderung vortrefflich auf den Schädel des Kalmückenstieres (E 312) dieser Arbeit paßt, der auch eine schmale, scharfe, niedrige Gräte oder Leiste entlang der Stirnnaht inmitten der breiten, seichten Längsfurche der Stirne besitzt.

Weil die Beschreibung, speziell der Hinterhauptgegend, des Namadicus durch L y d e k k e r trotz der Ausführlichkeit kein klares Bild liefert und auch die Abbildungen auf Tafel XVI nicht voll genügen, veranlaßte ich im April dieses Jahres Herrn Kurt L i e b s c h e r, die in London in der geologischen Abteilung des Kensington-Museums befindlichen Namadicusreste zu unter-suchen. Leider befinden sich dort nur 2 Schädelstücke, welche, obschon sich ziemlich verschieden darstellend, als Bos namadicus bestimmt sind. Keiner von beiden besitzt eine deutliche Längsfurche der Stirne. Hingegen zeigt der eine Schädel eine kräftige Längskonvexität der Stirne (auch Querkonvexität ist vorhanden) bei sonst geradem Verlauf des Teiles von der oberen Augenrandtangente abwärts. Der andere trägt bei geradem Verlauf der Zwischenhornlinie auf der flachen Stirn einen deutlichen Stirnbeinkamm. Beide besitzen den Zwischenhornwulst; ersterer schwächer, letzterer besser entwickelt. Die beim ersten Schädel gut erhaltenen Nasenbeine zeigen die für Bibovinen charakteristische Form (die untere Verbreiterung ziemlich gleich der oberen großen Breite) in außerordentlich scharfer Weise. Während der erste Schädel den Übergangscharakter zu den Bibovinen zeigt, bewegt sich der zweite sichtlich mehr in der Richtung zum Bos primigenius Boj.

Während Falconer eine große Ähnlichkeit des Bos namadicus mit dem europäischen Bos primigenius Boj. feststellte, hebt Lydekker hervor, daß ein eingehender Vergleich beider Schädeltypen beträchtliche Unterschiede zutage fördere. Er meint, daß der Schädelbau des Bos namadicus in fast allen Punkten, die ihn vom Schädelcharakter des Bos primigenius unterscheiden, jenen des Genus Bibos (l. c. 104) ähnelt (Kürze der Nasenfortsätze des Zwischenkiefers, tiefere Lage des Occipitalkammes gegenüber dem Hornzapfenursprung, konvexere Zwischenhornlinie, Art des Eindringens der Schläfengruben in das Hinterhaupt etc.). Lydekker kommt schließlich zu der Ansicht (l. c. S. 108), daß Bos namadicus die Ausgangsform für die heute in Indien lebenden Wildrinder sei und daß er selbst wieder vom flachhörnigen Bos planifrons, Lyd. aus dem Siwalik-hills sich ableite. Die Begründung lautet: Bisher sind keine Reste von Bibovinen aus jener Zeit bekannt, welche dem Vorkommen des Bos namadicus im Nerbuddatale entspricht. Erst unmittelbar nach dem Erlöschen des Bos namadicus treten Bibovinen auf. Überdies gibt es jetzt keinen wildlebenden Vertreter der eigentlichen Gruppe der Rinder (Taurinae) mehr in Indien. Aus dem Bos namadicus hätten sich also die indischen Bibovinen heraus entwickelt. Diese Auffassung würde noch wahrscheinlicher gemacht, wenn man die verschiedenen kraniologischen Ähnlichkeiten beachte, welche zwischen ihnen und Bos namadicus vorhanden sind, und wenn man sich an jene durch elliptischen Hornzapfenquerschnitt ausgezeichnete, flachhörnige Abart des Bos namadicus von Nerbudda erinnere, welche auch sonst noch in manchen Stücken mit dem Genus Bibos übereinstimme („agrees").

Unter solchen Umständen hält es Lydekker für sehr wahrscheinlich, daß Bos namadicus auch einer der Vorfahren des heutigen indischen Rindes sei (l. c. S. 90).

Wenn wir die Untersuchungsresultate über den Bos namadicus überblicken, so ergibt sich folgendes: 1. Zeichnet er sich durch eine ganz ungewöhnliche Variabilität (Mutabilität) aus; 2. finden sich einmal Typen, welche in der Richtung nach dem europäischen Bos primigenius Boj. variieren, dann aber auch solche, welche sich mehr in der Richtung nach den Bibovinen bewegen; 3. findet sich gerade jenes für das Kalmückenrind auffallendste Merkmal, die breite Längsfurchenbildung der Stirn bei mehreren der von Lydekker beschriebenen Namadicusformen in allerdings verschieden starkem Maße vor. Die Anlage hiezu ist also gewiß vorhanden und es besteht daher die Möglichkeit einer Verstärkung (durch gleichsinniges Weitervariieren) bis zu jenem Grade, der beim Kalmückenrinde vorhanden ist.

Beachtet man ferner, daß Bos namadicus bis zu einem gewissen Grade Merkmale der eigentlichen Taurinae mit solchen der Bibovinen vereinigte, also eine Art von Mittelstellung einnahm, dann erhält die Annahme, daß auch diese zentralasiatischen Mongolenrinder sich letzten Endes, wahrscheinlich indirekt durch inzwischen ausgestorbene Wildrindformen auf den Bos namadicus zurückführen lassen dürften, eine große Wahrscheinlichkeit. Die direkten wilden Vorfahren des Mongolenrindes sind allerdings noch nicht bekannt, wohl aber sind posttertiäre Rinderreste in der östlichen Mongolei und im Transbaikalgebiete, am Flusse Czykaj beim Dorfe Korstkowoje, gefunden worden, welche zwar von Frau P a v l o w vorlaufig als zu Bos primigenius Boj. gehörig bestimmt worden sind, die aber bei genauerer Prüfung sich wohl als zu Bos namadicus oder einer von ihm abgeleiteten Rinderform gehörig entpuppen dürften. Die auf Tafel I in Nr. 2 des früher zitierten Berichtes vom Troitzkossawsk-Kiakhtaschen Museums gelieferte Abbildung hat zum Beispiel eine große Ähnlichkeit speziell mit jenem Londoner Schädelrest des Bos namadicus aus dem Nerbuddatale, welcher bei flacher Stirn den eigentümlichen langen Stirnbeinkamm trägt (der übrigens auch für einen nahen Verwandten des Bos namadicus, nämlich den Bos planifrons Lyd. charakteristisch ist.

Als Atavismen kommen ferner diesen mongolischen posttertiären Schädelresten die Schädel mancher heute in Bochara lebender, entschieden dem Bos namadicus ähnlicher Hausrinder außerordentlich nahe, wie in einer anderen Arbeit später gezeigt werden soll.

Daß das Kalmücken- bzw. das Mongolenrind durch irgendwelche domestizierten Rinder beeinflußt oder gar aus ihnen entstanden sein soll, ist nach dem früher Gesagten ganz unwahrscheinlich. Es käme hiefür, wenn man von dem Brachyceros ähnlichen Rinde Zentralasiens absieht, nur das Zebu- (Ansicht K u l e s c h o w s) und das Balirind (Ansicht S t e g m a n n s) in Betracht. Das Zebu ist deshalb auszuschließen, weil die Verschiedenheit des Schädelbaues zwischen typischen Zeburassen und dem Mongolenrinde doch zu groß ist und weil gerade der typische Zebubuckel bei letzterem überhaupt nicht vorkommt. Hätte es Zebublut aufgenommen, dann müßte sich die Neigung zur Buckelbildung, die ja unvollkommen dominant vererbt wird, unter allen Umständen, ab und zu wenigstens, als atavistisches Merkmal äußern. Umsomehr als doch das die Buckelbildung auslösende Moment, der nötige Reiz in Gestalt der Steppenumwelt beim Kalmückenrinde ununterbrochen vorhanden war und noch ist. Höckerbildung gibt es aber weder beim Kalmückenrinde noch beim mongolischen Orthocerosrinde. Endlich widerspricht einer solchen Annahme noch die Tatsache, daß diese Orthocerosform des Mongolen- und Kalmückenrindes seit vorgeschichtlichen Zeiten als charakteristische und konsolidierte Rasse in Zentralasien vorkommt.

Es bleibt nun nur mehr die Prüfung der S t e g m a n n schen Ansicht übrig, nach welcher das Kalmückenrind ein Abkömmling des Balirindes, des domestizierten javanischen Bantengs wäre.

Der Genauigkeit wegen ist hiefür auch noch eine Prüfung des Schädelcharakters beider Rinder notwendig. Im April d. J. hat sich mir nun zufällig in Zürich beim Kollegen K e l l e r die Gelegenheit, vier frisch eingelangte weibliche Schädel vom Balirinde genauer betrachten zu können, geboten. Weil Professor K e l l e r diese interessanten Schädel selbst zu bearbeiten gedenkt, unterließ ich selbstverständlicherweise die Abnahme von Maßen. Als Resultat des Schädelvergleiches beider Rindergruppen stellte ich fest, daß an eine nähere Verwandtschaft derselben wegen zu großer Unterschiede im Schädelbau wohl nicht zu denken ist. Die wichtigsten Unterscheidungsmerkmale des Balirindes, welche dies begründen, sind: 1. starke gleichmäßige Querwölbung der Stirne, 2. Fehlen der breiten, sich durch die ganze Länge der Stirne hinziehenden Furche, 3. vollkommen andere Beschaffenheit der Hornzapfen, ihres Ansatzes und Verlaufes. Die seitlich oberen Stirnpartien, von denen die Hornzapfen ausgehen, sind nämlich, ähnlich wie beim wilden Banteng, gegenüber den mittleren Stirnpartien nach rückwärts gerückt. Die Hornzapfen bzw. (bei weiblichen Tieren) die verhältnismäßig schwachen und kurzen Hörner verlaufen ziemlich gerade nach oben-hinten. Kurz, im Schädelbau besteht zwischen dem Kalmücken- und dem Balirinde keinerlei Ähnlichkeit, wohl aber sind so ungewöhnlich große Verschiedenheiten gegeben, daß von einer näheren Verwandtschaft aus zoologischen Gründen keine Rede sein kann.

Als Ergebnis der vorliegenden Untersuchung hinsichtlich der Herkunft des Kalmückenrindes hätten wir somit die Feststellung der Unwahrscheinlichkeit zu verzeichnen, daß diese uralte Rasse ihre Entstehung dem Zebuoder gar dem Balirinde verdanke. Auch die jetzt lebenden Bibovinen Südasiens, vor allem der Banteng, sind als Stammformen auszuschließen.

Übrig bleibt nur die Annahme, daß es eine in vorhistorischer Zeit domestizierte Form eines ausgestorbenen Wildrindes Zentralasiens ist, dessen Reste noch nicht gefunden worden sind. Mit Rücksicht auf einige beim Kalmückenrinde vorhandenen leisen Anklänge an den Schädelcharakter der Gruppe der Bibovinen, liegt die Annahme nahe, daß jener Stammvater sich seinerzeit wieder von einer Rinderform ableiten mußte, welche eine Art von Zwischenglied zwischen den echten Rindern (Taurinea) und den Bibovinen vorgestellt hat. Und als solche kommt unter Berücksichtigung aller jener früher ausführlich besprochener Momente die unendlich variable und daher formenreiche Spezies (falls nicht Gattung) Bos namadicus falc. u. C. allein in Betracht.

So wie die vorhergehende Studie über den Fund eines Wildrindschädels zu Pamiątkowo, ist auch die vorliegende über das Kalmückenrind als ein Glied in der Reihe jener Arbeiten gedacht, deren Aufgabe es sein soll, etwas mehr Klarheit über Herkunft und Abstammung unserer europäischen Brachycerosrinder zu verbreiten. Von weiteren in Vorbereitung begriffenen Arbeiten dieser Art soll als nächste eine Untersuchung über die äußerst interessanten Rinder Bocharas folgen.

Zusammenfassung

1. Das Kalmückenrind erweist sich hinsichtlich des äußerst charakteristischen Schädelbaues als sehr einheitlich beschaffen.

2. Ein schärferer sexueller Dimorphismus besteht nicht (Gegensatz zum Balirinde und dem javanischen Banteng einerseits und — mit alleiniger Ausnahme des primigenen Steppenrindes — zu sämtlichen europäischen Rinderrassen anderseits).

3. Das Kalmückenrind ist rasselich identisch mit dem Mongolenrinde.

4. Diese Rasse ist uralt, denn in Transbaikalien von Talko Hryncewicz in vorgeschichtlichen Grabhügeln gefundene typische Orthocerosschädel stammen aus dem Ende der Bronze- und dem Anfange der Eisenzeit.

5. Auf Grund des durchaus verschiedenen Schädelbaues ist eine nähere Verwandtschaft des Kalmückenrindes mit dem Balirinde (Ansicht Stegmanns) abzulehnen.

6. Dasselbe gilt für den javanischen Banteng, der Stamm — und Ausgangsform des Balirindes.

7. Aus demselben Grunde kommt das Kalmückenrind als Stammform für die primitiven europäischen Brachycerosrassen des Rindes nicht in Frage.

8. Die wilde Stammform des Kalmücken- (bzw. Mongolen-) Rindes ist bisher noch nicht gefunden worden, jedoch dürfte dieselbe wahrscheinlich einer der vielen aus dem Bos namadicus hervorgegangenen Wildrindformen Asiens angehört haben.

9. Das Vorhandensein einiger weniger und nur sehr oberflächlicher Ähnlichkeiten zwischen dem Kalmückenrinde und den Bibovinen, unter anderen auch dem Banteng Javas, erklärt sich offenbar aus der gemeinsamen Herkunft der wilden Stammform des Kalmückenrindes und des Bantengs. Für beide wird als solche Bos namadicus mit seiner ungewöhnlich großen Variabilität angesehen.

Tabelle 1. Absolute und relative Werte der Kalmückenschädel

Nr.	Bezeichnung der Maße	Absolute Werte in *mm*						Relativwerte in % der kleinen Basilarlänge					
		I	II	IV	E 311	E 313	E 312	I	II	IV	E 311	E 313	E 312
		♀	♀	♀	♀	♀	♂	♀	♀	♀	♀	♀	♂
1	Unterrand des For. magn. bis Mitte der Zwischenkiefer	—	395	387	429	413	406	—	100·0	100·0	100·0	100·0	100·0
2	Oberrand des For. magn. bis Mitte der Zwischenkiefer	—	417	408	449	436	420	—	105·5	105·4	104·6	105·5	103·2
3	Vordere Schädellänge	378	421	403	452	432	437	—	106·6	104·1	105·3	104·6	107·6
4	Stirnlänge a) bis zur vorderen Augenrandtangente	169	186	176	202	190	202	—	47·1	45·4	47·1	46·0	49·7
5	Stirnlänge b) bis zu den Nasenbeinen	171	193	179	105	178	198	—	48·8	46·2	45·7	43·1	48·7
6	Gesichtslänge a) Augenrandtangente bis Mitte Zwischenkiefer	216	240	235	254	248	244	—	60·8	60·7	59·2	60·0	60·1
7	Gesichtslänge b) Nasenbeinstirnbeinnaht bis Mitte Zwischenkiefer	212	233	231	258	258	250	—	59·0	59·8	60·1	62·4	61·3
8	Choanenausschnitt bis Vorderrand der Zwischenkiefer	231	250	234	263	256	253	—	63·2	60·4	61·2	62·0	62·3
9	Choanenausschnitt bis Vorderrand For. magn.	—	146	156	169	161	153	—	37·2	40·4	39·4	39·0	37·7
10	Zahnreihenlänge im Oberkiefer	128	131	132	137	115	131	—	33·1	34·3	31·7	27·8	32·2
11	Länge d. zahnfreien Teiles im Oberkiefer (senkrecht von Tangente P 3 bis Mitte Zwischenkiefer)	115	124	121	132	132	131	—	31·3	31·2	30·5	31·9	32·2
12	Länge des zahnfreien Teiles im Oberkiefer (P3 bis schräg zur Mitte der Zwischenkiefer)	117	127	124	133	137	136	—	32·1	32·0	30·0	33·1	33·5
13	Oberer Hornzapfenrand bis hinterer Augenhöhlenrand	126	133	131	150	141	150	—	33·9	33·8	35·0	34·1	36·9
14	Oberer Hornzapfenrand bis vorderer Augenhöhlenrand	178	199	189	200	199	201	—	50·3	48·8	46·6	48·2	49·5
15	Nasenbeinlänge (Mittel aus beiden)	—	155	—	—	173	—	—	39·2	—	—	41·9	—
16	Länge d. Zwischenkiefer (schräg z. Vorderrandgem.)	104	120	119	132	133	138	—	30·3	31·0	30·8	32·2	34·2
17	Länge des Tränenbeines a) oberer Rand	67	72	71	74	69	73	—	18·2	18·3	17·2	16·7	18·0
18	Länge des Tränenbeines b) unterer Rand	83	81	86	105	92	96	—	20·5	22·2	23·4	22·2	23·6
19	Augenhöhlendurchmesser (senkrecht)	61	59	60	60	69	67	—	14·9	15·5	13·9	16·7	16·5
20	Augenhöhlendurchmesser (horizontal)	62	70	60	57	60	55	—	17·7	15·5	13·2	14·5	13·5

Nr.	Bezeichnung der Maße	Absolute Werte in *mm*						Relativwerte in %/0 der kleinen Basilarlänge					
		I	II	IV	E 311	E 313	E 312	I	II	IV	E 311	E 313	E 312
		♀	♀	♀	♀	♀	♂	♀	♀	♀	♀	♀	♂
21	Schläfengrubentiefe (wo der Jochfortsatz des Schläfenbeines den Winkel bildet)	28	26	31	32	25	31	—	6·7	8·0	7·4	6·0	7·6
22	Schläfengrubenbreite (Ansatzpunkt wie bei Schläfengrubentiefe)	36	53	46	41	53	51	—	13·4	11·8	9·5	11·7	12·5
23	Abstand der M 3 Tangente vom Choanenausschnitt Plus oder Minus	—8	0	—16	+3	+13	—7	—	—	—	—	—	—
24	Zwischenhornbreite	91	103	99	107	109	114	—	26·1	25·5	24·9	26·4	28·1
25	Stirnenge	130	145	145	166	149	157	—	36·7	36·9	38·7	36·0	38·6
26	Stirnweite	174	181	188	207	192	203	—	45·8	48·5	48·2	46·5	50·0
27	Stirnweite im innersten Augenwinkel	116	116	127	146	119	140	—	29·3	30·2	34·0	28·8	34·5
28	Wangenbreite	122	132	131	140	141	132	—	33·4	33·8	32·6	34·1	32·5
29	Nasenbeinbreite (größte)	44	49	47	53	43	51	—	12·4	12·1	12·3	10·4	12·5
30	Nasenbeinbreite an den Spitzen	—	33	—	—·	25	—	—	8·3	—	—	6·0	—
31	Zwischenkieferbreite	67	77	72	82	74	75	—	19·5	18·6	19·1	17·9	18·4
32	Große Hinterhaupthöhe	—	126	127	134	124	136	—	31·9	30·2	31·2	30·0	33·5
33	Kleine Hinterhaupthöhe	—	97	101	100	102	100	—	24·5	26·1	23·3	24·7	24·6
34	Große Hinterhauptbreite	162	180	179	204	—	202	—	45·5	46·2	47·5	—	49·7
35	Kleine Hinterhauptbreite (Enge)	87	95	86	116	105	124	—	24·0	22·2	27·0	23·4	30·5
36	Gaumenbreite zwischen M 3 (in der Mitte von M 3 gemessen)	74	71	79	77	79	72	—	18·0	20·4	17·9	19·1	17·7
37	Gaumenbreite zwischen M 1 P 1 gemessen	72	75	77	81	77	76	—	19·0	19·9	18·8	18·6	18·7
38	Gaumenbreite zwischen P 1	71	67	71	80	78	72	—	16·9	18·3	18·6	18·9	17·7
39	Hornzapfenumfang an der Basis	115	133	120	135	138	176	—	33·9	31·2	31·4	33·4	43·3
40	Hornscheidenumfang an der Basis	140	129	152	165	147	208	—	32·6	39·3	38·4	35·5	51·2
41	Hornzapfenlänge (außen gemessen)	121	162	134	150	159	169	—	41·0	34·6	35·0	38·5	41·6
42	Hornscheidenlänge (außen gemessen)	167	247	240	240	280	236	—	62·5	64·6	55·9	67·8	58·1
43	Abstand der Ohrhöcker vom gegenüberliegenden Seitenrand der Stirne	55	64	61	66	—	72	—	16·2	15·7	15·3	—	17·7
44	Tiefe der Schläfengrube beim Ohrhöcker	24	32	33	44	—	37	—	8·5	8·5	10·2	—	9·1
45	Entfernung der Hornzapfenspitzen	161	214	193	214	226	187	—	54·1	49·8	49·9	45·7	46·0

Nr.	Bezeichnung der Maße	Absolute Werte in *mm*						Relativwerte in 0/0 der kleinen Basilarlänge					
		I	II	IV	E 311	E 313	E 312	I	II	IV	E 311	E 313	E 312
		♀	♀	♀	♀	♀	♂	♀	♀	♀	♀	♀	♂
46	Entfernung jener Punkte der Hornzapfen, welche bei horizontaler Schädellage durch Fällung einer senkrechten Tangente an der Außenkurvatur gefunden werden	191	244	217	243	255	253	—	61·7	56·0	56·6	61·7	62·3
47	Länge des Unterkiefers (horizontal gemessen)	308	339	336	367	—	346	—	85·7	86·0	85·5	—	85·2
48	Zahnreihenlänge im Unterkiefer	131	136	134	144	—	140	—	34·4	34·5	33·5	—	32·0
49	Länge des vorderen zahnfreien Teiles im Unterkiefer	98	108	107	115	—	117	—	27·3	27·9	26·8	—	28·8
50	Länge des rückwärtigen zahnfreien Teiles im Unterkiefer	83	93	94	118	—	91	—	23·5	24·2	27·5	—	22·4
51	Höhe bis zur Gelenksfläche des aufsteigenden Astes	145	165	153	184	—	159	—	41·7	34·5	42·8	—	39·7
52	Unterkieferhöhe bis zur Spitze des Schnabelfortsatzes	197	219	207	237	—	216	—	55·4	53·5	55·2	—	53·2

Über Rasse und Herkunft der holländischen Rinder unter besonderer Berücksichtigung des rotbunten Maas-Rhein-Ijsselviehs

Von

Dr. Adolf Staffe,

Privatdozent an der Hochschule für Bodenkultur in Wien

A. Einleitung

Die Frage der rasselichen Stellung der holländischen Rinder und im Zusammenhange damit die ihrer Herkunft ist zwar schon mehrfach untersucht worden, doch läßt sich bei kritischer Musterung der über den Gegenstand vorliegenden Arbeiten leicht erkennen, daß sich die meisten von ihnen zu Unrecht mit der Entscheidung der R a s s e frage beschäftigen, da die in ihnen betrachteten ä u ß e r l i c h e n Merkmale keineswegs einen sachlichen Schluß in der Rassefrage gewährleisten. Denn soviel steht heute wohl fest, daß der Rassecharakter des Hausrindes in dem nur am mazerierten Schädel genau zu studierenden S c h ä d e l g e p r ä g e am besten zum Ausdruck kommt und ohne seine genaue Beachtung eine rasseliche Scheidung schlechterdings unmöglich ist. Unter diesem Gesichtspunkte verdient die nach Beobachtungen am lebenden Tiere vorgenommene Zuteilung der holländischen Rinder zum dolichokephalen Typus, wie sie zuerst von S a n s o n (28), später von D i f f l o t h (10), B a r o n, D e c h a m b r e getroffen wurde und ihre Einreihung in die Gruppe des Bos taurus batavicus (race batavique) ebensowenig eine eingehendere Beachtung wie die große Zahl deutscher Arbeiten (D e t t w e i l e r, W e r n e r, G r o ß, G r u n d m a n n, S t e g m a n n etc.), die sich mit der Farbe des holländischen Viehs befassen und mit ihr allein die rasseliche Zugehörigkeit zum „Germanenvieh" u. dgl. beweisen wollen, ja sogar weitgehende Abstammungstheorien auf diesem äußerlichen Merkmal aufbauen.

Solcherart schmilzt die Zahl der Arbeiten, mit denen man sich bei der kraniologischen Untersuchung der holländischen Rinder, bzw. ihrer Einreihung in das R ü t i m e y e r - A d a m e t z sche Einteilungssystem auseinanderzusetzen hat, ganz beträchtlich zusammen. In ihnen stehen sich zwei Ansichten auch heute noch anscheinend schroff gegenüber. Während R ü t i m e y e r (26, 27) die holländischen Rinder für primigen erklärte, ja sogar seinen Primigeniustypus ganz auf die Untersuchung der Niederungsrinder stützte, fanden andere, freilich ohne sich auf eine der Wichtigkeit der Frage wohl entsprechende genaue Untersuchung des Materiales einzulassen, daß die holländischen Rinder brachycer seien, wieder andere, daß es sich um Kreuzungsprodukte primigener und brachycerer Rinder handle, wobei bald dem primigenen, bald dem brachyceren Typus der Vorzug gegeben wurde (vgl. z. B. D u e r s t, 11, S. 243).

Da also die Akten über die Rassezugehörigkeit der holländischen Rinder noch keineswegs geschlossen sind, ja bis auf die R ü t i m e y e r sche Arbeit und eine Studie von H e l l m i c h eine auf eingehenden kraniologischen Untersuchungen fußende Arbeit über eine holländische Rinderrasse noch gar nicht vorliegt, dürfte die folgende Studie einige Beachtung finden.

B. Die rotbunten Holländer (Maas-Rhein-Ijsselvieh) – brachycer.

1. Das Material. M. E. haften den bisherigen Untersuchungen holländischer Rinder zwei Fehler an:

1. blieb eine punktweise Analyse der wichtigsten Merkmale des Schädelgepräges und ein Vergleich mit typischen Repräsentanten der Primigenius- und Brachycerosform bisher ganz außer acht;
2. wurde stets generell von holländischen Rindern gesprochen, obgleich schon Gestalt, Farbe und Leistungsrichtung die Gliederung in zwei große Gruppen zulassen: die Schwarzbunten, bekanntlich mehr gegen die Küste zu wohnenden und die Rotbunten (Maas-Rhein-Ijsselvieh), die das östliche Binnenland bevölkern.

Um analogen Einwürfen wirksam begegnen zu können, beschränkte ich mich zunächst auf die Untersuchung des rotbunten Schlages und sammelte in der Zeit von 1920 bis 1925 achtzehn Schädel desselben, die der vorliegenden Arbeit zu Grunde liegen und im folgenden einer genauen Untersuchung unterzogen werden sollen.

Die Tiere stammten sämtlich aus den Provinzen Gelderland und Overijssel und wurden im Jahre 1920 im Zuge eines von der Society of friends eingeleiteten Milchviehimportes nach Österreich gebracht und hier in der von mir geleiteten Gutswirtschaft in Trautmannsdorf, Niederösterreich, eingestellt. Daß es sich in der Tat um dem Rassetypus vollkommen entsprechende Tiere handelt, konnte ich auf drei Reisen durch das Verbreitungsgebiet der Rotbunten in Holland in den Jahren 1920 und 1923 feststellen. Über die Herkunftsorte und den früheren Besitzer, der wohl in den meisten Fällen der Züchter des Tieres sein dürfte, unterrichtet die folgende Zusammenstellung, bei der auch die bei den kraniologischen Untersuchungen verwendete Nummer des Schädels und der Hornbrand des Tieres vermerkt wurde.

Nummer		Geschlecht und Alter des Tieres	Herkunftsort	Früherer Besitzer (Züchter)
des Schädels	des Hornbrandes			
1	69	♀ 7	Schaik	H. A. van der Linden
2	65	♀ 8	Reek	H. J. Kersten
3	17	♀ 8	Cuyk	G. v. d. Berg
4	113	♀ 8	Laren	Wwe. Joh. Vudenampsen
5	92	♀ 7	Eldrik	A. Termissen (Laagkeppel)
6	114	♀ 10	Arens (Bergen)	P. Weyers
7	90	♀ 9	Reek	Brockman
8	14	♀ 9	Sambeek	S. Cremers
9	85	♀ 9	Haps	G. Bongaers
10	84	♀ 10	Warnsveld (Vorden)	J. Schiever
11	71	♀ 10	Schaik	Simon v. d. Heyden
12	15	♀ 9	Cuyk	G. Cornelius
13	98	♀ 10	Wijchen	T. von Aar te Deurssa
14	24	♀ 12	Wanvoor	E. Reyner
15	12	♀ 8	Mulm, Gem. Sambeek	L. v. d. Berg
16	18	♀ 10	Aalom (Maashen)	L. Kersten
17	119	♀ 10	Laren	H. Langenkamp
18	Piet	♂ 7		

Außer diesem Material wurde ein Schädel der bekanntlich in der zweiten Hälfte des vorigen Jahrhunderts noch häufig anzutreffenden silbergrauen Varietät des holländischen Rindes und der einer schwarzbunten Holländerkuh studiert; beide Schädel sind Eigentum des Institutes für Tierzucht an der Hochschule für Bodenkultur in Wien.

2. **Schädelgepräge.** Die Frage der rasselichen Zugehörigkeit eines Schädels läßt sich oft schon aus der genauen und auf einwandfreies Vergleichsmaterial gestützten Betrachtung der prägnanten für Primigenius und Brachyceros charakteristischen Eigentümlichkeiten, des von A d a m e t z sehr bezeichnend so genannten und in Zahlen nicht recht erfaßbaren G e p r ä g e s des Schädels entscheiden. Durch die darauf folgende Diskussion der genauen Abmessungen, die nach der R ü t i m e y e r - A d a m e t z schen Methode an den 18 Schädeln der rotbunten Holländer genommen wurden und in Tab. 1—4 niedergelegt sind, kann die Richtigkeit der aus dem Schädelgepräge gezogenen Schlüsse einer weiteren Prüfung unterzogen werden.

Daß freilich nicht eine oberflächliche Beobachtung des Schädels, sondern nur ein immer wieder erneutes Sichhineinversenken in jeden einzelnen Schädel die Konfiguration deutlich werden läßt, brauche ich d e m nicht hervorzuheben, der die nicht in wenigen Tagen, sondern in langen Wochen und Monaten eingehenden Studiums erkannten, dann aber oft auf den ersten Blick in die Augen springenden

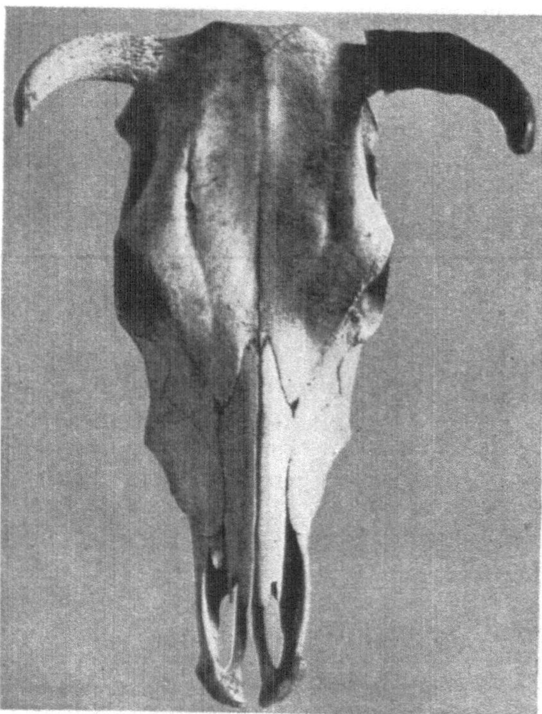

Abb. 1. Schädel der rotbunten Holländerkuh (Maas-Rhein-Ijsselschlag) Nr. 3 mit typisch brachycerem Gepräge

Rassedifferenzen des Hausrindes abzuwägen versteht.

Erfahrungsgemäß drückt sich in der Stirnfläche der primigene bzw. brachycere Rassecharakter äußerst deutlich aus und der im ganzen ebene u. U. sogar konvexe Verlauf der Stirnebene des einen Typus, die unter die Horizontalebene gesenkte, sogar eine bzw. zwei deutliche Dellen und eine Beule zeigende Stirnfläche des anderen, unter besonderer Berücksichtigung des Occiputs, läßt in der Regel schon die Rassezugehörigkeit des Schädels unzweifelhaft erscheinen. Bei der so dem Frontalbilde zukommenden Wichtigkeit ist es zweckmäßig, jede Stirnzone gesondert zu betrachten.

a) Die O c c i p i t a l r e g i o n, die von der Zwischenhornlinie bis zur Stirnengenlinie reicht, zeigt beim Brachyceros im Gegensatze zum Primigenius zwei charakteristische Knochenerhabenheiten, den Stirnbeinkamm und den

Occipital-, Scheitel- oder Stirnwulst, Eigentümlichkeiten, die die Holländerschädel ausnahmslos aufweisen und dabei folgendes Bild zeigen:

Der S t i r n b e i n k a m m, der durch das scharfe Aneinandertreten der
Stirnbeine in der Stirnnaht zustandekommt, streicht von der Stirnengenlinie beginnend, in der Mediane gegen den Scheitel, erhebt sich entweder
scharfgrätig oder flach aus der Stirnebene, so daß er in seinem Verlaufe
bis zu 7 *cm* deutlich zu verfolgen ist. In der Gegend der vorderen Hornzapfentangente ragt er als eine bis zu 4 *mm* breite Rippe, in der Regel
schon 2—3 *mm* über die mit ihm aber viel sanfter ansteigende unmittelbar
unterhalb der Scheitelgegend liegende Region der Stirne. Dies ist namentlich
bei scharfgrätiger Ausprägung des Stirnbeinkammes der Fall, während bei
flachem Verlauf der Kamm, der in diesem Falle gewöhnlich kürzer ist, also
weiter occipitalwärts beginnt, ohne deutlichen Absatz in den Stirnwulst
übergeht; jedoch ist auch bei dieser Ausbildungsart die absolute Erhebung
des Kammes über die zwischen vorderer und hinterer Hornzapfentangente
liegende Ebene noch kräftig, also genug deutlich.

Im obersten Drittel seines Verlaufes gewinnt der Stirnbeinkamm
bedeutend an Breite und nimmt schon wesentlichen Anteil an der Bildung
des O c c i p i t a l w u l s t e s des zweiten Charakteristikums der oberen Stirnzone beim Brachycerostypus.

Denkt man sich durch jene Stellen der beiden Hornzapfen, wo
Stirnfläche in Hinterhauptfläche übergeht, eine Linie gezogen (hintere
Hornzapfentangente), so berührt dieselbe beim mitteleuropäischen Primigeniustypus (ungarisches oder rumänisches Steppenvieh) nicht oder kaum
die Scheitelkante (Occiput). Bei der südwesteuropäischen Primigeniusform
schneidet die Tangente wohl das Occiput, aber nur auf mehr oder weniger
kurze Strecken. Beim Brachycerostypus aber liegen zwei Drittel und mehr der
geraden Verbindungslinie in jener Knochenerhebung am Occiput, diese also
schneidend, welche als Stirnwulst oder Scheitelwulst die Zwischenhornlinie
ausfüllt und sowohl die Stirnebene wie die Hinterhauptebene wesentlich
überragt. Die studierten Holländerschädel zeigen nun einen Occipitalwulst
von selten schöner Ausbildung. Zwei verschiedene Formen lassen sich auf
den ersten Blick bei meiner Materialserie unterscheiden, die erste seltenere,
dadurch gekennzeichnet, daß — bei frontaler Betrachtung — die Zwischen-
hornregion zu einer einzigen in der Mediane liegenden Kuppe ansteigt,
zeigen Schädel 5 und 15, dieselben, die auch durch einen flachen Stirnbeinkamm ausgezeichnet sind. Die die Stirnebene und die Hinterhauptfläche
am höchsten überragenden Punkte des Wulstes fallen bei dieser beuligen
Ausbildung in die Mediane.

Ein ganz abweichendes Bild zeigt die zweite Form, bei der der
Occipitalwulst, bedeutend mehr in die Breite entwickelt, zerlegt ist, bei
frontaler Betrachtung zwei seitlich von der Mediane liegende Kuppeln
aufweist und bis zu drei Viertel der ganzen Zwischenhornlinie ausfüllen kann.
Das Charakteristikum dieser breiten Form ist es, daß wohl der die Stirnebene am meisten überragende Punkt in der Mediane liegt, daß dagegen
die Hinterhauptfläche nicht von e i n e m höchsten Punkte, sondern von
zwei Punkten überragt wird, eben den (bei frontaler Betrachtung) am
weitesten nach rückwärts liegenden Stellen der genannten zwei Kuppeln.
Die stark über das Hinterhaupt ragende Lage dieser beiden Punkte geht
am besten daraus hervor, daß ihre Horizontalprojektion bei normaler
Lagerung des Oberkiefers auf dem Unterkiefer weit hinter die Flügel des
foramen magnum fällt.

Von oben betrachtet, ist die doppelte Kuppelbildung besonders deutlich zu sehen; ja, die Scheitellinie zeigt dann zwischen den beiden genannten Kuppeln geradezu eine deutliche, bis zu 6 *mm* tiefe, sanft geschweifte Ausnehmung, so daß sich die Kontur einer Doppelwelle mit einem Wellental in der Mediane ergibt.

Diese zerlegte Form, die die eigentlich charakteristische Ausprägung des Stirnwulstes beim rotbunten Holländerrind ist, zeigen die Schädel Nr. 2, 3, 4, 6, 9, 10, 12, 14, 17, und in einer Art Übergang zu der erstgenannten beuligen Art die Schädel Nr. 1, 7, 8, 11, 13, 16.

Am Zustandekommen der beim Maas-Rhein-Ijsselvieh überaus kräftigen Ausbildung des Occipitalwulstes und seiner Verbreiterung bis zu der genannten zerlegten Ausprägung ist einmal ganz wesentlich das Zwischenscheitelbein beteiligt, das in flacher Dreiecksform — die bis zu $2^{1}/_{2}$ *cm* steigende Höhe desselben liegt immer in der Mediane — auf die Stirnfläche übergreift, die frontalia so auseinander und in die Höhe pressend, und zwar letzteres in dem Maße, daß der höchste Punkt der Frontalfläche immer vom Scheitelbein gebildet wird; dann aber besonders der Umstand, daß der die Stirnfläche weit überhöhende Orbitalbogen eine durch die tiefe Supraorbitalrinnenausbildung noch kräftiger hervortretende Knochenleiste bis zum Occiput vorschiebt, welche dieses seitlich der Zwischenscheitelbeinkuppe trifft und kräftig genug ist, die Seitenflügel desselben über die Hinterhauptfläche hinauszustauchen. Bisweilen — so bei Schädel Nr. 1 — ist der Verlauf der Zwischenhornlinie an dieser Stelle scharf abgesetzt, nach kürzerem, kaum fingerbreitem geraden Verlaufe rasch ansteigend; das heißt, es kommt zur Bildung des von Adametz sogenannten Zwischenhornwulstes, einer direkten Aufstülpung der eigentlichen Zwischenhornlinie, die bei der Besprechung des Hinterhauptbildes noch kurz Erwähnung finden soll.

Die von den Orbitalbögen zum Occiput vorstreichenden Knochenleisten einerseits, die Aufstülpung der Stirnbeinnaht zum Stirnbeinkamm anderseits bewirken es, daß die zwischen diesen sichtlichen Erhebungen liegende Partie der occipitalen Stirnregion eine — natürlich in zwei Hälften geteilte — deutliche Delle zeigt, die zwar weitaus nicht so kräftig wie die zwischen den Orbiten liegende ist, das bei horizontaler Einstellung der Stirnfläche aufgebrachte Wasser aber nicht abfließen läßt. Diese occipitale Stirndelle zeigt, wie auch die Abbildung 2 a erkennen läßt, eine länglich ovale Ausbildung und reicht mit ihrem unteren Teile bereits in die

b) zweite mittlere, durch Stirnengenlinie und rückwärtige Orbitaltangente begrenzte Stirnregion. Die durch die eigentümliche Lagerung der Stirnhöhle bei brachyceren Rindern, namentlich dem südlichen Typus derselben (z. B. beim albanesischen Zwergrind), bewirkte auffällige Hervorwölbung der mittleren Stirnregion, die charakteristische Stirnbeule, ist bei dem rotbunten Holländerrind nur angedeutet; gleichwohl kommt es durch eine vom unteren Teile des Orbitalbogens gegen die Mitte dieser zweiten Stirnregion zu verstreichende, deutlich zu erkennende Knochenerhebung zu einem ausgesprochen zweiten Kulminationspunkte der Stirnmediane (wenn die erwähnte Occipitalwulstmitte deren erster ist). Durch diese Erhebung, die bei den Schädeln Nr. 3, 6, 7, 8, 9, 11, 12, 13, 14, 16 immerhin gut wahrzunehmen ist, erfährt die obere zweigeteilte Stirndelle eine deutliche Scheidung von der gleich zu erwähnenden unteren Stirndelle.

Die Supraorbitalrinnen zeigen das für brachycere Rassen charakteristische Bild: schmal und tief eingeschnitten, scharfkantig in ihrer Begrenzung und durch den Besitz eines großen und von zwei bis vier kleineren Gefäßlöchern ausgezeichnet. Bisweilen ist der mediane und der orbitale Stirnbeinteil über die Supraorbitalrinne gestaucht, so daß es direkt zur Ausbildung zweier scharfer Knochenkämme am Rande der Supraorbitalrinnen kommt (z. B. bei den Schädeln Nr. 1, 8, 14, 17). Occipitalwärts durch die schon erwähnte, vom Orbitalbogen zum Occiput streichende Knochenleiste jäh abgesetzt, sind die Supraorbitalrinnen auch in ihrem oralen Verlaufe deutlich, wenn auch flach ausgeprägt und lassen sich noch bis zu dem gegen das Lacrimale zugeneigten Stirnbeinende, ja vielfach bis über das Lacrimale hinaus verfolgen.

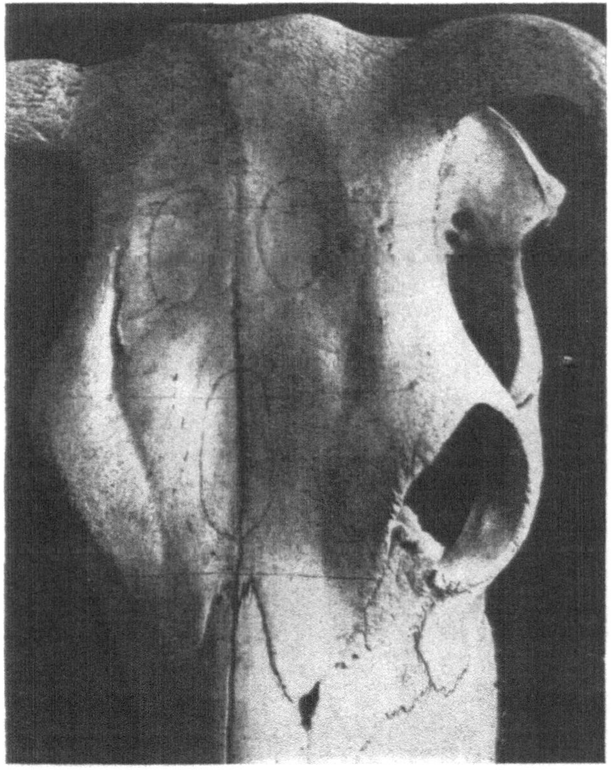

Abb. 2 a. Frontalbild des Schädels der rotbunten Holländerkuh Nr. 3. Stirnbeinkamm, zerlegter Stirnwulst, Zwischenscheitelbeindreieck, obere und untere Stirndelle, sowie das Hervortreten der Orbitalbögen sind deutlich zu sehen

c) Untere, durch vordere und hintere Augenrand-tangente begrenzte Stirnregion:

Die sowohl die mittlere als die untere Stirnzone nach außen abschließenden Orbitalbögen sind bei allen 17 Kuhschädeln kräftig ausgebildet und zeigen dadurch, daß sie auffallend die medianwärts anschließenden Stirnteile überragen, deutlich brachyceres Gepräge. Beim Primigeniustypus ist der zwischen den Augenbögen liegende Stirnteil bekanntlich entweder ganz flach ausgebildet oder sogar höher als jene. Der höchste Punkt des Orbital-wulstes liegt bei den rotbunten Holländern etwa in der hinteren Augenrand-tangente und seine Überhöhung über die Stirnfläche tritt dann besonders deutlich hervor, wenn vom rechten zum linken Kulminationspunkte ein Faden gespannt wird. Wie natürlich, ist die Entfernung der Schädelmitte von der durch den Faden markierten Geraden am bedeutendsten und stellt eine charakteristische Größe vor, durch welche sich die Tiefe der Stirndelle mit hinreichender Genauigkeit messen läßt. Im Durchschnitt aller 17 Schädel beträgt sie 9·8 *mm* mit einer Variationsbreite von 2 bis 18 *mm*. Bei den nur eine mäßige Vertiefung zeigenden Schädeln ist für die Verflachung ein primigener Blutzuschuß verantwortlich zu machen. Es sind das dieselben Schädel, welche auch in dem weniger typisch ausgebildeten Stirnbeinkamm und einigen anderen Argumenten einen gewissen primigenen Einfluß zeigen.

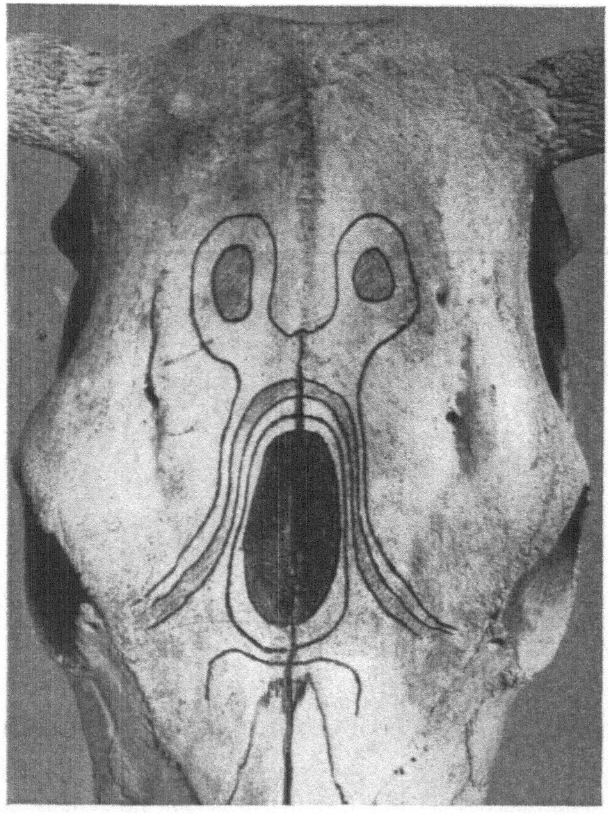

Abb. 2 b. Holländerkuh Nr. 3. Die Dellen sind durch die Schichtenlinien bezeichnet

Verfolgt man von jenen Kulminationspunkten der beiden Orbitalwülste beginnend, den Verlauf der Schädelkontur gegen die Stirnmitte, so ist der Abfall der ersten Teilstrecke gegen die Supraorbitalrinnen zu der steilste. Nach dieser verhältnismäßig tiefen Einsenkung folgt, gewissermaßen eine Rückfallskuppe im Verlauf der Kontur darstellend, eine neuerliche Erhebung, die allmählich gegen die Mitte zu verläuft. Die so zustandekommende Delle mit steileren Seitenwänden und seichter verlaufenden Stirn- und Oralenden hat die ausgesprochene Form einer Ellipse, deren Längsachse die Stirnnaht ist. Am besten läßt sich der Umfang und der Verlauf der Delle deutlich machen, wenn an der Stelle die bestimmte Menge einer Flüssigkeit, z. B. 5 *ccm* auf die Stirnfläche aufgebracht, die dabei sich ergebende Begrenzungslinie mit dem Bleistift umfahren, dann die gleiche Flüssigkeitsmenge hinzugefügt, die Grenzlinie wieder markiert und so fortgefahren wird, solange die Delle der Flüssigkeit Raum gewährt. Man erhält so ein System von Schichtenlinien, die dem des Kartenlesens Kundigen auf den ersten Blick den Grad und Verlauf der Vertiefung der Stirnfläche in der Dellengegend dartun. (Abb. 2 b.) Diese auffallende Einsenkung der Stirnfläche zwischen den Orbitalbögen, die primigenen Schädeln bekanntlich ganz mangelt, findet sich, wie erwähnt, bei allen untersuchten Schädeln und legt ein weiteres Zeugnis für den brachyceren Charakter der rotbunten Holländer ab.

In kurzer Zusammenfassung läßt sich also über das allgemeine Gepräge der Stirne, soweit es für die Rassedifferenzierung in Betracht kommt, sagen, daß bei den Schädeln der rotbunten Holländer das Vorhandensein eines Stirnbeinkammes, ferner eines mit wenigen Ausnahmen besonders schön ausgeprägten Stirnwulstes, das Auftreten einer durch die Mediane zweigeteilten, in der Stirnengengegend liegenden oberen und einer durch die wuchtig ausgebildeten Orbitalbögen ausgezeichnet in Erscheinung tretenden unteren Stirndelle übereinstimmend für ihre Zuteilung zum Brachycerostypus sprechen. Die Diskussion der absoluten Maße und der auf die kleine Basilarlänge bzw. die vordere Schädellänge (bei Maß Nr. 2, 3, 16, 17, 18, 19, 22) und die Hinterhauptenge (bei Maß Nr. 27, 28, 30) bezogenen Relativmaße soll ergeben, in wieweit jener Eindruck auch durch die Schädelmorphologie gestützt wird.

3. **Schädelmorphologie.** Hält man zunächst gewissermaßen grobe Musterung und stellt den Durchschnittsmaßen der rotbunten Holländer die von typischen Vertretern der Brachyceros- und Primigeniusrasse, etwa des albanesischen und andalusischen Rindes entgegen, so ergibt schon diese „Vorschau" ein bezeichnendes Ergebnis: Notiert man nämlich die in den Relativwerten (kleine Basilarlänge = 100) zutage tretenden Differenzen zwischen Holländern und Albanesen einerseits, Andalusiern anderseits, und bildet ohne Rücksicht auf die Maße die Summe der einzelnen Differentiale, so ist die Annäherung des Holländerschädels an die brachycere Vergleichsrasse in die Augen springend.

Um das Gesagte sogleich an Zahlen zu beweisen, sei die Differenz des Durchschnittes der Holländer von den korrespondierenden Maßen des Albanesen-Brachyceros db, die vom Andalusier dp genannt und zur Bezeichnung des Maßes die entsprechende Indexzahl angesetzt, so daß db_1 die Differenz des Holländermaßes 1 gegenüber dem Albanesenmaß 1, dp_7 die Differenz des Holländermaßes 7 gegenüber dem Andalusiermaß 7 usf. bedeutet. Die Vergleichsmaße sind der Brachycephalusarbeit A d a m e t z' Tabelle 6, S. 26, entnommen. (4)

$$db_1 \text{ ist im gegebenen Falle } -0\cdot5. \quad dp_1 \quad - \quad 4\cdot7$$
$$db_2 \text{ „ „ „ „ } -1\cdot3, \quad dp_2 \quad - \quad 3\cdot6$$
$$db_3 \text{ „ „ „ „ } -1\cdot0, \quad dp_3 \quad - \quad 2\cdot8$$
$$db_{12} \text{ „ „ „ „ } -6\cdot0, \quad dp_{14} \quad -39\cdot7 \text{ usf.}$$

Wie aus der Tabelle auf der nächsten Seite hervorgeht, ist

$$\Sigma \pm db = 20\cdot4 - 22\cdot1 = - \ 1\cdot7$$
$$\Sigma \pm dp = 15\cdot7 - 162\cdot2 = -147\cdot2$$

Schon durch diese summarische Zusammenstellung der Maße wird die große Annäherung der rotbunten Holländer an den Brachycerostypus und ihre Distanz von der Primigeniusform deutlich gemacht.

a) **D r a u f s i c h t.** Bei einer vergleichenden Betrachtung der Stirn- und Gesichtsfläche der Holländerschädel gewinnt man zunächst das Bild, daß die vom Occiput bis zur vorderen Augenrandtangente gemessene Stirnlänge annähernd gleich der Gesichtslänge sei. Die Abmessungen der beiden Größen beweisen aber, daß die Stirnlänge immer um ein beträchtliches größer als die Gesichtslänge ist und nur der auffallend schmale Bau des oberen Stirnteiles macht jenen ersten Eindruck erklärlich.

Tabelle 1. Unterschiede zwischen den Relativmaßen (kleine Basilarlänge = 100) der rotbunten Holländer, der Brachyceros- und Primigeniusrinder

Nr.		Rotbunte Holländer	Albanesen-Brachyceros	d_b +	d_b −	Andalusische Primigenius	d_p +	d_p −
1	Vordere Schädellänge	109·2	109·7	—	0·5	113·9	—	4·7
2	Stirnlänge	47·7	49·0	—	1·3	51·3	—	3·6
3	Gesichtslänge	60·5	61·5	—	1·0	63·3	—	2·8
4	Nasenbeinlänge	40·6	41·3	—	0·7	43·0	—	2·4
5	Zwischenkieferlänge	34·2	33·0	1·2	—	32·8	1·4	—
6	Kleine Basilarlänge	100	100	—	—	100	—	—
7	Große Basilarlänge	104·6	105·1	—	0·5	105·4	—	0·8
8	Länge der Schädelbasis	37·8	37·9	—	0·1	38·1	—	0·3
10	Länge der Zahnreihe im Oberkiefer	29·0	29·3	—	0·3	29·3	—	0·3
11	Länge des zahnfreien Teiles im Oberkiefer	32·7	33·4	—	0·7	32·8	—	0·1
12	Länge des Hornzapfens	37·9	31·9	6·0	—	77·6	—	39·7
13	Länge der Hornscheide	53·9	67·2	—	13·3	122·8	—	68·9
14	Umfang des Hornzapfens	27·8	27·9	—	0·1	42·2	—	14·4
15	Umfang der Hornscheide	32·9	31·6	1·3	—	45·4	—	12·5
16	Zwischenhornlinie	35·0	31·9	3·1	—	43·0	—	7·0
17	Stirnenge	35·3	37·9	—	2·6	37·8	—	2·5
18	Stirnweite	48·0	48·7	—	0·7	46·0	2·0	—
19	Wangenbreite	35·9	33·6	2·3	—	32·1	3·8	—
20	Nasenbeinbreite im oberen Drittel	11·9	12·0	—	0·1	10·7	1·2	—
22	Zwischenkieferbreite	19·4	19·1	0·3	—	18·9	0·5	—
23	Gaumenbreite bei M 1	20·0	20·2	—	0·2	18·9	1·1	—
27	Große Hinterhaupthöhe	35·1	33·3	2·2	—	32·6	2·5	—
28	Kleine Hinterhaupthöhe	27·1	25·0	2·1	—	24·1	3·0	—
29	Hinterhauptenge	28·8	27·1	0·9	—	30·9	—	2·1
30	Hinterhauptweite	46·6	45·6	1·0	—	47·4	—	0·8
	Summe aller d_b bzw. d_p	—	—	20·4	22·1	—	15·7	162·9
	$\Sigma \pm d_b$ und $\Sigma \pm d_p$	—	—	—	1·7	—	—	147·2

	Stirn-länge	Gesichts-länge	Stirn-länge	Gesichts-länge	Stirn-länge	Gesichts-länge
	absolut		relativ: kleine Basilarlänge = 100		relativ vordere Schädellänge = 100	
Mittel aus 17 holländischen Kuhschädeln . .	223·4	272·8	47·7	60·5	45·3	55·3
Albanesenrind (Adametz)	172·0	216·4	49·0	61·6	44·6	56·2
Ungarisches Steppenvieh (Adametz)	228·5	264·5	52·6	60·8	47·3	54·4
Podgoricarind (Adametz)	169·6	212·0	48·3	60·3	44·7	55·8

Im Durchschnitt übertrifft die Gesichtslänge das Ausmaß der Stirnlänge nämlich um 49·4 *mm*, eine Differenz, die sich in den Relationsmaßen der kleinen Basilarlänge mit 12·8, in denen der vorderen Schädellänge mit 10% auswirkt. Wenn man die beiden Spitzenrassen des Brachyceros, bzw. Primigeniustypus zum Vergleiche heranzieht, die von Adametz studierten Albanesen und das von v. Schooller untersuchte ungarische Steppenvich, so ist die Übereinstimmung der rotbunten Holländer mit dem Brachycerostypus eine nahezu vollkommene. Der Unterschied zwischen der auf die kleine Basilarlänge bezogenen Stirn- und Gesichtslänge beträgt beim Albanesenvieh 12·6, wird die Vorderschädellänge als Vergleichsbasis gewählt 11·6. Wird dagegen der Vergleich mit dem Steppenvieh als dem Repräsentanten des mitteleuropäischen Primigeniustypus angestellt, so sind die bezüglichen Vergleichsmaße 8·2, bzw. 7·1, also namhaft geringer als beim Holländerrind. In der wichtigen Relation: Stirn- und Gesichtslänge weist der Schädel der rotbunten Holländer also Brachyceroscharakter auf.

Zwischenhornlinie. Die Breite der Zwischenhornlinie fällt mit 35·0 beim rotbunten Holländerrind in die Variationsbreite des Brachyceros, die z. B. beim Albanesenrind 32·0, beim Skumbischädel (5) 34·4, beim Pfahlbaubrachyceros (2) 35·8 beträgt, während der Steppenprimigenius 39·1, der spanische Primigeniustypus 38·5 erreicht.

	Stirn-enge	Stirn-weite	Stirn-enge	Stirn-weite	Stirn-enge	Stirn-weite
	absolut		relativ: kleine Basilarlänge = 100		relativ: vordere Schädellänge = 100	
Rotbunte Holländer . . .	159·5	216	35·3	48·0	32·2	43·7
Podgoricarind (5)	123·4	162	35·1	46·1	32·4	42·6
Steppenrind (4)	169·7	216	39·1	49·7	34·9	44·4
Andalusierrind (4)	174·5	212	38·5	46·8	33·0	40·2

Stirnenge und Stirnweite. Hier ist die Angleichung der rotbunten Holländer an den Brachycerostypus namentlich in der Stirnenge auffallend, während in der Stirnweite die Mitte zwischen den zum Vergleich herangezogenen Podgorica- und Steppenrind eingehalten wird. Die gegenüber dem Podgoricarind auffallende Verbreiterung der mittleren Stirnzone ist namentlich auf die besonders kräftige Ausbildung der Orbitalbögen zurückzuführen, also auf die Verbreiterung des außerhalb des foramen supraorbitale liegenden Stirnteiles, demnach auf alle Fälle nicht auf dasselbe Konto wie beim Primigenius zu schreiben.

Nasenbeinlänge. Da dieselbe an sich kein direktes Rassecharakteristikum darstellt, — handelt es sich doch beim Nasenbein schon um ein Außenwerk des Schädels und um einen Körperteil, an dem kleine Mutationen oft genug modifizierend arbeiten — sei nur kurz erwähnt, daß dieselbe 40·6 % der kleinen Basilarlänge erreicht und dergestalt wohl den für das brachycere Podgoricarind errechneten, aber auch dem für das primigene Steppenrind geltenden Mittel gleicht.

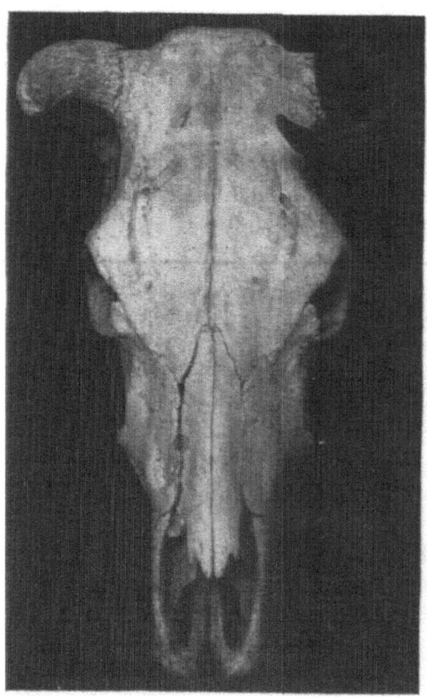

Abb. 3. Schädel der rotbunten Holländerkuh (Maas-Rhein-Ijsselschlag) Nr. 1 mit Brachycerosgepräge

Wangenweite. Sie ist als ein Merkmal, aus dem etwa die Abstammung vom Primigenius oder Brachyceros erhärtet werden könnte, wohl belanglos, verdient aber aus einem anderen Grunde Beachtung. Wie Adametz (4) feststellte, steht der hohe Wert der Wangenweite, namentlich aber die bisweilen auftretende Eigentümlichkeit, daß sie größer als die Stirnenge ist, in Beziehungen zu gewissen abwegigen Bildungsprozessen, welche sich in der Aufstülpung der Nase zu erkennen geben. Unter den untersuchten 17 Schädeln der rotbunten Holländer zeigen nun 10 (= 60 %) dieses merkwürdige Verhalten, während bei zwei weiteren Wangenweite und Stirnenge genau übereinstimmen. Nur 5 (= 30 %) weisen also eine gegenüber der Wangenweite größere Stirnenge auf. Diese Eigentümlichkeit gewinnt dadurch besonderes Interesse, daß auch bei den von Adametz daraufhin untersuchten Jerseys unter 8 Schädeln 7 (= 87 %) in der Wangenweite breiter waren als in der Stirnenge. Man wird daher berechtigt sein, auch bei den rotbunten Holländern diese Eigentümlichkeit zum Teil als ein bereits erhärtetes Rassemerkmal anzusprechen, wenn auch nicht als eines, das stammesgeschichtlichen Wert hätte. Das Auftreten dieser Domestikationsmutation ist vielmehr als eine Erscheinung zu deuten, die ihre Auslösung den ausgezeichneten Daseinsverhältnissen verdankt, unter denen sowohl das rotbunte Holländerrind wie die Jerseys leben, ohne daß die Tatsache des gleichzeitigen Auftretens dieses an sich sehr charakteristischen Merkmales bei zwei räumlich so nah voneinander wohnenden Rassen mehr als ein Konvergenzfall sein muß.

Zwischenkieferbreite. Auch ihr kommt eine stammesdifferenzierende Bedeutung nicht zu. In der Eigentümlichkeit der auffallenden Breitenentwicklung schließt sie sich der Wangenweite an und zeigt Werte von 19·4 % der Basilarlänge, bzw. 17·8 % der vorderen Schädellänge gegen 20·4 % und 18·5 % bei den brachycephalen Tux-Zillertalern und 19·2 und 17·4 % bei den brachyceren Albanesen.

b) Seitenansicht. Schläfengrube. Bekanntlich ist eine breite und seichte Schläfengrube für Brachyceros, eine schmale tiefe für Primigenius typisch. Da sich das Verhalten der Schläfengrube in allen Fällen als charakteristisch erweist, wurde ihren Breiten- und Tiefendimensionen besonderes Augenmerk zugewendet. Die Breite wurde an jenem Punkte gemessen, wo sich der mittlere Teil des Jochfortsatzes der Schläfenbeinschuppe am meisten dem Stirnbein nähert, also einen charakteristischen Winkel bildet. Die Horizontaldistanz des Scheitelpunktes dieses Winkels von der Schläfengrubenwand drückt die Tiefe der Schläfengrube aus. Wird die Breite in Perzenten der Tiefe berechnet, so ist der Wert bei primigenen Rassen wesentlich unter 100, bei brachyceren auffallend über 100.

Rotbunte Holländer	(17 Stk.)	. . . . . 118·9	Verfasser
Schwarzbunte Holländer	(1 „)	. . . . . 77·8	„
Silbergraue „	(1 „)	. . . . . 83·3	„
Ungarische Steppenrasse		. . . . 81·0	Adametz (4)
Andalusische „		. . . . 72·0	„
Albanesische Brachyceros		. . . . 133·6	„
Podgoricarind		. . . . 160·0	„ (5)

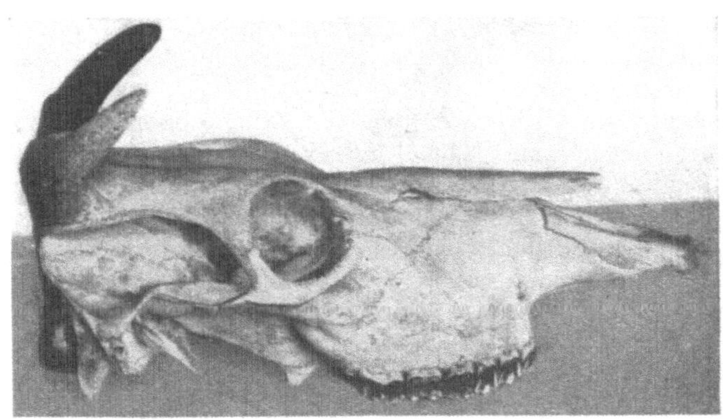

Abb. 4. Seitenansicht des Schädels der Kuh No. 3
Auffallend breite Schläfengrube, Stirndelle, Knochenlücke, kurze Zwischenkieferfortsätze

Wie die kurze Zusammenstellung lehrt, zeigen die rotbunten Holländer auch in den Proportionen der Schläfengrube das für brachycere Rassen charakteristische Verhalten: Große Breite und geringe Tiefe. Wenn dabei auch die für die primitiven Brachycerosrassen (Albanesen, Podgoricarind) gefundenen Werte nicht erreicht werden, so ist der Unterschied gegen die Primigeniusrinder doch zu auffällig, als daß man noch an eine Blutsverwandtschaft denken könnte.

Der dreieckigen Knochenlücke zwischen Nasale, Frontale und Lacrimale billigte man früher rasselichen Wert zu. Sie findet sich aber sowohl bei primigenen wie bei brachyceren Rassen, wenngleich bei letzteren anscheinend häufiger als bei ersteren. Unter den Schädeln der rotbunten Holländer zeigen die Knochenlücke deutlich die Schädel Nr. 1, 2, 3, 7, 8, 9, 10, 11, 12, 13, 16.

Nasenfortsätze der Zwischenkiefer. Ein ziemlich sicheres Rassemerkmal für Brachyceros ist es ferner, wenn der Zwischenkieferfortsatz nicht an die Nasenbeine heranreicht. Beim Primigenius sieht man diese

Fortsätze in der Regel die Nasenbeine berühren, ja vielfach noch ein bedeutendes Stück die Nasenbeine entlang laufen. Bei den Schädeln der rotbunten Holländer ist das Verhalten auch in diesem Belange ein recht charakteristisches. Die Fortsätze reichen nämlich nur bei den auch in anderen Belangen (Stirne, Orbitalbögen) einen gewissen primigenen Einschlag zeigenden Schädel Nr. 12, 5, 8 an die Nasenbeine heran, bei allen übrigen enden sie ganz deutlich unterhalb der Nasenbeine. Im Durchschnitte beträgt die Distanz von der Zwischenkieferspitze bis zum Nasenbein 11·4 *mm*, ist am geringsten bei Nr. 5 mit 2 *mm*, am größten bei Nr. 11 mit 37 *mm*. Alles in allem ein weiteres Argument für die Zugehörigkeit der rotbunten Holländer zum Brachycerostypus.

c) **Das Hinterhaupt.** Die Hinterhauptfläche beim Primigenius charakteristisch breit und niedrig, beim Brachyceros schmal und hoch gebildet, ist bei letzterem Typus noch durch den Besitz einer Eigentümlichkeit ausgezeichnet, des Zwischenhornwulstes; legt man sich nämlich durch das Hinterhaupt eine zur Horizontalen senkrechte Ebene, so schneidet dieselbe den über die Hinterhauptfläche reichenden Teil des Occipitalwulstes, welcher besonders durch die oben erwähnten das Occiput nach rückwärts bzw. aufwärts stauchenden Knochenleisten der Orbitalbögen gebildet wird. Die Schädel des rotbunten Holländerrindes zeigen nun einen Zwischenhornwulst von seltener Ausprägung und beweisen damit wiederum ihre Zugehörigkeit zur Brachycerosgruppe.

· diesen Typus sprechen auch die Dimensionen des Hinterhauptes, da   ganzen hoch und schmal ist. Während es im Relativwert der   uptweite bis auf 1⁰/₀ an das Albanesenrind heranreicht, wird es vom Primigenius in den bezüglichen Maßen um 1·7 (Andalusier) bzw. 2·9 (ungarisches Steppenvieh) übertroffen. Die für Brachyceros charakteristische hohe Ausbildung des Hinterhauptes zeigt das rotbunte Holländerrind gewissermaßen ins Extrem gebildet. Während nämlich die kleine Hinterhauphöhe des primigenen Andalusierrindes 24·4 der Basilarlänge beträgt, und das den anderen Typus bezeichnende Albanesenrind in dieser Dimension 25·5 mißt, weist unsere Rasse einen Spitzenwert von 27·1 auf.

Noch klarer wird das angedeutete Bild, wenn man die kleine Hinterhaupthöhe zur Enge des Hinterhauptes in Beziehung setzt. Hier sind die Werte folgende:

Andalusierrind (4) . . 76·0
Steppenrind (4) . . . . 83·8
Albanesenrind (4) . . . 93·0
Holländerrind . . . . . 94·7

Diese kurze Zusammenstellung dürfte genügen, um zu beweisen, daß das Hinterhaupt des rotbunten Holländerrindes vollkommen brachyceres Gepräge hat. Der Hinweis auf die Abbildung Nr. 7 enthebt mich diesbezüglich weiterer Worte.

d) **Hornzapfen und Hornscheide.** Die charakteristische Hornbildung der rotbunten Holländer, zu bekannt, als daß sie ausführlicher Beschreibung bedürfte, ist kurz gesagt, folgende: Die Richtung der Hornzapfen geht nach oben außen und krümmt sich gleichmäßig nach vorne, während die Spitzen wenigstens angedeutet die Tendenz zeigen, sich wieder nach innen zu drehen. So entsteht dann das für die rotbunten Holländer jedermann geläufige Bild, daß die Hornscheiden mit ihren Spitzen etwa über der Stirnengengegend oder doch über der occipitalen Hälfte der mittleren Stirnpartie gegeneinander streben, ja bisweilen auch die Außenseite der

Orbitalbögen berühren. Der Hornzapfen geht ohne Andeutung einer Stielung, und ohne daß es an seiner Wurzel zur Bildung der für manche Primigeniusrassen bezeichnenden Knochenprotuberanzen käme, aus der Stirne hervor, ist also enge an dieselbe angesetzt. Die zunächst dem Hornzapfen liegende Stirngegend zeigt rauhe Oberfläche. Der von R ü t i m e y e r zur Charakterisierung der Hornzapfenoberfläche verwendete Vergleich mit wurmstichigem Holze trifft das Bild am besten: mäßig tiefe längs verlaufende Rinnen, durch seichtere Querkanäle verbunden, besonders am Grunde und zunächst der Spitze zahlreiche Gefäßlöcher. Eine durch den scharf markierten Ansatz der Hornzapfen parallel zur Mediane gezogene Linie fällt regelmäßig in die obere Schläfengrubenwand; eine Tangente des höchsten Punktes des Stirnwulstes trifft den Hornzapfen in der Mitte, ein Umstand, der überzeugend für die Zuteilung der Rotbunten zum Brachyceros spricht, denn beim Primigenius tangiert jene Linie den Hornzapfen nicht oder kaum. Die Projektion der Verbindungslinie der Hornzapfenspitzen auf die Stirnfläche stimmt in der Mehrzahl der Fälle mit der Stirnengenlinie überein.

Horizontale Lagerung der Frontalia vorausgesetzt, erscheint der Querschnitt des Hornzapfengrundes von oben nach unten zusammengedrückt, entspricht also keiner Kreis-, sondern einer Ellipsenfläche.

In der Länge und dem Umfang der Hornzapfen und Hornscheide zeigt sich bei dem rotbunten Holländer eine selten schöne Übereinstimmung mit dem für Brachyceros typischen Albanesenrind. Nicht nur daß die Länge des Hornzapfens bei beiden nur um 6⁰/₀ der Basilarlänge auseinan Nicht — bei Hornzapfen eine kleine Differenz — und der Hornzapfen eine nur um 0·1⁰/₀ differiert, ist auch der Unterschied in der Hornscheide eventuell 13·3⁰/₀ und im Hornscheidenquerschnitt mit 1·3⁰/₀ ein geltenden allen Bra trachtung der Tabelle Seite 62 zeigt im Vergleiche zum Primigenius — und Differenzen in der Hornzapfen- und Scheidenlänge von 39·7 Holländerschäd in den bezüglichen Umfängen von 14·4 und 13·5. Die Anlehnung der das bunten Holländer an den Brachycerostypus erfährt durch diese Betrachtung über das Hornbild also eine weitere Stütze.

e) P r ü f u n g a u f B r a c h y c e p h a l i e. Seitdem A d a m e t z in seiner Studie über die brachycephalen Alpenrinder den überzeugenden Nachweis erbrachte, daß Brachycephalie an sich keine Eigentümlichkeit einer bestimmten Stammform des Rindes, sondern sowohl bei primigenen wie bei brachyceren Rindern auftreten kann, gilt es hinfort bei Rassestudien wie der vorliegenden kurz auch die Frage der Brachycephalie zu erörtern, in unserem Falle also zu prüfen, ob bei den brachyceren rotbunten Holländern eventuell Brachycephalusmerkmale auftreten.

Echte Brachycephalie im Sinne R ü t i m e y e r s ist gegeben, wenn dadurch, daß die Stirnweite gleich oder größer als die Stirnlänge ist, der Eindruck der Kurzköpfigkeit hervorgerufen wird. Von allen 17 Holländerschädeln zeigen neun (=53⁰/₀) diese zoologische Art der Brachycephalie, was genau dem gleichen Prozentsatz entspricht, wie ihn A d a m e t z bei dem als Typus für brachycephale Brachycerosrinder geltenden Tux-Zillertalern fand. Negativ fällt die Prüfung aus, wenn die Schädel der rotbunten Holländer auf das Vorhandensein von Brachycephalie im Sinne W i l c k e n s untersucht werden, der einen Schädel dann brachycephal nannte, wenn seine Stirnlänge die Gesichtslänge — die Grenze beider ist die vordere Augenrandtangente — übertrifft, oder letzterer wenigstens gleich ist. Diese hochgradige Kurzköpfigkeit kommt aber bei den rotbunten Holländern in keinem einzigen Fall vor.

Was ferner die für die eigentlichen kurzköpfigen Rassen charakteristische Breite des Stirn- und Gesichtsschädels anbelangt, so bleiben die rotbunten Holländer in den oberen Stirnmaßen wohl hinter den als typisch für Kurzgesichtigkeit geltenden Tux-Zillertalern zurück, in der größten Stirnbreite gleichen sie ihnen aufs Haar und stehen in der Wangenweite sogar über ihnen. Wir haben also das Bild eines zwischen den Hörnern und in der Stirnenge, also in der oberen Stirngegend schmalen, in der unteren Frontal- und der Gesichtspartie auffallend breiten Schädels, der gerade darum, wie schon erwähnt, vielfach den Eindruck der Kurzgesichtigkeit hervorruft.

Zu einer Aufstülpung der Nasenbeine, also eigenticher Mopsbindung, kommt es noch nicht, aber die außerordentlich tiefe Einsenkung der unteren Stirndelle, die mit ihrem nasalen Ende schon hart bis an die Nasenbeine heranreicht, ruft bei seitlicher Betrachtung bei einigen Schädeln wohl das Bild der beginnenden Mopsköpfigkeit hervor. Auch der Verlauf der äußeren Nasenbeinränder, der bei den brachycephalen Rindern bekanntlich ein auffallend konkaver ist, zeigt bei mehreren Schädeln der rotbunten Holländer den Anfang deutlicher Einbuchtung. Die im Vergleiche mit typisch brachycephalen Rassen aber wiederum namhafte Länge der Nasenbeine (40·6%/0 gegen 38·3%/0 und 37·9%/0 bei den Tux-Zillertalern und Eringern) läßt den Eindruck der Mopsköpfigkeit wieder weniger deutlich werden.

In kurzen Worten läßt sich das Ergebnis der Prüfung der rotbunten Holländer auf Brachycephalie also dahin zusammenfassen, daß diese Rasse in mehreren wesentlichen Argumenten wohl schon am Rande der Brachycephalie steht, daß aber von abwegigen Bildungserscheinungen wenigstens bei den mir jetzt zur Verfügung stehenden Schädelmaterial nicht gesprochen werden kann.

C. Die primigenen⸗Holländer

Wenn mit vorstehenden Ausführungen die punktweise Untersuchung des bisher zahlreichsten Schädelmateriales eines einzelnen holländischen Rinderschlages abgeschlossen ist, mithin den zu Beginn der Materialbesprechung aufgestellten Forderungen Rechnung getragen wurde, so ist die einwandfreie Feststellung des reinen Brachyceroscharakters der rotbunten Holländer insoferne einigermaßen überraschend, als bisher fast alle Autoren die rezenten Holländer für primigen oder primigen mit brachycerem Einschlag hielten. Nachdem für die rotbunten Holländer diese generalisierende Rassezuteilung wie eben nachgewiesen, keine Geltung haben kann, müssen sie, die Richtigkeit der Feststellung des Primigeniuscharakters der von jenen untersuchten Holländer einstweilen zugegeben, als eine brachycere Gruppe von den übrigen angenommen primigenen Rindern Hollands abgeschieden werden. Diese Feststellung vorausgeschickt, gilt es nun auch den Primigeniuscharakter der holländischen Rinder nachzuprüfen.

R ü t i m e y e r untersuchte Kuhschädel aus Friesland und Holland — gemeint sind wohl die betreffenden niederländischen Provinzen — und stützt sich auf sie und die aus Bujading in Oldenburg ihm zugesandten — zusammen sind es 10 Stück — als er daran geht, den an Pfahlbauschädeln erstmalig festgestellten Primigeniustypus näher zu begründen. In der „Fauna der Pfahlbauten" (1860), S. 201 und 212, gibt er eine mit Zahlen belegte genaue Beschreibung seines Materiales, die jeden Zweifel darüber schwinden läßt, daß es sich tatsächlich um Schädel vom Primigeniustypus handelte: gestreckte Gestalt im Gehirn- und Gesichtsteil, auffallend geradlinige Umrisse des Schädels, Hörner von Ansatz, Form und Richtung wie beim Urochsen, auffallend kurze Backenzahnreihe und besonders die Stirnfläche fast vollkommen eben, indem weder die Occipitalkante noch die Augenhöhlenränder sich darüber erheben; die Supraorbitalfurchen bilden tiefe eingeschnittene Rinnen, parallel zur Medianlinie. In den „weiteren Beiträgen" sind die friesischen und Holländerschädel (1878) neuerdings Objekte vergleichender Studien und die dort in Tab. S. 508 angeführten Ausmessungen zeigen eine schöne Übereinstimmung der niederländischen Schädel mit dem spanischen Primigenius. Von allen 11 vergleichbaren Maßen (4) darunter die wichtigsten der Breiten- und Höhendimensionen, differieren nur 4 um mehr als 1%, alle übrigen stimmen bis auf den Bruchteil eines Prozentes, praktisch also ganz überein. Die Resultate R ü t i m e y e r s von der Existenz primigener Rinder bestätigt auch H e l m i c h durch den Vergleich rezenter Holländer mit typischen Primigeniusschädeln (18).

Abb. 5. Seitenansicht des Schädels der silbergrauen Holländerkuh A
Auffallend schmale Schläfengrube, ebene Stirn, Fehlen der Knochenlücke, lange
Zwischenkieferfortsätze

Aus den neunziger Jahren des vorigen Jahrhunderts stammt der Schädel E 106, Nr. A, Tab. 1, Abb. 6, einer silbergrauen Holländerkuh, der in der Sammlung des Institutes für Tierzucht der Hochschule für Bodenkultur in Wien aufbewahrt wird und schon auf den ersten Blick typischen Primigeniuscharakter zeigt. Die obere Stirnpartie ist auffallend breit, der wohl angedeutete Stirnwulst ist beulenförmig abgeflacht und zeigt durch das Übergreifen des Zwischenscheitelbeines auf die Stirnfläche bei typisch primigener Gestaltung dieses Teiles in schönster Ausprägung jene Form, welche als charakteristisch für Primigenius Hahni Hilzheimer gilt. Die Stirnfläche ist nahezu ganz eben, die durch die Supraorbitalfurchen von den Orbitalbögen geschiedene Stirnpartie ist höher gelegen als die Augenhöhlenbögen selbst, die Zwischenscheitelbeine begleiten die Nasenbeine auf 16 *mm* Länge, die Schläfengrube ist auffallend schmal und tief — Schläfengrubenindex nur 81·4 — wie auch ein Vergleich der beiden Abbildungen 4 und 5 in geradezu instruktiver Weise vor Augen führt. Dabei sind die Hornzapfen von drehrundem Querschnitt, mächtig entwickelt und entspringen nicht ohne eine deutliche Stielung und am Ursprung von zahlreichen kräftigen Knochenwarzen umgeben aus der Stirne; auch der Verlauf der 35·7 *cm* weit ausladenden Hörner ist ein typisch primigener: Zuerst nach außen gerichtet und unter die durch die Stirnfläche gelegte Ebene sich senkend, streben sie mit der äußeren Hälfte nach vorwärts und aufwärts, so daß die Projektion der Verbindungslinie beider Hornspitzen auf die als horizontal gedachte Stirnfläche etwa in die Stirnenge fällt: kurz gesagt, ein Gehörn, das ebensogut den Kopf einer zentralspanischen Kuh schmücken könnte. Wenn aber noch ein Zweifel an dem Primigeniuscharakter dieses Schädels bestünde, so wäre eine auch nur flüchtige Betrachtung der Abbildung 7, wo vergleichsweise der Schädel A dem typisch brachyceren Schädel 3 gegenübergestellt ist, geeignet, diesen Zweifel zu zerstreuen. Der breite niedrige Bau des untenliegenden Schädels A allein wäre Beweis genug für seine Zugehörigkeit zum Primigeniustypus. Nach dieser durch den Hinweis auf die 3 Abbildungen bekräftigten Skizze des Schädelgepräges erscheint es überflüssig, noch näher auf die Zahlen der Ausmessungen

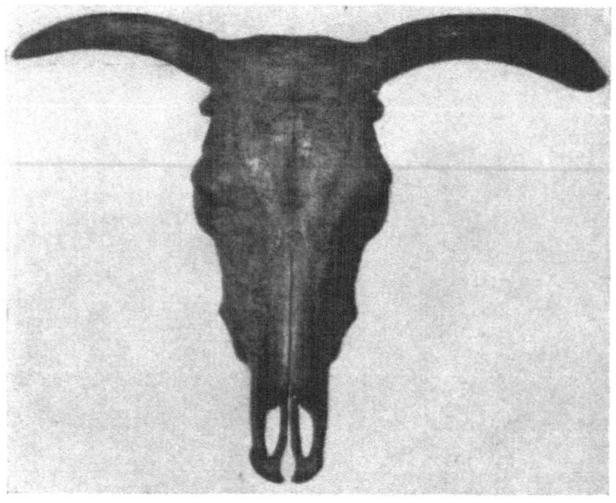

Abb. 6. Schädel der silbergrauen Holländerkuh A
Ebene Stirne, Übergreifen des Parietalzipfels auf die Stirnebene (Primigenius Harni Hilzh.) Hornstielung

einzugehen, die in Tab. 1, 2 und 3 angesetzt sind und dem Gesagten weitere Stütze verleihen.

Ein ganz ähnliches, wenn auch nicht so typisch primigenes Gepräge zeigt ein zweiter Schädel E 106/2 der Sammlung des Institutes für Tierzucht, der von einer schwarzbunten Holländerkuh herrührt: die Stirne eben, die Orbitalbögen nicht vorgewölbt, die zwischen den Orbitalbögen liegende Stirne höher als der höchste Punkt der Augenbögen, die Supraorbitalia nicht scharfkantig, sondern flach verlaufend, die Intermaxilla läuft 32 *mm* lang der Nasalia parallel, die Schläfengruben schmal und tief, — die Breite in Prozenten der Tiefe 77 — das Hinterhauptdreieck reicht nach Art des Primigenius Hahni auf die Stirnfläche, mit einem Worte: das ganze Schädelgepräge ist primigen[1]).

---

1) Nach Abschluß vorliegender Untersuchungen hatte ich durch freundliche Vermittlung von Herrn Prof. K. Keller-Wien Gelegenheit, einen in den Sammlungen der tierärztlichen Hochschule in Wien befindlichen Schädel einer schwarzbunten Holländerkuh aus den 80er Jahren des vorigen Jahrhunderts zu untersuchen, der gleichfalls typisch primigen ist.

Wenn ich weiter hinzufüge, daß von den aus Holland stammenden Schädeln, welche ich im September 1920 an der Hochschule in Wageningen untersuchen konnte, etwa die Hälfte bis zwei Drittel überwiegend primigenen Charakter zeigten, so ist das tatsächliche Vorkommen primigener Rinder in Holland wohl über jeden Zweifel erhaben. Ich brauche mich dann auch nicht mehr auf das Urteil C. Kellers zu berufen, der (auf Seite 139, Abstammung der ältesten Haustiere) das holländische Marschvieh für primigen hält, auf Hilzheimer (19), der unter den Niederungsrindern Vieh mit typisch primigenem Schädelbau findet, „wie es Rütimeyer abbildete", auf van Giffen (16), der die primigenen Merkmale des Viehes der Marschen erkannte und auf einen scharfen Beobachter wie Antonius, der in monatelangem Aufenthalte

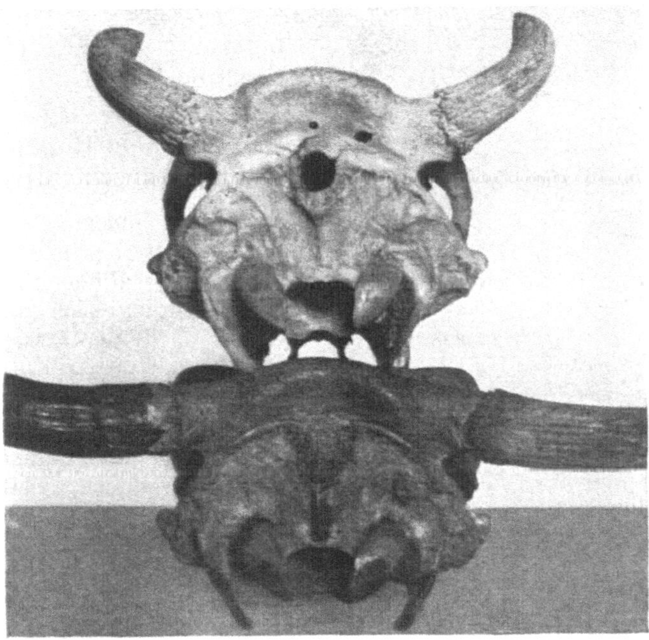

Abb. 7. Hinterhauptansicht. Oben brachycerer Schädel von Kuh Nr. 3, schmal und hoch, unten primigener Schädel von Kuh A, breit und niedrig

in jenem Lande ein Überwiegen des primigenen Charakters feststellen konnte (Stammesgeschichte, Seite 177). Da die rotbunten Tiere des Ostens als Primigeniusform nicht in Betracht kommen, können nur die übrigen holländischen Rassen jenes Bild hervorgerufen haben, was ja sehr gut mit der Feststellung Rütimeyers und meinen Untersuchungen übereinstimmt. Darnach ist das Bild der rasselichen Verteilung der Rinder in Holland also das, daß den Osten und Südosten die brachyceren Rotbunten, den Rest des Landes die mehr oder weniger primigenen Rassen ausfüllen, die heute äußerlich in den schwarzbunten eigentlichen Schlag der Marschen und den weißköpfigen Groninger Schlag geschieden werden, noch in der zweiten Hälfte des vorigen Jahrhunderts aber äußerlich ein unkonsolidiertes Bild von „Bunt", und zwar schwarz, schwarzweiß und grauweiß zeigten. Die Aufspaltung rein grauer oder graubunter Individuen sowohl aus schwarzbunten als auch Groninger Zuchten ist Beweis genug für die kryptomere Existenz des grauen Charakters auch in der Erbmasse jener Schläge (30), die infolge von Zuchtwahl (Betonung großer Körperformen) heute das Bild der Rinderbevölkerung weiter Gebiete Hollands beherrschen.

Daß es sich nicht um den mitteleuropäischen Primigeniustypus handelt, sondern die in ganz bestimmter Weise durch die Hornstielung und das Überschlagen des Parietalzipfels auf die Stirnfläche von ihm abweichende afrikanisch-südwesteuropäische Varietät desselben, geht wohl schon aus der vorausgegangenen Analyse der beiden typischen Schädel genügend klar hervor, soll aber im folgenden noch eingehend geprüft werden. An dieser Stelle sei mir nur der Hinweis darauf gestattet, daß vor jetzt 27 Jahren A d a m e t z (2) S. 308 seiner Brachycerosarbeit als erster und bisher einziger Autor eine Varietät des Primigenius als Stammvater des Niederungsviehs, also auch der Holländer anspricht, wenn er sagt, daß „die Niederungsrasse aus Abkömmlingen des Bos primigenius Boj. o d e r i r g e n d e i n e r V a r i e - t ä t d e s s e l b e n und brachycerem Vieh" entstanden sei.

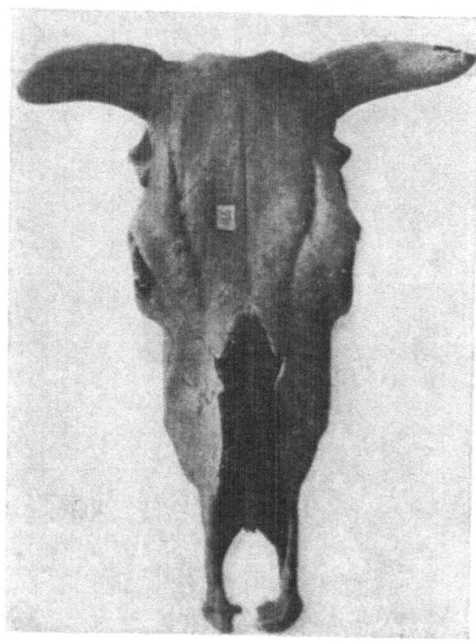

Abb. 8. Brachycerer Schädel einer Kuh aus den Terpen
Aus Bakker (7)

D. Die Rinder Hollands in früh- und vorgeschichtlicher Zeit

Nach jenem Nachweise der Koexistenz rein primigener und rein brachycerer Rinder im heutigen Holland drängt sich von selbst die Frage nach der rasselichen Beschaffenheit der früh- und vorgeschichtlichen Vorfahren jener Rinder auf, soweit sie sich aus den Ausgrabungen und Funden beurteilen läßt. Obzwar die reichen Schätze an Rinderfunden in den holländischen Museen noch einer zusammenfassenden Darstellung harren, erscheint nach den Untersuchungen B a k k e r s , K n o o p s , L a u r e r s , van G i f f e n s der Blick so klar, daß eine Verwertung der bisher nicht studierten Funde das Bild wohl präziser machen, in seinem Wesen aber nicht ändern könnte. Die Vermutung, daß der Brachyceroscharakter der Rotbunten durch Shorthon-Jersey-Importe bewirkt worden sei, erwies sich als vollkommen hinfällig. Solche Importe fanden, wie mir die Herren Prof. B a k k e r und Tierzuchtinspektor T u k k e r in dankenswerter Weise mitteilten, im Laufe des letzten Jahrhunderts wohl mehrfach statt, doch wurden immer nur einige Stücke eingeführt, so daß an einen nachhaltigen und heute noch erkennbaren rasselichen Einfluß nicht zu denken ist. Aus den vorausgegangenen Jahrhunderten der Neuzeit und dem Mittelalter mangelt es noch an Schädelstudien holländischer Rinder und die Untersuchung der Rinderdarstellungen auf den Gemälden des 15. bis 18. Jahrhunderts auf ihren Rassecharakter ist für die Unterscheidung der Rassezugehörigkeit nur von beschränktem Werte. Immerhin

sei erwähnt, daß z. B. Laurer aus jenen Bildern das Vorhandensein zweier
Rindertypen folgert, und zwar eines dem heutigen „Niederungstypus", der
mit dem Bilde meines Brachyceros übereinstimmt, ähnlichen und eines, der
dem Typus des mitteldeutschen Rotviehes gleicht (also primigen ist). Die
Importe jütländischer und anderer Rinder aus dem Nordseegebiete nach
Holland, die Bakker aus den letzten vier Jahrhunderten erwähnt, haben
rasselich am Bestehenden nichts geändert, denn es wurde durch sie nur
Gleiches zu Gleichem gefügt. Auch die Färbung der holländischen Rinder ist durch
diese Importe angeblich schwarzgefärbter Rinder nicht beeinflußt worden,
denn aus dem autochthonen einfärbig roten Vieh entwickelte sich wohl das Rotbunte und das durch zahlreiche Farbenübergänge mit ihm verbundene verwandte
Schwarzbunte, während der Primigeniustypus ursprünglich vielleicht fahlgrau,
blaugrau oder silbergrau gefärbt war.

Aus den Terpen oder Wurten, den bis in die Römerzeit zurückreichenden
holländischen Wohnhügeln, sind zahlreiche Rinderschädelfunde studiert worden
und es ist das Verdienst Bakkers, der u. W. als Erster auf den Brachyceroscharakter dieser Schädel hinwies. Die seiner Arbeit beigegebenen Schädel-
abbildungen 4 und 5 erweisen zur Genüge die Richtigkeit der Feststellung;
namentlich der erstgenannte, vielleicht sogar von einem Wildrinde stammende
Schädel, welcher sich im Museum in Leeuwarden befindet, gleicht dem des
modernen rotbunten Viehs vollkommen (vgl. Abb. 1 und 8); und auf den
ersten Blick bestätigt das Gepräge des Stirn- und Gesichtsbildes (Wulst, Delle,
Orbitalbögen, Knochenlücke, Intermaxilla) seinen brachyceren Typus, Auch
van Giffen weist auf den Brachyceroscharakter der Wurtenschädel hin
(16, Seite 62), doch kann ich ihm keinesfalls beipflichten, wenn er im
Brachyceros nur eine Kümmerform, also doch wohl eine vorübergehende
Anpassungserscheinung des Primigenius sieht. Laurer (24) findet im Vergleiche
der Maße des genannten, besonders typischen Terpenschädels Nr. 4 eine
schöne Übereinstimmung mit den rezenten — wie eine Nebeneinanderstellung
der Maße beweist, mit meinen rotbunten, Brachycerosschädeln nahezu
identischen — Niederungsschädeln, die den Brachyceroscharakter des Terp-
rindes auch zahlenmäßig nachweist.

	Terprind	Mittel aus 24 Niederungs-schädeln	Mittel aus 17 Schädeln des rotbunten Holländerrindes
	Laurer (24)		Verfasser
Vordere Schädellänge	100	100	100
Stirnlänge.................	47	45	45·3
Zwischenhornlinie...........	29	33	31·8
Stirnenge	32	32	32·2
Stirnweite.................	41	43	43·7

Die angeführten Hinweise, namentlich aber die Beibringung der Bakker-
schen Abbildung (Abb. 8) mögen genügen, um die Existenz eines brachyceren
Rindes in den Terpen zu beweisen.

Daneben kommen in den Terpen aber auch typisch primigene Rinder
vor. Dies lehrte mich die Besichtigung sowohl der zahlreichen Terpenschädel

der Sammlung Professor Broekemas in Wageningen (1920) als auch des im Friesischen Museum in Leeuwarden befindlichen Materiales im Jahre 1923. Schönes Primigeniusgepräge zeigt auch der von Professor Bakker in seiner Arbeit (7) abgebildete Schädel Nr. 1 (vgl. Abb. 9). Die ebene breite Stirne, das Fehlen eines Stirnwulstes, die nur wenig nach rückwärts ausgebuchtete Zwischenhornlinie sprechen deutlich genug für diese Feststellung. Daß es sich nicht, wie Bakker meint, um einen Stierschädel handelt, geht am besten aus einem Vergleiche mit dem auf Abb. 10 dargestellten Schädel des Stieres Piet der rotbunten Holländerrasse hervor, dessen mehr gedrungene und auffallend breite Gestalt im Vereine mit den kräftigeren Knochenprotuberanzen am Stirnwulst, an den Orbitalbögen, an der Wange, augenfällig den männlichen Geschlechtscharakter zum Ausdrucke bringen, Merkmale, die dem Schädel Nr. 1 völlig fehlen (Abb. 9). Auch von der Malsburg (25) konstatiert mehrfach primigene Schädel in den Terpen und van Giffen unterscheidet genau zwischen ausgesprochen primigenen und brachyceren Wurtenrelikten (16).

Die Verhältnisse während der Wurtenzeit, deren Anfang mit dem Beginne des Römereinflusses angesetzt werden kann, erbringen also den Beweis, daß das heute bestehende Nebeneinander von Primigenius und Brachyceros auch damals schon festzustellen war. Daß dieser Nachweis zugleich für den rasselichen Wert des Brachycerostypus zeugt, seine Konstanz außer Frage stellt und seine Auffassung als Kümmerform bei Haltungsbedingungen, die denen der Primigeniusrinder oft vollkommen gleichen, ganz unmöglich macht, ist eine Blüte am Wege, die ich für die Freunde der Allmacht des Umwelteinflusses nicht unbeachtet lassen möchte.

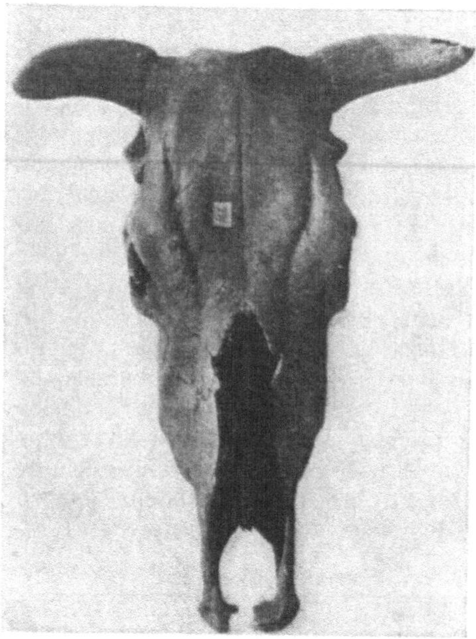

Abb. 9. Primigener Kuhschädel aus den Terpen
Die ebene Stirne, die langen Zwischenkieferfortsätze zeugen für Primigenius
Aus Backer (7)

Aus der Römerzeit ist bei Tacitus [Annalen, IV, 72, zitiert nach Hilzheimer (20)] eine Nachricht über das Vorhandensein riesiger Rinder in den Niederlanden erhalten, die wohl nur auf die bekanntlich zu gewaltiger Körperentwicklung neigenden Primigeniusformen Anwendung finden kann. Die Römer verlangten von den im heutigen Holland sitzenden Ubiern „Rindshäute von der Größe des wilden Urs" als Tribut und bestanden so auf der Durchführung ihrer Forderung, daß sie dadurch den Untergang der blühenden Rindviehzucht der Niederlande veranlaßten.

Aus den der Terpenzeit vorausgegangenen metallzeitlichen Stufen, der Hallstatt- und Bronzezeit sowie schließlich aus dem Neolithikum, liegen zwar, soviel ich sehe, aus Holland keine Untersuchungen vor und man ist auf die aus den benachbarten Teilen Deutschlands studierten Rinderschädel angewiesen; da aber, wie weiter unten gezeigt werden soll, die Besiedlung des Raumes von der Ostsee bis an die Nordseeküsten, von der Steinzeit angefangen, eine völkisch einheitliche war, können die aus den Untersuchungen norddeutscher Fundstellen abgeleiteten Schlüsse bis zu einem gewissen Grade auch auf das äneolithische und neolithische Holland Anwendung finden.

Jenes merkwürdige und höchst auffällige Nebeneinander-Vorkommen primigener und brachycerer Hausrinder läßt sich auch noch in den bronzezeitlichen Funden Oldenburgs, also in der Holland benachbarten Küstenzone Deutschlands konstatieren. Dies geht neben anderen Untersuchungen aus der schönen Arbeit von G r e v e (17) hervor, der in den Torfmooren neben brachyceren Rinderresten auch dem heutigen Primigeniustypus Oldenburgs gleichende Schädel findet, an welch ersterem er auch die Stielung der Hornzapfen, also einen Primigenius-Hahni-Charakter feststellt (Schädel aus dem Moore von Zwischenahn und Petersvehn). Auch bei einem in 4 *m* Tiefe in Bremen gefundenen Schädel sind Formen und Maßverhältnisse denen des primigenen Oldenburger Viehs gleich. Während dieser Rassenparallelismus auch im Vollneolithikum noch anhält, gewinnt man, je weiter die Fundstatistik zurückverfolgt wird, den Eindruck weniger häufigen Auftretens primigener Relikte. Zwar konstatiert S c h o e t e n s a c k (29) noch im frühen Neolithikum des Rheingebietes primigene Funde, doch bedürfen die von ihm gemachten Feststellungen, wie H i l z h e i m e r (19) mit Recht hervorhebt, wegen der einseitigen Betonung der Zahlen noch der Nachprüfung.

Aus weiter zurückliegender Zeit wurden, soviel ich sehe, aus dem näheren

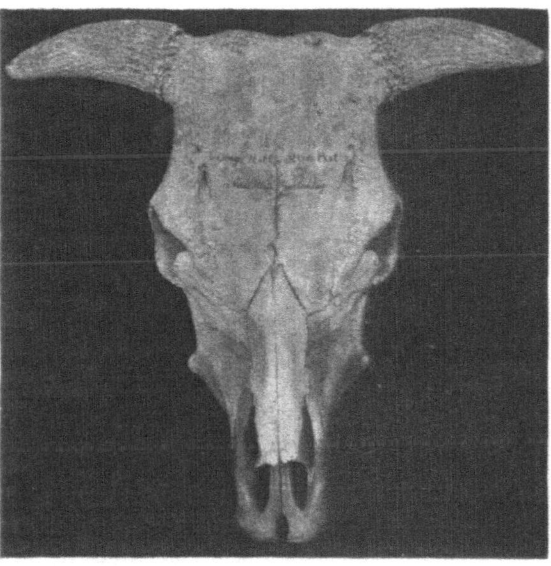

Abb. 10. Schädel des Stieres Piet, Maas-RheinIjsselschlag
Der Brachyceroscharakter ist durch die ausgeprägten Geschlechtsmerkmale verwischt

und weiterer Bereich der Niederlande nur brachycere Rinder gefunden, was freilich noch nicht das Vorkommen auch primigener vollkommen ausschließt, es aber immerhin unwahrscheinlich macht. In besonders schöner Ausprägung zeigen den Brachyceroscharakter die dem Äneolithikum eventuell auch noch der Bronzezeit angehörigen Pfahlbaufunde aus den Marschen bei Glückstadt in Holstein und bei Wismar in Mecklenburg, die schon von R ü t i m e y e r dieser Rasse zugewiesen wurden und die nach A d a m e t z (2) im Bau des Hinterhauptes und im Stirngepräge so sehr dem Bild des Brachyceros entsprechen, daß sie nur individuelle Schwankungen von dem als Typus geltenden brachyceren Wildrindschädel von K r z e z o w i c e trennen. Brachycer sind auch die von F i e d l e r (12) in den Braunschweigschen Torfmooren von Albersdorf, von L a B a u m e (23) (besonders Schädel Nr. 6 seiner Arbeit) und L a u r e r aus der Bronzezeit in Ostpreußen (24), die von A r e n a n d e r (6) in schwedischen Torfmooren untersuchte Rinderreste, brachycer auch englische, irische Funde aus neolithischen und bronzezeitlichen Epochen. Aus dem Vollneolithikum Oldenburgs ist aus Börssum ein vollständiges Rinderskelett erhalten, das von K n o o p (22) studiert und nach Figuration und Maßverhältnissen dem Brachycerostypus zugeteilt wurde. Der Schädel wurde auch an Prof. S t e h l i n in Basel gesandt, der an der Hand des R ü t i m e y e r schen Vergleichsmateriales die gleiche Diagnose stellt. Er zeigt eine schmale, unebene Stirn, breites Gesicht und einen Stirnwulst von charakteristischen Formen, die Erhebung der Orbitalbögen über die Delle ist 9·5 *mm*, die Zwischenkiefer erreichen die Nasenbeine nicht, zwischen den Schläfengruben zeigt die Stirn eine auffällige Auftreibung, wohl die den primitiven Brachycerosrindern eigentümliche Stirnbeule, die aber in der Mediane wieder eingesattelt ist, in dieser Eigentümlichkeit also direkt an gewisse Schädel der modernen brachyceren rotbunten Holländer

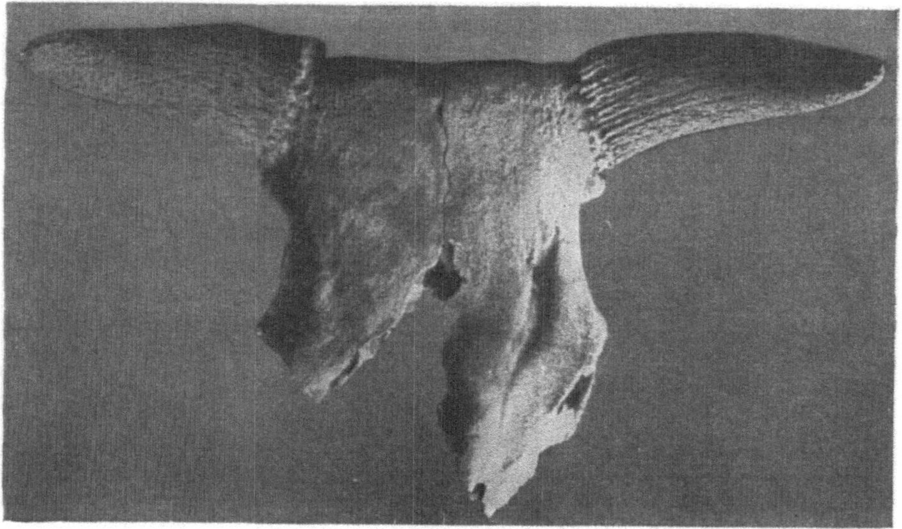

Abb. 11. Primigenes Hausrind aus den Terpen, bestimmt von Broekema (Cultura, 1910)
Aus v. d. Malsburg (25)

gemahnt. Einen weiteren analogen Fund beschreibt K n o o p aus Groß Vahlberg (Oldenburg).

Aus der der dänischen Kjökkenmöddinger Zeit folgenden Epoche der jüngeren Steinzeit Oldenburgs wurde in Eckwardersiel neben wenig bearbeitetem Holz, bearbeiteten Steinen und neben Urnenscherben in einem Abfallshaufen ein gut erhaltener Kuhschädel gefunden und von G r e v e (17) genau beschrieben. Nach den dort gegebenen Maßen und den Angaben über das Schädelgepräge: starker Occipitalkamm, kräftige Augenbögen, untere Stirndelle 0·9 *cm* unter dem höchsten Punkte der Orbitalbögen gelegen, breite Schläfengruben — kann kein Zweifel bestehen, daß man es mit einem Brachycerosschädel zu tun hat. Von der gleichen Rasse ist auch ein aus den Oldenburger Kreisgräbern bei Fedderwardersiel, ebenfalls von G r e v e studierter Kuhschädel mit gut erhaltenem Hinterhaupt und Stirnteil. Stirnwulst, hohes schmales Hinterhaupt im Verein mit den Ausmessungen bestätigen den Brachyceroscharakter, den auch R ü t i m e y e r, dem das Stück zur Bestimmung zugeschickt worden war, feststellt. Kurz über das ganze von Nord- und Ostsee bespülte Gebiet bis ins Binnenland zieht sich in jener Zeit eine Kette von Funden brachycerer Rinder, wohl die unmittelbaren Vorfahren der bronze- und terpenzeitlichen und endlich auch der heutigen Brachycerosrinder, während auch nur Einzelfunde von Primigeniusrindern aus jenen Schichten noch nicht bekannt geworden sind.

E. Die Koexistenz brachycerer und primigener Rinder in Holland im Lichte der archäologischen und anthropologischen Forschung

Überblicken wir im Zusammenhange die vorausgegangenen kraniologischen Untersuchungen, so ergibt sich als wichtigstes Ergebnis die Tatsache, daß im heutigen Holland sowohl typisch brachycere als auch ebenso typische Primigeniusrinder vorkommen. Diese Koexistenz der beiden gut unterscheidbaren Rinderrassen läßt sich an der Hand datierbarer Funde bis in den Beginn der Terpenzeit zurück verfolgen und scheint noch bis ins Neolithikum hinauf bestanden zu haben. In den älteren Perioden dieses Abschnittes verlieren sich dann die Spuren der Primigeniusrinder, so daß wir die Zähmung des primigenen Wildrindes oder die Einfuhr primigener Hausrinder in jene Zeit verlegen müssen.

Sollen diese Feststellungen Anspruch auf Gültigkeit haben, so müssen sie eine Prüfung in zweifacher Hinsicht bestehen. Einmal muß sich der Zusammenhang der brachyceren und primigenen Holländer mit Primigenius- und Brachycerosrassen außerhalb Hollands nachweisen und zum zweiten müssen sich die Ergebnisse der Urgeschichtsforschung und der Anthropologie mit meiner Ansicht vereinigen lassen.

Der Zusammenhang der holländischen Brachycerosrinder mit den östlich anschließenden Rassen der Nord- und Ostseeküste ist schon aus dem vorhergehenden genügend bekräftigt worden. Der Reichtum an Funden brachycerer Rinder sowohl in Holland als in den norddeutschen Nachbargebieten, auf den britischen Inseln und in Skandinavien, ebenso wie die Existenz brachycerer Rinder in den genannten Gebieten bis zum heutigen Tage (Angler, Telemarkvieh, Shorthorns) beweist, daß das holländische Brachycerosvieh nur ein Glied in der gewaltigen Kette von Kurzhornrindern darstellt, welche sich vom äußersten Strande der Ostsee bis an die Nordseeküsten und — wenn wir die britischen Inseln mitzählen — vom Atlantischen Ozean bis tief in den mitteleuropäischen Kontinent hinzieht.

Schwieriger wäre es noch bis vor kurzem gewesen, dem Zusammenhang der primigenen Rinder Hollands mit benachbarten Primigeniusrassen nachzugehen, wäre nicht gerade diese Frage durch die Arbeiten Adametz' und einer Reihe seiner Schüler aufgehellt worden. Die primigenen Rinder Hollands weisen, wie ich an den beiden Schädeln A und B zeigen konnte, eine Eigentümlichkeit im Schädelbau auf, welche sie von den Primigeniusrindern Zentraleuropas scharf scheidet: Das beim Steppenprimigeniusrind nicht zu beobachtende Überschlagen des Parietalzipfels in der Mediane der Zwischenhornpartie auf die Stirnebene; dieses zuerst von Duerst an den ägyptischen Apisschädeln festgestellte und von Hilzheimer auch an der nordafrikanischen Varietät des Bos primigenius vorgefundene Merkmal zeigt nun eine ganze Reihe westeuropäischer Rinder, so die von Ulmansky studierten Andalusier, ferner besitzen es, wie ich selbst feststellen konnte, die nordspanische Raza Marinera und das Baskenrind, dann auch, wie Adametz nachweist, die alten Rinderrassen Südenglands, die Devons und schwarzen Walliser, endlich die alte Longhornrasse und das den äußersten Norden der

Insel bewohnende schottische Hochlandsvieh. In einer unlängst erschienenen Arbeit erbringt A d a m e t z den Beweis, daß auch das Rind der in Zentralfrankreich gelegenen Auvergne in ausgezeichneter typischer Ausprägung jene Eigentümlichkeit des Überschlagens des Hinterhauptdreieckes erkennen läßt, demnach auch zu der Gruppe der auf den afrikanischen Zähmungsherd zurückzuführenden, wohl von iberischen Elementen nordwärts geführten Primigeniusrindern zählt. In diese von Spanien über Frankreich nach England reichende Kette von Rindern mit afrikanisch-südwesteuropäischem Primigeniuscharakter ist also durch den erbrachten Nachweis der Existenz eines Vertreters desselben Typus in Holland ein neues Glied gefügt.

Wenn dermaßen der Zusammenhang der niederländischen Primigeniusrinder mit dem aus Süd- nach Nordwesteuropa ziehenden Primigenius-Hahni-Strom, sowie der der Brachycerosrinder mit den vom Osten heranreichenden Kurzhornrassen feststeht, so bildet Holland füglich ein G r e n z l a n d beider Typen, wobei ein teilweises Übergreifen der einen wie der anderen Form die Richtigkeit dieser Annahme noch nicht in Frage stellen könnte. Da wir annehmen müssen, daß die beiden so gut unterscheidbaren Rinderrassen auch auf verschiedene Züchtervölker zurückgehen, müßte sich, wenn obiger Schluß richtig ist, in Holland auch eine das ganze Land oder Teile desselben umfassende zweifache Besiedlung feststellen lassen: eine Besiedlung, ausstrahlend aus Gebieten mit vorwiegendem Brachyceroscharakter der Rinder und eine zweite, deren Herkunft aus Ländern mit Primigenius-Hahni-Rindern nachweisbar wäre.

Die ausgezeichnete archäologische Durchforschung des holländischen Neolithikums liefert nun in der Tat eine treffende Bestätigung für die Richtigkeit dieser Annahme. Schon H o l w e r d a (21), hatte für das Neolithikum in gewissen Teilen Hollands eine mittelländische Bevölkerung wahrscheinlich gemacht, die demnach sehr gut die Primigeniusrinder mitgebracht haben könnte. Å b e r g gelang es dann in seiner „Steinzeit der Niederlande" durch die vergleichende Deutung der Geräte und Gefäßtypen den direkten Beweis zu erbringen, daß zu Beginn der Steinzeit, etwa in der Kjökkenmöddinger Periode, die nordische Kultur wohl über die ganzen Niederlande verbreitet und besonders im Norden und Nordosten des Landes kräftig entwickelt war; daß der nordische Einfluß aber später, als sich der mitteleuropäische Kontinent und nordwärts Skandinavien für ihn öffnete, allmählich schwächer wurde und in der Bronzezeit fast ganz nachließ. Nur Osten und Norden des Landes unterhielten auch zu dieser Zeit noch nordische Verbindungen, die hier wohl nie ganz erlahmten. Dagegen begann schon von den ersten neolithischen Stufen an in den Ländern längs der Nordsee eine andere Kultur stärker zu werden und immer weiter gegen Norden auszustrahlen: die direkt oder auf dem Wege der Kulturvermittlung in Afrika fußende w e s t e u r o p ä i s c h e.

Es ist nicht ausgeschlossen, daß im frühen Neolithikum in der der nordischen Kjökkenmöddinger Periode gleichzeitigen Campignienzeit die Träger dieser Kultur aus dem nördlichen Frankreich direkt nach den Niederlanden wanderten. Jedenfalls aber standen sie mit den Nordleuten direkt in Verbindung, vielleicht auch, daß die letzteren von ihnen kulturell befruchtet und gefördert wurden, den Ackerbau und die Kunst des Zähmens wilder Tiere übernahmen. In einer späteren Steinzeitstufe aber zeigen die beiden Kulturen eine größere Unabhängigkeit voneinander, ja es entwickelt sich immer mehr eine „scharf ausgeprägte Grenze" (Å b e r g, S. 6), die die Niederlande von der Zuidersee über Overijssel in zwei Teile spaltete und den Mediterranleuten den Weg nach Norden sperrte. Diese Grenzlinie, die sich bis über Münster nach Norddeutschland verfolgen läßt, war lange Zeit auch Völkerscheide. Bis zu ihr reichten die für die westeuropäische Kultur als charakteristisch geltenden dünnackigen Feuersteinäxte, in einer späteren Epoche, etwa dem Äneolithikum, die auf die iberische Halbinsel zurückgehenden Glockenbecher. Das nördlich dieser Grenze liegende Gebiet dagegen ist gekennzeichnet durch die für den Norden typischen Äxte, Einzel- und Megalithgräber und Keramiken. Es ist bezeichnend, daß die für die nordische Kultur charakteristischen Erzeugnisse nicht leicht den Weg ins Gebiet der Mediterranleute fanden, wie auch umgekehrt westeuropäische Kulturgüter auf ihrem Wege nach Norden an dieser Grenze halt machen. Die Grenze bleibt, wie aus einer Arbeit B o e l e s (8) hervorgeht, auch während der ganzen Bronzezeit aufrecht und läßt sich durch die Verbreitung der für Südwesteuropa charakteristischen Gefäß- und Gerätetypen südlich derselben und deren Fehlen nördlich derselben gut verfolgen. So fehlen dem Nordosten die typischen Glockenbecher [(8) S. 289] und die mit ihnen vorkommenden Metallgegenstände (S. 290), während die Randbeile und Schaftlappenbeile (S. 292—293 l. c.), die dem ganzen Norden Europas fremd sind, in Südwestholland häufig auftreten.

Wenn es noch eines weiteren Beweises bedürfte, daß diese Scheidelinie im allgemeinen mit der Südwestgrenze der Brachycerosrinder in Holland zusammenfällt, und sich bis heute erhalten hat, so würde ihn ein Vergleich der der genannten Arbeit von Å b e r g beigegebenen Fundkarte nordischer und westeuropäischer Neolith- und Bronzezeitkeramiken und Artefakte mit einer Karte des Verbreitungsgebietes der rotbunten (also brachyceren) Holländer erbringen, die Tukker [(31) S. 14] seiner eben erschienenen „Rundveehouderijen-fokkerij" entwirft; daß heute die Brachycerosgruppe etwas weiter südwärts und wie letztere Karte ausweist, westwärts vorgedrungen ist, findet in der zu einer nachbronzezeitlichen Epoche anzunehmenden stärkeren Ausstrahlung der nordischen Kultur eine ungezwungene Erklärung. Bei der großen Expansionskraft der Nordleute, die sie die ganze Nordhälfte des europäischen Kontinents in relaliv kurzer Zeit umspannen ließ, ein ganz natürlicher Vorgang.

Der Nachweis dieser kulturellen Völkerscheide ist auch die Lösung des Rätsels des Nebeneinandervorkommens der beiden sich wie Antipoden gegenüberstehenden Rinderrassen auf dem kleinen Raum Hollands. Es ist mit Sicherheit anzunehmen, daß die Träger der westeuropäischen Kultur wie sie auf ihrem nordwärts gerichteten Zuge anderen Gebieten primigene Rinder vermittelten (Auvergne, England), den Primigeniustypus auch nach Holland brachten. Ja, die auffallende Grenze im mittleren Teile der Niederlande könnte auch die Ablenkung des mediterranen Völkerzuges nach den britischen Inseln veranlaßt und wenigstens die an dem Einfallstor an der Ostküste Englands erst jüngst durch F l i n d e r s Petrie (15) festgestellte, anscheinend mediterrane Siedlung zur Folge gehabt haben. Diese letztere Annahme schließt es freilich nicht aus, daß früher oder gleichzeitig Träger der westeuropäischen Kultur mit ihren Primigeniusrindern auch über die Bretagne nach Britannien übersetzten, also von Süden her dieses Land betraten.

Für die Richtigkeit der Ansicht von der Koexistenz der mediterranen und der nordischen Bevölkerung in Holland, also auch der sie charakterisierenden primigenen bzw. brachyceren Rinder ist die Meinung moderner Anthropologen eine weitere Stütze. So sagt F l e u r e hiezu wörtlich (13): „France and the Low Countries offer a l i n k b e t w e e n t h e a r e a s of characterisation of the Mediterranean and Nordic types while the British Isles are a refuge from pressure as well as a goal of migration just of the flank of that link-line" und in gleichem Sinne ist es zu deuten, wenn L. Bolk (9), der bekannte Amsterdamer Anthropologe, feststellt, daß die Provinzen Limburg, Brabant und Seeland, also der Süden und Südwesten Hollands, zuerst von einer aus dem Süden kommenden Bevölkerung besiedelt wurden, während von Norden her der homo nordicus der Küste entlang nach Friesland, Groningen usf. vordrang.

Noch klarer drückt sich Fleure in seinem 1924 erschienenen Artikel (14) aus, indem er auch, wie es vor ihm schon Adametz in seiner Hamitenarbeit (4) ausgeführt hat, des südwestasiatischen Ursprungslandes der die ganze europäische Westküste charakterisierenden Kulturgüter, also auch der Haustiere gedenkt: S. 243 ff. „In some way or another Western Europe, from Spain to Scandinavia became impregnated with the elements of what is called Neolithic culture; that is of a civilisation possessing flint arrowheads, ground store-axes, potery cultivated plants and domestic animals, which in the present state of our ignorance, seem to be of south-west Asiatic origin."

Wenn nach all dem vorausgegangenen die südliche Herkunft der holländischen Primigeniusrinder außer Zweifel steht, so gilt es doch mit wenigen Worten dem naheliegenden Einwand entgegenzutreten, daß ja auch der einheimische in Holland durch die Untersuchungen van Giffens (16) und v. d. Malsburg (25) nachgewiesene Bos primigenius Boj. gezähmt und so zum Stammvater holländischer Hausrinder geworden sein könne. Der vereinzelte Vorgang solcher Domestikation kann ruhig zugegeben werden, doch ist er sicher schon aus dem Grunde nicht häufig, also bedeutungsvoll gewesen, daß ja die Nordleute bei ihrem Erscheinen auf niederländischem Boden die sie charakterisierende brachycere Rinderrasse wahrscheinlich schon besaßen; oder wenn dies nicht der Fall war und sie die Kunst des Zähmens vielleicht von den südlichen Neuankömmlingen übernahmen, doch ausschließlich die Zähmung des jedenfalls auch in Holland damals anzutreffenden brachyceren Wildrindes vornahmen, wie die Produkte beweisen; und bezüglich der Südwesteuropäer sprechen die erwähnten Stationen von Primigenius-Hahni-Rindern auf ihrem Wege nach Holland (Andalusier-Basken-Auvergne-Rind) und die Nachbarschaft der rassegleichen altenglischen Rinder eine analoge Sprache. So sind die kaum häufigen Produkte der Zähmung von Primigenius Boj. wohl im Primigenius-Hahni-Blut oder im bodenständigen Brachyceros aufgegangen.

F. Ergebnisse

1. Die bisherige generelle Zuteilung aller holländischen Rinderrassen durch einzelne Autoren zum Primigeniustypus, durch andere zum Brachycerostypus ist irrig.

2. Die rotbunten Holländer (Maas-Rhein-Ijsselschlag) zeigen, wie die Untersuchung von 17 aus den Provinzen Gelderland und Over-Ijssel stammenden Schädeln beweist, typisch brachyceres Gepräge: Stirnbeinkamm, Stirnwulst, deutliche obere und besonders kräftige untere Stirndelle, vorgewölbte Orbitalbögen, Knochenlücke, kurze Zwischenkieferfortsätze, breite aber seichte Schläfengrube, schmales hohes Hinterhaupt.

3. Daneben kommen in Holland, und zwar mehr in den Marschgegenden wie aus den Untersuchungen von Rütimeyer, Helmich, van Giffen,

und viele andere hervorgeht, auch primigene Rinder vor. Zwei von mir studierte Schädel vom silbergrauen und schwarzbunten Holländerrind weisen typisches Primigenius-Hahni-Gepräge auf: Überschlagen des Parietalzipfels auf die ebene Stirnregion, Stielung der Hornzapfen, daneben schmale tiefe Parietalgruben, niedrig breites Hinterhaupt, lange Zwischenkieferfortsätze.

4. Diese Koexistenz brachycerer und primigener Rinder in Holland läßt sich über die Abbildungen holländischer Meister des 16. bis 18. Jahrhunderts bis in den Beginn der Terpenzeit (Anfang des Römereinflusses) zurück verfolgen und reichte, wie ein begründeter Analogieschluß auf das benachbarte Gebiet Deutschlands lehrt, wahrscheinlich bis ins Neolithikum.

5. Die brachyceren Rinder Hollands zählen zu der von England bis in die Ostseegebiete und in den mitteleuropäischen Kontinent reichenden nordischen Brachycerosgruppe. Die primigenen sind ein Glied in der Kette südwesteuropäischer Primigenius-Hahni-Rinder, die sich von Spanien über Frankreich bis nach Schottland verfolgen läßt.

6. Ergebnisse der Urgeschichtsforschung und der Anthropologie beweisen, daß die Niederlande im Neolithikum und in der Bronzezeit ein Grenzland einerseits der Mediterranleute waren, die nachweislich in mehreren Zügen (Campignien- und Glockenbecherkultur) nach den Niederlanden kamen und auch noch weiter ostwärts ausstrahlten, anderseits der nordischen Siedler, die in ihrem südwestwärts gerichteten Zuge hier ihren am weitesten an den Ozean heranreichenden Festlandsvorposten erreichten.

7. Die nordische Herkunft der Brachycerosrinder Hollands, die südwestliche, mediterrane (iberische) der primigenen erscheint· also erwiesen.

Wenn mit vorliegender Studie auch die Untersuchung der holländischen Rinderrassen noch nicht als abgeschlossen gelten kann — denn noch ist die Feststellung des primigenen und brachyceren Blutanteiles bei den Groninger Zwartblaard und anderen lokalen Schlägen interessant und als eine Ergänzung der in vorstehenden Zeilen geäußerten Ansichten wichtig — so glaube ich durch den Nachweis einer rein brachyceren Rinderrasse in Holland und anderseits des Vorkommens rein südwesteuropäisch primigener Rinder sowie durch den Nachweis der Koexistenz beider Rassengruppe bis ins Neolithikum hinauf, doch einen interessanten Beitrag zur Rassengeschichte unseres Hausrindes erbracht zu haben. Interessant deswegen, weil bei der von Jahr zu Jahr an Umfang zunehmenden Zucht der Niederungsrinder auch in Deutschland die Frage nach Rassezugehörigkeit und Herkunft der holländischen Gruppe mehr als theoretische Bedeutung gewinnt, wenn sie auch, soviel ich sehe, bisher kaum ernstlich beachtet wurde. Interessant aber besonders deswegen, weil das Ergebnis meiner Untersuchungen in mehr als einer Hinsicht überraschend war und unsere Kenntnisse über Abstammung und Rasse eines Teiles der bestrenommierten und weitestverbreiteten Rinderrassengruppe Europas, der Niederungsrinder, sich jedenfalls als überaus lückenhaft herausstellten. Ein Beweis mehr für die Richtigkeit der Ansicht eines bekannten Botanikers, daß die überraschendsten Feststellungen gewöhnlich an Objekten der Heimat zu machen sind.

Ich komme schließlich einer angenehmen Pflicht nach, wenn ich meinem hochverehrten Lehrer und Vorstand Herrn Hofrat Prof. Doktor L. A d a m e t z für mehrfache Anregungen im Verlaufe der Arbeit sowie Herrn Kustos Dr. A. M a h r für die freundliche Beschaffung von Literatur meinen besten Dank sage.

Literaturverzeichnis

1. Aberg Nils, Die Steinzeit in den Niederlanden, Uppsala, 1916, Akad. Buchdruckerei.
2. Adametz L., Studien über Bos (Brachyceros) europaeus, die wilde Stammform der Brachycerosrassen des europäischen Hausrindes, Journ. f. Landw., 46. Jhrg. (1898), S. 296.
3. Adametz L., Wanderungen der Hamiten, erschlossen aus ihren Haustierrassen, Wien, 1920.
4. Adametz L., Untersuchung über die brachycephalen Alpenrinder etc., Arb. d. Lehrk. f. Tierz., Wien, 2. Bd., 1923.
5. Adametz L., Untersuchungen über den Schädelbau des Brachycerosrindes aus dem Polje von Podgorica (Südmontenegro, SHS.), Zeitschrift f. Tierzüchtung und Züchtungsbiologie, Berlin, 1925, 3. Bd.
6. Arenander E. O., Über das ungehörnte Rindvieh im nördlichen Europa, Kühns Berichte, 13. Heft, Dresden, 1898.
7. Bakker L., Studien über die Geschichte, den heutigen Zustand und die Zukunft des Rindes und seiner Zucht in den Niederlanden, Inaug.-Diss., Bern, Leiter Nypels, Maastricht, 1909.
8. Boeles P. C. J. A., Het bronzentijdperk in Gelderland en Friesland, „De Gids“, Den Haag, Nov. 1920.
9. Bolk L., De samenstelling en herkomst der nederlandsche bevolking, Nederl. Tijdschrift voor Geneeskunde, 1924, 68, Nr. 7, p. 672 ff..
10. Diffloth P., Zootechnie, Baillière, Paris, 1905.
11. Duerst U., Die Tierwelt der Ansiedlungen am Schloßberge zu Burg a. d. Spree, Arch. f. Anthrop., N. F. II, S. 233, Braunschweig, 1904.
12. Fiedler H., Über Säugetierreste aus Braunschweigschen Torfmooren nebst einem Beitrage zur Kenntnis der osteol. Geschlechtscharaktere des Rinderschädels, Zeitschr. f. Ethnologie, 39. Jhrg., 1907.
13. Fleure H. J., Some Early Neanthropic types in Europe and their modern Representatives, publ. b. the Royal Anthropological Institut of Gr. Brit. and Ireland.
14. Fleure H. J., Presitential adress (Brittany Meeting [August 1924], Cambrian Archeological association), publ.: Archeologia Cambrensis, Dezember 1924, 79, Part. 2, 7. Serie, Vol. 4.
15. Flinders Petrie, The Entry of the Bronze Users, Man, May 1925, 42.
16. Van Giffen A. E., Die Fauna der Wurten, J. Brill, Leiden, 1913
17. Greve C., Untersuchungen der in den Kreisgräbern, tieferen Erdschichten und im Moore des Herzogtums Oldenburg aufgefundenen Rindsknochen, Diss., Oldenburg, 1881.
18. Helmich Fr., Beiträge zur Kritik der Abstammungsfrage des Hausrindes, mit besonderer Rücksicht auf die Niederungsschläge, Bern, 1904.
19. Hilzheimer M., Überblick über die Geschichte der Haustierforschung, Jahrbuch f. w. u. pr. Tierzucht, Hannover, 1921.
20. Hilzheimer M., Die im Saalburg-Museum aufbewahrten Tierreste aus römischer Zeit, Saalburg, Jahrb. V, 1924.
21. Holwerda J. H., Die Niederlande in der Vorgeschichte Europas, Internat. Archiv f. Ethnogr., Suppl. z. 23. Bd., 1915.
22. Knoop L., Bos brachyceros Rüt. aus dem alluvialen Moor von Börssum, Korresp.-Bl. d. Deutschen Ges. f. Anthrop. u. Ethnol. u. Urgesch., 51. Jhrg., 1910.

23. La Baume W., Beitrag zur Kenntnis der fossilen und subfossilen Boviden, Naturf.-Ges. Danzig, N. F., 12. Bd., 3. Heft, S. 45.

24. Laurer G., Streitfragen aus dem Gebiete der Abstammungs- u. Rassenlehre des Rindes, Deutsche landw. Tierzucht, 18. Jhrg., Nr. 48 u. 49.

25. Malsburg v. d., Über neue Formen des kleinen diluvialen Urrindes, Krakau, Akad. d. Wissenschaften, 1911.

26. Rütimeyer L., Fauna der Pfahlbauten, 1860.

27. Rütimeyer L., Einige weitere Beiträge über das zahme Schwein und das Hausrind, Verh. d. naturf. Ges., Basel, 1878, S. 463 ff.

28. Sanson, Traité de Zootechnie, 1882, S. 384, u. 4. Bd., S. 31.

29. Schoetensack, Beiträge zur Kenntnis der neolith. Fauna Mitteleuropas, C. Winter, Heidelberg, 1907.

30. Staffe A., Hybridatavismus bei der Kreuzung rot- und schwarzbunter Holländer mit braunem und grauem Alpenvieh, Zeitschr. f. Tierzüchtung u. Züchtungsbiologie, 2. Bd., 1924.

31. Tukker J. C., Rundveehouderij en-fokkerij in Nederland, Haag, Langenhuysen, 1924 (S. 14, Karte).

32. Ulmansky S., Die andalusische Rinderrasse, Mitt. d. landw. Lehrk. d. Hochschule f. Bodenkultur, 3. Bd., 1918.

Tabelle 2. Absolute

Nr.	Bezeichnung des Maßes	♀ Schädel Nr.							
		1	2	3	4	5	6	7	8
1	Vordere Schädellänge	498	480	495	490	489	499	503	493
2	Stirnlänge (vordere Augenrand-tangente)...............	230	209	221	220	223	229	232	224
3	Gesichtslänge (vordere Augenrand-tangente bis Mitte der Inter-maxilla)...............	270	274	274	271	268	273	273	268
4	Nasenbeinlänge (Mittel beider) ..	187	185	188	183	187	175	189	176
5	Zwischenkieferlänge	137	139	138	134	169	166	155	154
6	Kleine Basilarlänge (Unterrand foramen magnum bis Mitte Zwischenkiefer)..........	447	441	452	456	440	455	451	450
7	Große Basilarlänge (Oberrand foramen magnum bis Mitte Zwischenkiefer)..........	469	465	477	476	459	478	475	462
8	Länge der Schädelbasis: Unter-rand foramen magnum bis Oberrand der Choane	162	165	175	174	163	170	172	185
9	Gaumenlänge: Choane bis Zwi-schenkiefermitte	286	277	279	282	279	286	284	265
10	Länge der Zahnreihe im Ober-kiefer	125	134	128	136	127	128	135	136
11	Länge des zahnfreien Teiles im Oberkiefer	151	137	151	149	149	148	148	141
12	Länge des Hornzapfens: Krüm-mung außen............	167	112	159	170	197	185	162	167
13	Länge der Hornscheide: Krüm-mung außen............	265	180	197	255	314	286	209	292
14	Umfang des Hornzapfens an der Basis	144	107	113	127	131	127	107	138
15	Umfang der Hornscheide an der Basis	161	119	144	131	160	150	137	143
16	Zwischenhornlinie	149	140	154	156	157	166	163	183
17	Stirnenge	148	143	155	161	165	168	156	165
18	Größte Stirnbreite	214	209	204	223	216	230	220	223
19	Wangenweite.............	160	160	159	161	161	165	171	150
20	Nasenbeinbreite im oberen Drittel	49	56	53	55	54	54	53	48
21	Nasenbeinbreite im unteren Drittel	38	27	31	34	33	34	48	31
22	Zwischenkieferbreite	82	80	84	91	83	92	89	82
23	Gaumenbreite bei M 1 (vorderer Pfeiler)	85	84	87	95	97	95	90	89
24	Länge der Schläfengrube	130	119	123	136	125	130	137	135
25	Breite der Schläfengrube	44	40	46	46	39	43	39	41
26	Tiefe der Schläfengrube	35	36	33	40	39	36	35	38
27	Große Hinterhaupthöhe	160	148	161	152	156	157	164	169
28	Kleine Hinterhaupthöhe	128	119	121	117	119	124	127	126
29	Hinterhauptenge	122	123	122	125	131	136	131	117
30	Hinterhauptweite	214	209	212	215	213	226	221	209
31	Größte Unterkieferlänge	384	382	388	383	369	389	400	370
32	Unterkiefer: Länge des rück-wärtigen zahnfreien Teiles ...	121	115	123	108	111	128	125	111

Schädelmaße

♀ Schädel Nr.									aus Schädel Nr. 1—17			Schädel Nr.		
9	10	11	12	13	14	15	16	17	Durchschnitt	Maximum	Minimum	18♂	A	B
482	491	490	482	500	525	508	488	492	494·4	480	525	493	493	515
215	217	222	218	226	231	232	226	223	223·4	209	234	234	218	232
267	275	270	269	279	296	277	264	270	272·8	264	296	260	277	289
192	182	172	173	202	197	175	165	181	182·8	165	202	191	170	189
156	146	182	168	156	155	157	141	165	154	134	182	175	158	170
455	—	455	432	452	465	455	437	457	450	432	465	452	455	462
472	—	472	453	473	494	480	463	476	471·5	453	494	472	477	483
170	—	178	163	168	174	173	165	170	170·4	162	185	183	175	182
290	282	281	270	268	292	283	275	290	281·6	265	292	273	282	—
134	122	130	129	128	133	141	125	121	130·1	121	141	134	129	139
152	154	147	140	149	157	149	142	153	148	137	157	150	153	—
128	172	156	275	135	202	165	159	186	170·4	112	275	198	258	194
207	333	240	370	250	297	286	230	292	245·3	180	314	240	357	300
93	134	118	158	110	140	133	124	125	125·2	93	158	190	140	146
110	148	125	190	130	152	150	146	150	143·8	110	190	245	152	162
148	166	151	163	162	175	152	161	143	158·1	140	175	180	174	170
162	160	162	161	159	171	154	157	159	159·5	143	171	199	177	179
218	217	222	217	212	212	211	208	217	216	208	230	252	221	221
166	168	172	157	165	161	154	160	168	156·9	150	172	186	160	161
61	55	55	47	60	57	57	50	56	54·1	47	57	57	55	53
32	37	37	32	34	36	35	42	34	35	27	48	33	46	35
86	93	92	86	87	96	92	90	90	87·9	80	96	94	89	83
90	94	97	89	85	90	88	90	92	89·8	84	97	96	92	92
130	133	125	121	131	135	130	127	145	129·5	119	145	128	135	129
41	44	42	43	44	43	50	47	46	43·4	39	50	50	35	35
37	34	34	34	40	36	35	39	40	36·5	33	40	39	42	45
157	—	152	155	149	165	176	162	158	158·8	148	176	169	152	155
121	—	114	112	114	127	138	126	121	121·9	112	138	136	117	126
126	126	144	137	131	153	132	125	117	129·3	117	153	153	148	135
225	209	231	221	212	220	215	220	222	217·2	209	226	255	216	215
395	386	388	378	373	395	395	380	388	384·8	369	400	391	385	397
128	123	125	116	117	124	120	126	122	120·1	108	128	116	110	111

Tabelle 3. Relative Schädelmaße

Nr.	Bezeichnung des Maßes	♀ Schädel Nr.							
		1	2	3	4	5	6	7	8
1	Vordere Schädellänge	111·4	108·3	109·5	107·4	111·1	109·6	111·5	109·5
2	Stirnlänge (vordere Augenrand-tangente)	51·4	47·4	48·6	48·2	50·6	50·3	51·2	49·2
3	Gesichtslänge (vordere Augenrand-tangente bis Mitte der Inter-maxilla)	60·4	62·1	60·6	59·2	60·9	60·0	60·5	59·5
4	Nasenbeinlänge (Mittel beider) . .	41·8	41·9	41·5	40·1	42·5	38·5	41·9	39·1
5	Zwischenkieferlänge	30·6	31·5	30·5	29·3	38·4	36·5	34·3	34·2
6	Kleine Basilarlänge (Unterrand des foramen magnum bis Mitte des Zwischenkiefers)	100	100	100	100	100	100	100	100
7	Große Basilarlänge (Oberrand des foramen magnum bis Mitte des Zwischenkiefers)	104·9	105·4	105·5	104·3	102·3	105·1	105·3	102·6
8	Länge der Schädelbasis: Unter-rand des foramen magnum bis Oberrand der Choanen	36·2	37·4	38·7	38·1	37·0	37·3	38·1	41·1
9	Gaumenlänge: Choane bis Zwi-schenkiefermitte	63·9	62·8	61·7	61·8	63·4	62·8	62·9	58·8
10	Länge der Zahnreihe im Ober-kiefer	27·9	30·4	28·3	29·9	28·8	28·1	29·9	30·2
11	Länge des zahnfreien Teiles im Oberkiefer	33·7	31·0	33·4	32·7	33·8	32·5	32·8	31·3
12	Länge des Hornzapfens: Krüm-mung außen	37·7	25·3	35·1	37·2	44·7	40·6	35·9	37·1
13	Länge der Hornscheide: Krüm-mung außen	59·2	40·8	43·5	55·9	71·5	62·8	46·3	64·8
14	Umfang des Hornzapfens an der Basis . . . . · . .	32·2	24·2	25·0	27·8	29·7	27·9	23·7	30·6
15	Umfang der Hornscheide an der Basis	36·0	26·9	31·9	28·7	36·3	32·9	30·3	31·7
16	Zwischenhornlinie	33·3	31·7	34·1	34·2	35·6	36·5	36·1	40·6
17	Stirnenge	33·1	32·4	34·3	35·5	37·5	36·9	34·6	36·7
18	Größte Stirnbreite	47·8	47·4	45·1	48·3	49·1	50·5	48·7	49·0
19	Wangenweite	35·8	36·3	35·1	35·3	36·3	36·2	37·9	33·6
20	Nasenbeinbreite im oberen Drittel	10·9	12·7	11·7	12·1	12·2	11·8	11·7	10·7
21	Nasenbeinbreite im unteren Drittel	8·5	6·1	6·8	7·4	7·5	7·4	10·6	6·8
22	Zwischenkieferbreite	18·3	18·1	18·5	19·9	18·8	20·2	19·7	18·2
23	Gaumenbreite bei M 1 (vorderer Pfeiler)	18·8	19·0	19·2	20·8	22·0	28·8	19·9	19·9
24	Länge der Schläfengrube	29	26·9	28	29·8	28·4	28·5	30·3	30·0
25	Breite der Schläfengrube	9·8	9·0	10·1	10·0	8·8	9·4	8·6	9·1
26	Tiefe der Schläfengrube	7·8	8·1	7·3	8·7	8·8	7·9	7·7	8·4
27	Große Hinterhaupthöhe	35·8	31·5	35·6	33·3	35·4	34·5	36·3	37·5
28	Kleine Hinterhaupthöhe	28·6	26·9	26·7	25·6	27·0	27·2	28·1	28·0
29	Hinterhauptenge	27·2	27·9	27·0	27·4	29·8	29·9	29·0	26·0
30	Hinterhauptweite	47·8	47·1	46·9	47·1	48·4	40·9	40·1	46·4
31	Größte Unterkieferlänge	85·9	86·6	85·8	83·9	83·8	85·4	88·6	82·2
32	Unterkiefer: Länge des rück-wärtigen zahnfreien Teiles . . .	27	28·3	27·2	23·6	25·2	28·1	27·7	24·6

(kleine Basilarlänge = 100)

♀ Schädel Nr.								aus Schädel Nr. 1—9 und 11—17			Schädel Nr.		
9	11	12	13	14	15	16	17	Durchschnitt	Minimum	Maximum	18 ♂	A	B
105·9	107·6	111·5	110·6	112·9	111·6	116·0	107·7	109·2	107·4	116	109·1	108·3	111·4
47·2	48·8	50·4	50·0	49·7	50·9	51·7	48·8	47·7	47·2	51·7	51·7	48·3	50·2
58·7	59·3	62·2	61·7	63·6	60·8	60·4	59·1	60·5	58·7	63·6	57·5	60·8	62·5
42·2	37·8	40·0	44·6	42·3	38·2	37·7	39·6	40·6	37·7	44·6	42·2	37·3	40·8
34·3	40·0	38·8	34·5	33·3	34·5	32·2	36·1	34·2	29·3	40·0	38·7	34·7	36·8
100	100	100	100	100	100	100	100	100	—	—	100	100	100
103·7	103·7	104·8	104·6	106·2	105·5	105·9	104·2	104·6	102·3	106·2	104·4	104·8	104·5
37·3	39·3	37·7	37·1	37·4	38·0	37·7	37·2	37·8	36·2	41·1	40·4	38·5	39·4
63·7	61·7	62·5	63·2	64·6	62·1	62·9	63·4	62·6	58·8	64·6	60·4	62	—
29·4	28·5	29·8	28·3	28·6	30·9	28·6	26·4	29	26·4	30·9	29·6	28·4	30·1
33·4	32·3	32·4	32·8	33·7	32·7	32·4	33·4	32·7	31·0	33·8	33·2	33·6	—
28·1	34·2	63·6	29·6	43·4	36·2	36·3	40·7	37·8	25·3	63·6	43·7	56·7	41·9
45·4	52·7	85·6	55·3	63·8	62·8	52·6	64·1	54·5	40·8	85·6	53·0	78·5	64·9
20·4	25·9	36·5	24·3	30·1	29·2	28·3	27·3	27·8	20·4	36·5	42·0	30·7	31·6
24·1	27·4	43·9	28·7	32·7	32·9	33·4	32·8	31·9	24·1	43·9	54·2	33·4	35·1
32·5	33·2	37·7	35·8	37·6	33·4	36·8	31·3	35·0	31·3	40·6	39·8	38·2	36·8
35·6	35·6	37·2	35·1	36·7	33·8	35·9	34·8	35·3	33·1	37·5	44·0	38·6	38·7
47·9	49·7	50·2	46·9	45·6	46·3	47·6	47·5	48·0	45·1	50·5	55·7	48·5	47·8
36·5	37·8	36·3	36·5	34·6	33·8	36·6	36·7	35·9	33·3	37·9	41·1	35·1	34·8
13·4	12·1	10·8	13·3	12·2	12·5	11·4	12·2	11·9	10·7	13·4	12·8	12·1	11·4
7·0	8·1	7·4	7·5	7·9	—	9·6	7·5	7·7	6·1	10·6	7·3	10·1	7·6
18·9	20·2	19·9	19·2	20·6	20·2	20·5	19·9	19·4	18·1	20·6	20·8	19·5	17·9
19·8	21·2	20·6	18·8	19·3	19·3	20·5	20·1	20	18·8	22·0	21·2	20·2	19·9
28·5	27·4	28·0	28·9	29·0	28·5	29·0	31·7	28·7	26·9	31·7	28·3	29·6	27·9
9·0	9·2	9·9	9·7	9·2	10·9	10·7	10·0	9·6	8·8	10·9	11·0	7·6	7·5
8·1	7·4	7·8	8·8	7·7	7·4	8·9	8·7	8·1	7·3	8·8	8·6	9·2	9·7
34·5	33·4	35·9	32·9	35·5	39·1	37·1	34·5	35·1	31·5	39·1	37·3	33·4	33·5
26·6	25·0	25·9	25·2	27·3	30·3	28·8	26·4	27·1	25·0	30·3	30·0	25·7	27·2
27·6	31·6	31·7	28·9	35·0	29·0	28·6	25·1	28·8	25·1	35·0	36·0	32·5	29·2
40·7	50·7	51·1	46·9	47·3	47·2	50·3	48·3	46·6	40·1	51·1	56·4	47·4	46·5
86·8	85·2	87·5	82·5	84·9	86·8	86·9	84·9	85·4	82·2	88·6	86·4	84·6	85·9
28·1	27·4	26·8	25·8	26·7	26·3	28·8	26·6	26·6	23·6	28·8	27·8	24·1	24·0

Tabelle 4. Relative Schädelmaße (vordere Schädellänge = 100)

Nr.	Maße	Schädel Nr. 1	2	3	4	5	6	7	8	9	10	11	12	13	14	15	16	17	aus Schädel Nr. 1—17 Durchschnitt	Minimum	Maximum	Schädel Nr. 18	A	B
2	Stirnlänge (vordere Augenrandtangente)	46·1	43·5	46·7	44·8	45·5	45·8	46·1	45·4	44·6	44·2	45·3	45·2	45·2	44·0	45·6	46·3	45·3	45·3	43·5	46·7	47·4	44·2	45·0
3	Gesichtslänge (vordere Augenrandtangente bis Mitte der Intermaxilla)	54·2	57·1	55·3	55·3	54·7	54·7	54·2	54·3	55·4	55·8	55·1	58·8	55·8	56·3	54·5	54·1	54·8	55·3	54·1	58·8	52·7	56·1	56·1
16	Zwischenhornlinie	29·9	29·1	31·1	31·8	32·1	33·7	32·4	37·1	30·7	33·8	30·8	33·8	32·4	33·3	29·9	32·9	29·0	32·0	29·0	37·1	36·5	35·2	33·0
17	Stirnenge	29·7	29·8	31·2	32·8	33·8	33·6	31·0	33·4	33·6	32·6	33·1	33·4	31·8	32·5	30·3	32·1	32·3	32·2	29·7	33·8	40·3	35·9	34·7
18	Größte Stirnbreite	42·9	43·5	41·9	45·5	44·2	46·1	43·7	45·2	45·2	44·2	45·3	45·0	42·4	40·4	41·5	42·6	44·1	43·7	40·4	46·1	51·1	44·8	42·9
19	Wangenweite	32·1	33·3	32·1	32·8	32·9	33·1	33·9	30·4	34·4	34·2	35·1	32·6	33·0	30·7	30·3	32·8	34·1	32·8	30·3	35·1	37·7	32·4	31·2
22	Zwischenkieferbreite	16·5	16·7	17·1	18·5	16·9	18·2	17·6	16·6	17·8	18·9	18·7	17·8	17·4	18·3	18·2	18·4	18·3	17·8	16·5	18·9	19·0	18·0	16·1

Tabelle 5. Relative Schädelmaße (Hinterhauptenge = 100)

Nr.	Maße	♀ Schädel Nr. 1	2	3	4	5	6	7	8	9	10	11	12
27	Große Hinterhaupthöhe	131	120·3	131·9	121·6	119·1	115·4	120·6	144·4	124·6	—	105·6	113·1
28	Kleine Hinterhaupthöhe	104·8	96·7	99·2	93·6	90·8	91·1	96·9	107·4	96·0	—	79·1	81·8
30	Hinterhauptweite	175·4	169·9	173·8	172·0	162·6	166·1	168·6	178·6	178·6	165·9	160·4	161·3

Nr.	Maße	♀ Schädel Nr. 13	14	15	16	17	Aus Schädel Nr. 1—17 Durchschnitt	Minimum	Maximum	Schädel Nr. 18 ♂	A	B
27	Große Hinterhaupthöhe	113·7	107·8	133·3	129·6	135·0	122·9	105·6	144·4	110·5	102·0	114·8
28	Kleine Hinterhaupthöhe	87·0	83·0	104·5	100·8	103·4	94·7	81·8	107·4	88·9	79·0	93·3
30	Hinterhauptweite	161·8	143·8	162·8	176·0	189·7	168·7	160·4	189·7	166·7	145	159·2

Untersuchungen über die Ursachen des Rückganges der Alpwirtschaft und der Verödung der Dauersiedlungen am Vorarlberger „Tannberg"

Von

Dr. Hans Peter

Privatdozent an der Hochschule für Bodenkultur in Wien

Vorliegende Arbeit umfaßt den ersten Teil der von mir angestellten Untersuchungen über die Ursachen des Rückganges der Alpwirtschaft in Vorarlberg. Es ist eine wohlbekannte Tatsache, daß die weit über die Grenzen Österreichs bekannte Rindviehzucht Vorarlbergs ihre überragende Stellung außer dem den Vorarlberger Bauern angeborenen Züchtertalente, der weitausgedehnten Alpwirtschaft verdankt. Verbringt doch die große Mehrzahl des Jungviehs den ganzen Sommer auf hochgelegenen Bergweiden und ist selbst die Kuhhaltung zu einem erheblichen Teile auf die Almen verlegt.

Einer der flächenreichsten Alpbezirke Vorarlbergs ist nun der sogenannte „Tannberg", welcher sich um die Quellgebiete der Bregenzer Ache und des Lechflusses ausbreitet. Ich verbrachte einen großen Teil meiner Jugend in einem dieser Hochgebirgsdörfer (Schröcken) und hatte so Gelegenheit, das weitausgedehnte Alpgebiet gründlich kennenzulernen. Schon damals fiel mir auf, daß da und dort große Weideflächen nicht genutzt wurden, und zwar waren es, wie die Nachforschung ergab, aufgelassene Alpen. Als Schüler einer landwirtschaftlichen Hochschule und später als Assistent der Lehrkanzel für Tierzucht an der Hochschule für Bodenkultur in Wien, an der auch ein eigenes Kolleg über Alpwirtschaft gelesen wird, wurde ich immer wieder angeregt, den Gründen dieses auffallenden Rückganges von großen Weidegebieten am Tannberg nachzugehen, bis mich schließlich mein hochverehrter Lehrer und Chef, Herr Hofrat Prof. Dr. L. A d a m e t z dazu ermunterte, darüber exakte Untersuchungen anzustellen.

Ich habe denn auch in den letzten zwei Jahren die Sache systematisch verfolgt und ein Teil der im Herbst 1924 abgeschlossenen Untersuchungen liegt hier vor.

Ehe ich auf die Ausführung des gestellten Themas eingehe, sei es mir gestattet, allen jenen, welche durch wertvolle Angaben zum Gelingen vorliegender Arbeit beigetragen haben, meinen herzlichsten Dank auszusprechen. So insbesondere meinem lieben Vater, Herrn Gottfried P e t e r in Schruns und Herrn Ch. K u r e r, Paris, meinem in der Zwischenzeit leider allzu früh verstorbenen Freund Gottlieb P f e f f e r k o r n, Schröcken-Doren, Herrn Tierarzt Dr. Ludwig W a l c h und Herrn Wilhelm P f e f f e r k o r n, beide in Lech, und vielen anderen mehr.

Allgemeine Übersicht

Zur Vermeidung von Mißverständnissen bin ich gezwungen, eine kurze Darstellung über die Gegend, die Methode und den Umfang der angestellten Erhebungen zu geben. Der Vorarlberger Tannberg umfaßt 3 Dörfer (Schröcken 1260 *m*, Warth 1500 *m* und Lech 1438 *m* Seehöhe) und bildet einerseits den Übergang aus dem Großen in das Kleine Walsertal (bayrische Grenze), anderseits vom Bregenzer Wald in das Tiroler Lechtal bzw. das Arlberggebiet. Die Höhenlage der drei Dörfer ist wie angeführt eine beträchtliche und dementsprechend auch die der untersuchten Alpgebiete; sie verteilen sich auf Seehöhen von 1200 bis 2000 *m*.

Die klimatischen Verhältnisse zeichnen sich durch große Niederschlagsmengen aus, die von Oktober bis Mai in Form von Schnee niederfallen. Normalerweise liegt die Schneedecke ununterbrochen durch den ganzen Winter und erreicht öfters eine Mächtigkeit von 3 Meter in fest zusammengesintertem Zustand. Schröcken und Umgebung haben dabei noch ein halbwegs mildes Klima (vielfach windgeschützt), während das von Lech und Warth als ausgesprochen rauh anzusprechen ist. Der ganze Tannberg ist bekannt durch seine Lawinengefahr.

Der weitaus überwiegende Teil der Alpen liegt über der Waldgrenze — „ob Holz", wie der Tannberger Bauer sagt — und ist letztere in ständigem Zurückweichen begriffen.

Wenn wir neben der Höhenlage die klimatischen Verhältnisse und vor allem die durch sie bedingte kurze Vegetationszeit berücksichtigen, so ergibt sich, daß wir es mit ausgesprochenen H o c h a l p e n zu tun haben.

Was die Bewirtschaftung der Alpen anbelangt, so handelt es sich vorwiegend um ausgedehnte J u n g v i e h a l p e n (einzelne Alpen mit 200 bis 400 Stück Rinder), dazwischen hinein verstreut einige kleinere K u h a l p e n , meistens im Besitze der Tannberger Bergbauern. Nur das Gebiet um Schröcken hat ausgedehntere Melkalpen.

Die Zufahrtsverhältnisse der Bergdörfer, von denen Schröcken und Lech Zentralknotenpunkte der einzelnen Alpauffahrtswege vorstellen, sind für Warth und Lech günstige. Die prachtvolle Kunststraße über den Flexenpaß verbindet beide Dörfer mit der Arlbergbahnstation Langen ($4^1/_2$ bzw. 3 Gehstunden). Schröcken dagegen liegt recht einsam. Zwar ist ebenfalls eine Kunststraße aus dem Bregenzer Wald zum Teil ausgebaut, aber gerade das schwierige Endstück harrt noch der Vollendung und dürfte auch in absehbarer Zeit infolge finanzieller Schwierigkeiten nicht in Angriff genommen werden[1]). Die Entfernung von der nächsten Bahnstation beträgt 6 Stunden (Bezau, Bregenzerwaldbahn). Langen am Arlberg ist in $5^1/_2$ Gehstunden, davon $2^1/_2$ Stunden Saumweg, zu erreichen. Die geschilderten Verkehrsverhältnisse spielen eine nicht zu unterschätzende Rolle bei der Zu- und Abfuhr der landwirtschaftlichen Erzeugnisse und werden uns noch mehrfach beschäftigen.

Über die Methode der Untersuchungen ist zu bemerken, daß ich die gesamten Daten, insbesondere jene betriebswirtschaftlicher Natur, aus vollständig verläßlichen Quellen geschöpft habe. Sie sind nie einer Angabe allein entnommen, sondern wurden immer an anderen überprüft. Selbstverständlich habe ich nur die Auskünfte intelligenter Bauern und Züchter verwertet, welche vor allem über den Betriebserfolg ihrer Alpen- und Berghöfewirtschaften genau orientiert waren. Ein großer Teil der Zahlen stammt aus der Bergbauernwirtschaft meines Vaters, bei der ich selbst mittätig war. Wie genau einzelne tüchtige Bergbauern über Futterbedarf, Heuerträge etc. orientiert sind, möge folgendes Beispiel beweisen: Der Heu-

---

1) Während der Drucklegung dieser Zeilen entnehme ich den Sitzungsberichten des Vorarlberger Landtages, daß begründete Hoffnung für die ehebaldige Fertigstellung der Straße besteht.

bedarf für die Aufzucht einer dreijährigen hochträchtigen Kalbin („Martini-kalb“, das heißt am 11. November geboren) wurde mir für den Tannberg übereinstimmend von drei Seiten mit 4300 *kg* angegeben (500 *kg* im ersten, 1600 *kg* im zweiten und 2200 *kg* im dritten Winter). Ich habe nun, ehe ich diese Zahlen von meinen Gewährsleuten hatte, nach den Kellnerschen Tabellen den Heubedarf (sehr gutes Wiesenheu!) errechnet, und bin auf 4267 *kg* gekommen; also eine Differenz bei einer dreijährigen Fütterung von 33 *kg*![1])

Wenn sich im Verlaufe der Arbeit die Notwendigkeit ergeben hat, zum Beweis einer aufgestellten Behauptung eine Produktionskosten- oder Rentabilitätsberechnung durchzuführen, so wurde immer die für die Beweisführung ungünstigste Zahl gewählt. So z. B. erscheint bei den gesamten Rentabilitätsberechnungen der Bergbauerngüter — durch die gezeigt werden soll, daß auch eine bescheidene Verzinsung unwahrscheinlich ist — der jährliche Milchertrag mit 2800 Liter Milch angenommen, obwohl solche Leistungen nur vereinzelt vorkamen und die Regel 2300 bis 2500 Liter war. Ebenso erscheint der Arbeitsbedarf immer für günstige Verhältnisse gewählt (Heuarbeit bei bestem Wetter) und umgekehrt entsprechen die angeführten Heuerträge besten Ernten.

Die Verteilung des Milchertrages einer Kuh auf die Stall- und Alp-fütterung ist so vorgenommen, daß erst die tägliche Durchschnittsmenge bestimmt und dann auf die Alp- bzw. Winterperiode umgerechnet wurde.

Selbstverständlich gilt dieser Wert nur für den Durchschnitt vieler Kühe und wird sich mit dem eines einzelnen Individuums nur selten decken. Da aber jeder Bauer Kühe mit verschiedenen Abkalbezeiten besitzt und dementsprechend bei Beginn der Alpung mit verschieden weit vorgeschrittenen Laktationsperioden rechnen muß, hielt ich mich für berechtigt, den Verteilungs-schlüssel in dieser Art anzuwenden[2]).

Ebenso erscheint der Wert des Kalbes auf Winter- und Sommerfutter umgerechnet, dies schon aus dem Grunde, weil bei zeitlich im Herbst abkalbenden Kühen der größere Teil der Frucht auf der Alpe gebildet wird.

Die gesamten Rentabilitäts- und Produktionskostenerhebungen sind den Jahren 1906 bis 1914 entnommen und dementsprechend sind eventuelle Papier-kronenwerte der Kriegsjahre auf Goldparität umgerechnet. Entsprechend der inneren Kaufkraft der Papierkrone in Vorarlberg wurde für das Jahr 1924 die Relation: 1 Goldkrone = 20.000 Papierkronen gewählt.

Was hingegen die Erhebungen über den Rückgang der Weideflächen, Auftriebszahl etc. anbelangt, erscheinen sie erst mit Herbst 1924 abgeschlossen.

Um noch über den Umfang der angestellten Untersuchungen einige Worte zu verlieren, so sei bemerkt, daß in erster Linie die aufgelassenen Alpen eruiert wurden. Wie weit auf bestehenden Alpen die Viehzahl zurück-gegangen ist, wurde nur soweit als notwendig erhoben. Übrigens stößt die Ermittlung der vor 50 bis 100 Jahren aufgetriebenen Stückzahl Rindvieh oft auf unüberwindliche Schwierigkeiten. Wie die späteren Ausführungen zeigen werden, sind für das Ergebnis der vorliegenden Untersuchungen letztere Feststellungen auch nicht von Wichtigkeit.

---

1) Übrigens ein glänzendes Zeugnis dafür, daß bei diätetisch einwandfrei wirkenden Futtermitteln die Kellnerschen Zahlen auch für die Aufzucht wohl zu gebrauchen sind.

2) Eine im Oktober abkalbende Kuh wird auf der Alpe eine geringere, eine im Februar abkalbende eine größere als die errechnete Milchmenge liefern.

Dagegen wurde wieder mit großer Sorgfalt dem Zuwachs an neu-entstandenen Alpen und ebenso der Anzahl der aufgelassenen Bergbauern-betriebe nachgegangen.

Leider konnte ich einen Teil des Gebietes der Gemeinde Warth, ins-besondere den höchst interessanten Teil des Weilers Hochkrumbach (auf-gelassene Berggemeinde!), im vergangenen Sommer wegen Ausbruches der Maul- und Klauenseuche und dementsprechender veterinärpolizeilicher Ab-sperrung nicht mehr besuchen und mußte die entsprechenden Alpen wegen Unvollständigkeit der Erhebungen für diesmal streichen.

Die Veränderungen in der alpwirtschaftlich genutzten Bodenfläche während der letzten 100 Jahre

In den folgenden Zeilen soll eine Zusammenstellung der am Tannberg teils aufgelassenen, teils neugeschaffenen Alpen gegeben werden. Gleich-zeitig sind die als Ursachen der Änderung in der Bewirtschaftung ange-führten Gründe verzeichnet. Es sind in der Aufstellung auch einige Voralpen („Maisäß", „Vorsäß") angeführt, was in scheinbarem Widerspruch zu dem früher Gesagten steht, daß nämlich die gesamten Tannberger Alpen Hoch-alpen sind. Dies erklärt sich daraus, daß diese „Vorsäße" nur in dem Sinne als Voralpen aufzufassen sind, als sie dem Tannberger Bergbauer eine Weidemöglichkeit in der zweiten Hälfte Juni (nicht Mai) geben, ehe er auf die Hochalpe zieht.

An aufgelassenen Alpen wurden festgestellt:

In Schröcken:

1. Alpe „Gletscher": Höhenlage 1500—2000 m. Im Jahre 1858 war sie zum letztenmal mit 80 Stück Rindern (Jungvieh) bestoßen, außerdem wurden noch 300 Stück Schafe aufgetrieben. Das Personal bestand aus zwei Rinder- und einem Schafhirten. Seit 1859 diente sie als reine Schafalpe mit einer Auftriebszahl von 700 Stück. Die Weidezeit dauerte vom 1. Juli bis 14 September. Im Jahre 1907 wurde sie für Jagdzwecke aufgekauft.

Die Ursachen für die Auflassung der Rinderalpe waren nach den Angaben des Sohnes des damaligen Besitzers in den großen Kosten für die Viehhut und damit verbundener Unrentabilität gelegen. Das Auf-geben der Schafweide begründete der letzte Besitzer, Herr G. Pf., ebenfalls mit der konstant abnehmenden Rentabilität des Betriebes.

2. Alpe „Butzen": Höhenlage 2000 m, Jungviehalpe für 50 Stück. Auftriebszeit vom 6. Juli bis 14. September. In den zwanziger Jahren des vorigen Jahrhunderts aufgelassen. Die Gründe sind: Außerordentlich ungünstige Lage, völlig holzfrei, schlechte Terrainverhältnisse (bei vorzüglichem Futter). Eine neuerliche Betriebsaufnahme als Jungviehalpe in der zweiten Hälfte des vorigen Jahrhunderts scheiterte an dem bereits merklich vergrößerten Lebendgewicht der gehaltenen Rinderrasse. Einerseits wurde hiedurch die Absturzgefahr vermehrt, anderseits stieg der Wert der Einzeltiere und trug so zur Vergrößerung des Risikos bei. Heute ist die Alpe zum über-wiegenden Teil verkarstet.

3. Alpe „Oberhoren": Höhenlage 1700 m. Sie stellte den höchst-gelegenen Teil der Alpe „Fell" vor und lieferte für 7 leichte Kühe (320—350 kg Lebendgewicht) Sommerfutter. Anläßlich des Besitzwechsels

der Alpe „Fell" wurde sie vom Verkäufer zurückbehalten und in Bergmähder (Heuberge) verwandelt.

4. Alpe „Rotensteinen": Höhenlage 1700 *m*. Gehörte zur Alpe „Silberberg" (oberstes Läger). Der Weideertrag war für 6 leichte Kühe ausreichend. Sie wurde infolge ihrer steilen, ungünstigen Lage in Bergmähder umgewandelt, die gegenwärtig noch jedes 2. Jahr teilweise genutzt werden.

5. Alpe „Älpele" des J. A. J.: Höhenlage 1500 *m*. War ursprünglich ein dauernd besiedelter Hof, der Ende des vorigen Jahrhunderts in eine Alpe verwandelt wurde. Die Futterproduktion reichte für 9 Kühe durch eine 110 tägige Weidezeit. Während des Krieges wurde sie jedoch auf ein Heugut (Zulehen) umgestellt, dessen Heu an Ort und Stelle zwecks Düngergewinnung verfüttert wird.

Aufgelassene Alpen der Gemeinde Lech:

6. „Krieger"-Alpe: 1800 *m* hoch gelegen. Von Lech 2 Gehstunden entfernt. Sie war mit 14 bis 16 Kühen befahren und wurde Ende des vorigen Jahrhunderts infolge Unrentabilität (zu geringer Flächenausdehnung, ungünstiger Lage, schwierige Holzbeschaffung) aufgelassen. Sie ging um den Preis von 1600 Kronen auf einen neuen Besitzer über und wird gegenwärtig in den besten Lagen (ehemaliger Alphof) geheut.

7. Alpe „Gaisbühel": Eine der beiden Gaisbühelalpen ist aus denselben Gründen wie die „Krieger"-Alpe aufgelassen und in Bergmähder verwandelt worden.

8. Alpe „Spill": 1800 *m* Seehöhe. Sie entstand aus der Vereinigung von 7 Bergmähdern und lieferte von Ende Juni bis Mitte September Futter für 14 Kühe. Sie wurde Ende des vorigen Jahrhunderts wieder in Bergmähder zurückverwandelt. Als Gründe werden angegeben: Vollständige Unrentabilität infolge schlechten steinigen Bodens, Wassermangels, zu geringer Größe und ungünstiger Lage zum Tal, daneben schwierige Holzbeschaffung.

9. Schafalpe: 1700 *m* über dem Meere. Weide für 60 bis 70 Stück Jungvieh. Der Weidewert der ursprünglich schlechten steinigen Alpe wurde durch Zukauf schöner Bergmähder bedeutend erhöht. Heute wird der tiefst gelegene Teil der Alpe als „Frühlingsweide" genutzt (14 Tage Weidezeit), die schönsten Flächen der höher gelegenen Gebiete werden zur Bergheuproduktion herangezogen.

10. Alpe „Gamsboden": Eine 2000 *m* hoch gelegene und mit 300 Stück Schafen bestoßene Alpe. Sie wurde im Jahre 1860 infolge der Unwirtschaftlichkeit der Schafhaltung aufgelassen.

Von neu entstandenen Alpen bzw. Weideflächen sind anzuführen:

In Schröcken:

11. Alpe „Älpele" des P. M. (1400—1800 *m*). Sie wurde aus fünf eingegangenen früher dauernd besiedelten Berghöfen, den dazu gehörenden Heimweiden und einem Teil der Alpen gebildet. Die Stoßzahl der Alpe umfaßt 50 Kuhweiden und einige Stück Jungviehweiden. Vor 20 Jahren war jedoch der Besatz um 20 Stück Kühe größer. Die Alpe hat vier Hütten, davon sind zwei ehemalige Bauernhäuser. Mit Ausnahme des tiefst gelegenen Teiles der Weiden liegt die Alpe über der Waldgrenze.

12. Alpe „Schwarzenberger Älpele": Sie wurde 1905 aus einer großen Winterheimat[1]) gebildet, die selbst wieder drei kleine Berg-

---

[1]) Der Tannberger Bauer nennt seinen Hof bezeichnenderweise „Heimat". Gleiches berichtet Hainisch (Die Landflucht) von Kärnten.

bauerngüter umfaßte. Sie wurde von der Alpe „Oberauenfeld“ als unterster Staffel erworben, um dem immer stärker fühlbar werdenden Weidemangel der Stammalpe abzuhelfen. Trotzdem kann heute die Alpe „Oberauenfeld“ nur wieder die ursprüngliche Kuhanzahl sömmern.

13. Alpe „Schlößle“: (1400 *m*). Aus zwei dauernd besiedelten Höfen entstanden; Futter für 14 Kühe durch 111 Tage.

Neuentstandene Alpen in der Gemeinde Lech:

14. Alpe „Kar“: (1700 *m*). Sie stellte früher zwei dauernd besiedelte Berghöfe vor, die Winterfutter für 10 Kühe lieferten. Dazu gehörte eine nah gelegene Alpe, welche für den Weidebedarf des gewinterten Viehs ausreichte, außerdem stand noch die Alpe „Oberkar“ zur Verfügung.

Fortlaufende finanzielle Schwierigkeiten brachten die „Karbauern“ dazu, ihre Sommerweiden an weiter talabwärts liegende Nachbarn zu verkaufen. Sie deckten also den jährlichen Betriebsabgang durch die Preisgabe äußerst wertvoller Vermögensbestandteile (wertvoll für den Bergbauernbetrieb!) und beschleunigten so den endgültigen Zusammenbruch, der sich auch Anfang der Neunziger Jahre des vorigen Jahrhunderts einstellte.

Beide Berghöfe mit den noch dazu gehörenden Alpen und Heimweiden wurden in eine Alpe verwandelt (neue Talstation Dornbirn im Rheintal, eine Tagesreise entfernt!). 1895 wurden beide Bauernhäuser niedergerissen und aus dem Abbruchmaterial ein Stall für 100 Stück Jungvieh errichtet. Im Jahre 1915 wurde der größere Teil der Alpe von der benachbarten Melkalpe „Unterauenfeld“ angekauft, ein kleiner Teil wurde zur Alpe „Bürstegg“ geschlagen und der verbleibende Rest in Bergmähder verwandelt. Die Alpe „Unterauenfeld“ vergrößerte hiedurch ihre Weidefläche um den Bedarf für 70 Stück Jungvieh, kann aber heute nur noch um 7 Kühe mehr sömmern.

Die alte Alpe „Oberkar“ verwildert total und die 1895 erbaute Alphütte verfällt und wird je nach Bedarf zur bequemen Brennholzgewinnung langsam abgebrochen.

15. Alpe „Bürstegg“: (1600 *m*). „Bürstegg“ war eine dauernd besiedelte Fraktion der politischen Gemeinde Lech, zählte 7 Bauernhöfe und hatte eine eigene kleine Kirche mit Pfarrer und Lehrer. Für die Sommerweide sorgte die ausreichend große Gemeindealpe, welche sich unmittelbar an die Dauerwiesen bergaufwärts anschloß.

Die höchst ungünstige Verkehrslage und vor allem der absolute Holzmangel brachten es mit sich, daß im Verlauf der letzten 60 Jahre ein Hof nach dem anderen verlassen wurde, bis schließlich der ganze Besitz in einer Hand vereinigt war (Pfarrer und Lehrer waren mittlerweile auch weggezogen). Heute ist der überwiegende Teil der Fraktion „Bürstegg“ Alpe, der Rest stellt Bergmähder vor.

16. Alpe „Zuger Älpele“: (zwei Gehstunden von Lech entfernt, in einem schattigen Sacktal gelegen). Stellte ursprünglich den aus sieben dauernd bewohnten Höfen gebildeten Weiler „Älpele“ der politischen Gemeinde Lech vor. Neben einer ausreichenden Wiesenfläche war jedem Hof eine entsprechende Heimalpe angegliedert. Wie aus der Chronik der Familie J. A. Wolf hervorgeht, veröden 1791 drei Höfe und die früheren Besitzer wanderten nach Bürstegg ab. Anfang des vorigen Jahrhunderts ging der letzte Hof ein und das ganze Gebiet wurde eine sehr schöne Alpe.

17. „Götzner Alpe“: Fraktion Zug, pol. Gemeinde Lech. Sie vergrößerte ihre Weideflächen durch drei aufgelassene Bergbauernhöfe.

18. **A l p e „S c h w a b"**: An der Peripherie des Kirchdorfes Lech gelegen, erweiterte ihren Besitzstand ebenfalls durch einen Bauernhof.

19. Zwei weitere, noch zum Kirchdorf Lech zählende Bauernhöfe wurden infolge ihrer ungünstigen Höhenlage (1500 bzw. 1800 *m*) in Voralpen verwandelt. Ebenfalls wird

20. einer von fünf eingegangenen Bauernhöfen der Fraktion Schöneberg (pol. Gemeinde Lech) als Voralpe genutzt.

Kritische Besprechung der Ursachen, welche zur Einstellung von Alpweidebetrieben führten

Wenn wir vorerst das Ergebnis der Erhebungen über die aufgelassenen Alpen einer kritischen Betrachtung unterziehen, so ist vor allem festzustellen, daß für 200 Stück Großvieh und für 600 Schafe die Weidemöglichkeit endgültig verloren gegangen ist. Der größere Teil dieser ursprünglichen Alpen ist heute verkarstet bzw. auf weite Strecken mit Schutt und Geröll bedeckt.

Die Gründe dieses traurigen Verfalles lassen sich nun alle letzten Endes auf eine mangelnde Rentabilität der Betriebe zurückführen, welch letztere selbstverständlicherweise durch die verschiedensten Momente ausgelöst sein können.

Wenn wir mit der Alpe „Gletscher" (Nr. 1) beginnen, so liegt die Ursache der Unrentabilität der Rinderalpe in den großen Kosten für die Viehhut, die sich wieder zwangsläufig aus der unverhältnismäßig großen Flächenausdehnung (1000 Joch), verbunden mit schlechten Terrainverhältnissen und geringer Stoßzahl (80 Stück Jungvieh und 300 Schafe), ergeben. Während normalerweise einem Hirten 50 bis 60 Stück Jungvieh anvertraut werden können, betreute er in unserem speziellen Falle nur 40 Tiere (entsprechend der zwei Rinderhirten).

Dabei ist noch zu beachten, daß bei schwierigen Hutverhältnissen das Personal keine Zeit hat, andere nutzbringende Arbeiten zu verrichten, die sonst von den Hirten nebenbei geleistet werden können (Unkrautvertilgung, Verteilung des auf die Weide abfallenden Düngers etc).

Wie also der Fall der Alpe „Gletscher" zeigt, spielten bereits vor zwei Menschenaltern die relativen Hirtenkosten eine nicht zu unterschätzende Rolle und es bedarf nicht allzuvieler Phantasie, um sich für die gegenwärtigen Verhältnisse, in denen noch a b s o l u t hohe Hirtenlöhne hinzukommen, ein Bild über die Betriebsergebnisse unserer Alpen zu machen.

Es ist leider schon selbstverständlich geworden, daß die Löhne für das Alppersonal einen unverhältnismäßig großen Teil des Rohertrages aufzehren und wir sind hier noch lange nicht am Ende der Entwicklung angelangt. In den letzten Jahren zählte das Alppersonal zu den best entlohnten Arbeiterkategorien und wenn wir z. B. die Löhne, welche im Jahre 1924 für Alppersonal bewilligt wurden, mit jenen qualifizierter Arbeiter in der Industrie vergleichen, so schneiden die „Älpler" hervorragend gut ab. Ein Senn erhielt monatlich 2,100.000 bis 2,400.000 Kronen neben voller Kost, der 16jährige Hütbub 600.000 bis 1,200.000 Kronen und ebenfalls volle Verpflegung.

Solange man wenigstens noch die Gewähr hat, daß der große den Hirten anvertraute Wert, welchen das Viehkapital vorstellt, in verläßlichen Händen ist, kann man diese Last in der Betriebsführung noch teilweise verschmerzen, aber hohe Löhne und schlechte Arbeit können selbst den günstigsten Alpbetrieb erschlagen.

Für die Unwirtschaftlichkeit der Betriebsführung der Alpe „Butzen" (Nr. 2) werden als Teilgründe 1. die höchst ungünstige Verkehrslage, 2. schlechte Terrainverhältnisse und 3. der absolute Holzmangel angeführt. Selbstverständlich haben sich die unter Punkt 1 und 3 verzeichneten Momente erst nach und nach entwickelt. Wieso sie einen Umfang annehmen konnten, der den Bestand der Alpe in Frage stellte, soll später ausgeführt werden.

Von großer Wichtigkeit erscheint mir nun die Tatsache, daß ein Wiederbefahren der Alpe an dem zu großen Betriebsrisiko scheiterte. Dieses vermehrte Risiko ergab sich einerseits aus der erhöhten Absturzgefahr der schwerer gewordenen Rinder, anderseits aus der relativ bedeutenden Wertzunahme der einzelnen Tiere.

Die nämliche Ursache ist für die Umwandlung der Alpe „Rotensteinen" in Bergmähder in erster Linie maßgebend gewesen, und zwar ist es hier die neuere Braunviehtype, welche die schwerer und wertvoller gewordene Rinderrasse vorstellt.

Daß diese beiden am Vorarlberger Tannberg erhobenen Fälle des Aufgebens hochalpiner Weidegänge durch Rassewechsel nicht vereinzelt dastehen, sondern in weiten Gebieten unserer Alpen vervielfacht vorkommen, ist eine allbekannte, aber leider oft übersehene Tatsache.

Fragelos ist es auch vom Standpunkte der Ausnutzung von Hochalpen mit schlechten Terrainverhältnissen zumindest unklug, wenn ausgesprochene Bergrassen durch Einkreuzung (oder gar Verdrängung) von schweren Voralpen- oder Flachlandsrassen „verbessert" werden. Man vergißt dabei immer, daß diese kleinen, klimaharten und anspruchslosen Tiere das Produkt einer Jahrhunderte dauernden Zuchtwahl vorstellen, einer Zuchtwahl, die eben in den kümmerlichen Daseinsverhältnissen begründet ist.

Es erscheint übrigens vom rein wirtschaftlichen Standpunkte aus betrachtet als vollkommen verfehlt, in kümmerliche Berglagen die Zucht schwerer Rinderrassen zu verpflanzen. Man übersieht hiebei, daß nach wenigen Generationen die Hochzuchtrassen sich in ihrer Art auch anpassen, das heißt Kümmerlinge werden und, um sie in einer annehmbaren Form zu halten, immer wieder durch neue Zufuhr von Hochzuchtblut aufgefrischt werden müssen.

In neuester Zeit wird immer wieder der Versuch gemacht, die Notwendigkeit der Verdrängung alter, wohlgeeigneter Bergrassen mit dem Schlagwort „hohe Milchproduktion" zu begründen. Nun ist es aber vom Standpunkte der Erhaltung vieler Alpweidegebiete und vor allem der Bergbauernbetriebe vor allem notwendig, billig Milch zu erzeugen. 5000 *l* Milch stellen ja nur den Rohertrag vor und sagen noch lange nicht, daß auch der Reinertrag entsprechend zugenommen habe. Gerade in der hochalpinen Landwirtschaft mit der übermäßig verlängerten Stallfütterung, mit der vielfachen Unmöglichkeit, billiges Kraftfutter zu verwenden, mit den erschwerten Absatzbedingungen, steigt der Aufwand, den Extremleistungen erfordern, unverhältnismäßig stark an. Dazu kommt noch das absolut und relativ vergrößerte Risiko, welches die Haltung einer einseitig hochgezüchteten Rasse mit sich bringt. Wenn die vermehrte Empfindlichkeit von Hochzuchtrassen in Talwirtschaften mit Rücksicht auf die erreichbare tierärztliche Hilfe in Kauf genommen werden kann, so fällt diese Möglichkeit für hochalpine Betriebe weg.

Es ist daher leicht verständlich, wenn Landwirte, die mit den alpwirtschaftlichen Verhältnissen vertraut sind, immer wieder vor der Verdrängung ausgesprochener Bergrassen warnen. Ich erinnere nur an B r ü g g e r [1]), der sich warm für den Graubündner Bergschlag einsetzte, dann vor allem an A d a m e t z [2]), der in seinem umfassenden Referat: „Welche Grundsätze müssen für die Hebung der österreichischen Viehzucht leitend sein?" Die Frage nach der Wahl der Rinderrassen, in erster Linie vom Standpunkte der vorhandenen Daseinsbedingungen bzw. Futterproduktion — also auch der Ausnutzung der Alpweiden — abhängig machte. In neuester Zeit hat D r e x e l [3]) die Verdrängung der Oberinntaler-Rinder älterer Zuchtrichtung durch modernes Braunvieh gerade vom alpwirtschaftlichen Standpunkte aus schwer getadelt und ich selbst [4]) bin aus diesem Grunde für die Erhaltung der ursprünglichen Montafoner Rasse eingetreten.

Es sei an dieser Stelle gerne vermerkt, daß sich in Vorarlberg in den letzten Jahren ein Umschwung in den hergebrachten Ansichten bemerkbar macht. Es wird von „oben herunter" das Ablassen von der Zucht nach der schweren Ostschweizer Braunviehform, die ja eine Üppigkeitsform vorstellt, propagiert. Die Vorarlberger Braunviehtype — wenn man will, kann man sie auch moderne Montafoner nennen — soll eben zum Unterschiede von der Schweizer Form eine ausgesprochen alpine bleiben.

Wie die Erhebungen über die „Krieger"-Alpe (Nr. 6), Alpe „Gaisbühel" (Nr. 7) und „Spill" (Nr. 8) zeigen, wird hier die Wirtschaftlichkeit der Betriebsführung durch die geringe Flächenausdehnung und dementsprechend beschränkter Auftriebszahl verhindert oder mit anderen Worten, der durch die spezifische Art der Wirtschaftsführung erforderliche Mindestaufwand steht in einem krassen Mißverhältnis zum Rohertrag. Der absolute Aufwand läßt sich insbesondere auf Melkalpen eben nur bis zu einer bestimmten Grenze herunterdrücken, welche vor allem durch das Gebäudekapital und die Personalkosten gegeben erscheint. Wie z. B. ein Vergleich der Alpe „T..." und „G.-B." zeigt (siehe Anhang XII usw.), entfallen in dem einen Fall („T...") auf die Kuh 30 Kronen Personalunkosten, in dem anderen Fall („G.-B.") jedoch 46 Kronen.

Kleine Alpen haben nur dort ihre Berechtigung, wo sie nahe dem Talgut liegen, für unseren speziellen Fall, wo sie an ein Bergbauerngut unmittelbar angegliedert sind, von dem aus die von der Alpe geforderte Arbeit geleistet werden kann. Wenn die Entfernung einer kleinen Alpe von der Talbasis über zwei Gehstunden beträgt, hängt sie sozusagen in der Luft.

Für die Alpe „Spill" wird auch Wassermangel als ein mitbestimmender Faktor für die Ertragsverschlechterung angeführt. In unserem besonderen Falle sind darüber nicht viel Worte zu verlieren, da eine Wasserbeschaffung in trockenen Sommern rein technisch auf unüberwindliche Schwierigkeiten stößt. Nur die allgemeine Bemerkung sei gestattet, daß auch dann, wenn die Zuleitung von Wasser technisch möglich ist, kleinen Alpen vielfach nicht geholfen werden kann, da sich die oft beträchtlichen Kosten auf eine zu geringe Stückzahl Kühe verteilen.

---

[1]) C. B r ü g g e r. Das Vieh Graubündens und seine Beziehungen zur brachycephalen Urrasse, Bern, 1914.

[2]) L. A d a m e t z. Referat, gehalten in der Wintertagung der deutschen Landwirtschaftsgesellschaft für Österreich. Veröffentlicht in Heft 8, Wien, 1920.

[3]) S. D r e x e l, Beiträge zur zootechnischen Stellung und wirtschaftlichen Eigenschaften der Oberinntaler Rasse (wird demnächst veröffentlicht).

[4]) H. P e t e r, Studien über die zootechnische Stellung und die wirtschaftlichen Eigenschaften der Montafoner Rasse alter Type. Arbeiten der Lehrkanzel für Tierzucht an der Hochschule für Bodenkultur in Wien. Band I. 1922.

Eine für den ersten Moment nicht erklärliche Erscheinung ist die teilweise Aufgabe der Weidenutzung auf der „Schafalpe“ in Lech. Nachfolgende Überlegung wird jedoch die Sache verständlich machen.

Alle Bergbauernbetriebe, die bereits in der Hochalpenregion liegen, leiden im Frühjahr und Herbst unter einem empfindlichen Weidemangel, welcher in der verkürzten Vegetationszeit begründet ist, die wiederum gesteigerte Ansprüche an Winterfutter im Gefolge hat. Es trachtet daher einerseits der Bergbauer alle nur halbwegs geeigneten Bodenflächen zur Heugewinnung heranzuziehen, anderseits vermeidet er möglichst ein längeres Beweiden seiner Wiesen. Da nun in der ersten Hälfte Juni der Graswuchs in den Hochalpen noch nicht soweit gediehen ist, daß eine Nutzung möglich wäre, ergibt sich durch zwei bis drei Wochen ein empfindlicher Fehlbetrag an Futter. Um ihn zu decken, werden relativ hohe Pachtbeträge für die sogenannten „Frühjahrs-“ und „Herbstweiderechte“ bewilligt.

So erreichen sie in unserem Falle, wo nur der tief gelegene kleinere Teil der Alpe als Frühjahrs- und Herbstweide herangezogen wird, die Höhe des Pachtzinses, wie ihn früher die ganze Alpe abgeworfen hatte.

Den Besitzern der „Schafalpe“ bleibt nun überdies ein eventueller Mehrertrag, der durch die Produktion von Bergheu auf den höher gelegenen Teilen der Alpe gegeben erscheint.

Noch ist allerdings die Frage zu beantworten, ob es nicht klüger gewesen wäre, die tiefer gelegenen Weidegänge der „Schafalpe“ zwar als „Frühjahr-“ bzw. als „Herbstweide“ zu nutzen, trotzdem aber den höher gelegenen Teil als verkleinerte Hochalpe weiterzuführen. Dem steht entgegen, daß sich 1. einmal die Viehhutkosten für die geringe Stückzahl der aufgetriebenen Tiere zu hoch stellen würden, und daß 2. durch das Wegfallen der tiefer gelegenen Alpgebiete die Möglichkeit der „Schneeflucht“ verloren ginge.

Das Beispiel der „Schafalpe“ zeigt sinnfällig, daß eine extensive Betriebsführung von Hochalpen, vom privatwirtschaftlichen Standpunkt aus betrachtet, nutzbringender sein kann wie der umgekehrte Fall.

Wie die Erhebungen über die Alpen Nr. 3, 4, 6, 7, 8 und teilweise 9 zeigen, hatte der Verzicht auf den Weidebetrieb nicht die Verödung der Alpe zur Folge, sondern sie wurde zur Heunutzung (Bergmähder) herangezogen. Wir haben nun folgende prinzipiell verschiedene Fälle festzuhalten:

1. Die Umwandlung von Alpen in Bergmähder stellt die letzte Möglichkeit vor, dem Boden einen bescheidenen Ertrag abzugewinnen oder doch wenigstens eine Arbeitsmöglichkeit zu schaffen, die sich in Form von Heu bezahlt macht (Beispiele stellen die Alpen Nr. 4, 6, 7 und 8 vor).

2. Der in hochalpinen Bergwirtschaften stark gesteigerte Bedarf an Winterfutter, die Unmöglichkeit des Futterzukaufes vom Flachland, das Überwiegen der Weidemöglichkeit im Sommer, zwingen den Bergbauern, Alpweideflächen in Heuberge zu verwandeln (Fall 3, Alpe „Oberhoren“). Diese Umstellung in der Nutzung des Bodens kann sich auch dann als notwendig erweisen, wenn selbst der Reinertrag (für diese Alpe bzw. Heuberg als solche) hiedurch sinkt. Wie unser Fall 3 zeigt, steht auch im Betriebserfolge die Nutzung der Alpe „Oberhoren“ als Weide jener der Heugewinnung weit voran (Anhang XVI). Dabei ist noch zu bemerken, daß normalerweise wohl eine Weidefläche jedes Jahr einen Ertrag abwirft, nicht aber ein Bergmahd (siehe den verregneten Sommer 1924). Außerdem muß ein Bergmahd, um der Verarmung des Bodens an Nährstoffen etwas vorzubeugen, vielfach jedes zweite Jahr ungenutzt liegen bleiben (Gründüngung).

Endlich haben wir noch die Ursachen der fehlenden Rentabilität der Schafhaltung auf der Alpe Nr. 10 („Gamsboden") und Nr. 1. („Gletscher" als reine Schafalpe) zu besprechen.

Die im Jahre 1907 vorgenommene Umstellung der Alpe „Gletscher" auf eine reine Schafalpe hat sich gleich vom Anbeginn nur mangelhaft rentiert und es zeigt sich vor allem ein von Jahr zu Jahr weiter fortschreitendes Sinken des bescheidenen Ertrages. Nach Mitteilungen des letzten Besitzers belief sich der jährliche Rohertrag der Alpe auf durchschnittlich 1100 Goldkronen[1]), der gesamte Aufwand (Hirtenlöhne, Schneeflucht, Auf- und Abtriebskosten, Salzgeld etc.) auf 800 Goldkronen. Der resultierende Reinertrag von 300 Kronen stellte eine 2·14 prozentige Verzinsung des Wertes der Alpe (14.000 Kronen) vor.

Das bereits mit Ende des vorigen Jahrhunderts einsetzende Zurückgehen der Schafhaltung in den Alpenländern, welches sich die letzten Jahre vor Kriegsausbruch noch bedeutend verschärfte, war für einen vorausblickenden Landwirt Grund genug, sich über die fernere Möglichkeit der Verpachtung von Schafweiderechten Sorge zu machen[2]). Da die Alpe außerdem dem Besitzer unter den gegebenen Verhältnissen keinerlei Arbeitseinkommen bieten konnte, war es nur folgerichtig, wenn ein den vollen Wert der Alpe betragendes Kaufangebot angenommen wurde. Schließlich war eine jährliche Mehreinnahme von 240 Goldkronen auch für einen finanziell gut fundierten Bergbauern nicht zu verachten.

Ausdrücklich soll noch betont werden, daß die Möglichkeit des Aufkaufens der Alpe für Jagdzwecke nur eine Folge des immer schlechter werdenden Betriebsergebnisses war und nichts mit „Bauernlegen" im gebräuchlichen Sinne des Wortes zu tun hat.

Infolge der geringen Auftriebszahl (300 Stück) und der äußerst ungünstigen Lage zum Tal wurde die Schafalpe „Gamsboden" (Nr. 10) bereits im Jahre 1860 aufgelassen, also zu einer Zeit, in der die Unwirtschaftlichkeit der Schafhaltung in den Alpenländern ihren Anfang nahm.

Die Entstehung neuer Alpen am Tannberg und deren gegenwärtiger Betriebszustand

Die in den letzten hundert Jahren in den politischen Gemeinden Schröcken und Lech neu errichteten Alpen verdanken alle ohne Ausnahme ihre Entstehung aufgelassenen Bergbauernbetrieben. Insgesamt waren es 33 Höfe, die in Alpweiden umgewandelt wurden.

Wenn wir mit der Besprechung der drei „Älpele"-Alpen beginnen, ist vor allem die Tatsache von Bedeutung, daß das sogenannte „Älpele" früher einen aus 10 dauernd besiedelten Höfen bestehenden Weiler vorstellte. Neben der ungünstigen Lage zu Kirche und Schule hatte die Fraktion „Älpele" vor allem unter der schwierigen Holzbeschaffung zu leiden.

Die Anzahl der einstens von den „Älpele"-Bauern gewinterten Rinder war eine ganz beträchtliche. Übereinstimmend wurde mir mitgeteilt, daß ca. 30 Kühe und 110 Stück Jungvieh über den Winter gefüttert wurden und letztere außerdem auf den im Gebiete der heutigen drei Alpen liegenden Sommerweiden dauernde Weidemöglichkeit hatten. Wie eingangs erwähnt, beläuft sich die gegenwärtige Auftriebszahl auf 59 Kühe.

---

1) Der Weidezins betrug für ein großes Schaf K 2·—, für ein kleines K 1·4.
2) Die auffallende Zunahme der Schafhaltung während der Kriegsjahre hat sich bald wieder in das Gegenteil gekehrt.

Ehe wir nun den Betriebszustand der „Älpele"-Alpen näher untersuchen, möge folgende Feststellung vorausgeschickt werden. Gewöhnlich wird der Rückgang der Auftriebszahl der zu sömmernden Tiere für eine bestimmte Alpe so vorgenommen, daß der ursprüngliche Rinderbestand in Stück Großvieh umgerechnet und dem ebenso vereinheitlichten der gegenwärtigen Zeit gegenübergestellt wird. Für unseren speziellen Fall würde die Rechnung lauten: die Bergbauernhöfe produzierten für 130 Kühe Sommerfutter (das gesamte Futter für 100 tägige Weidezeit umgerechnet), die gegenwärtig gealpte Stückzahl Kühe beträgt 59, folglich ergibt sich ein Rückgang von 71 Stück = 55% der ursprünglich aufgetriebenen Viehmenge. Daß diese Art der Ermittlung des Rückganges der alpinen Weidefutterproduktion zu falschen Schlüssen führen kann, möge folgende Überlegung beweisen: Wenn wir nach Tschavoll[1]) annehmen, daß der Futterbedarf von 1 Stück Großvieh vor rund 50 Jahren 10 *kg* Heuwerte betragen hat, so lieferte der Weiler „Älpele" (abzüglich aller aus Bergmähdern etc. zugeführten Heumengen) jährlich rund 130.000 *kg* Heuwerte. Dies entspricht bei einem Futterbedarf von 14 *kg* Heuwerten[2]), den eine moderne Braunviehkuh stellt, und bei einer 100 tägigen Weidezeit einer Auftriebszahl von nur 92 Kühen. In Wirklichkeit werden also gegen früher um 33 Kühe weniger gealpt (35·8%).

Es ergibt sich die interessante Tatsache, daß der festgestellte Rückgang der Alpwirtschaft, soweit er in einer verminderten Auftriebszahl begründet ist, vielfach gar keinen Rückgang vorstellt, sondern daß sich in der Rechnung: Stückzahl = Futterertrag : Futterbedarf nur der eine Faktor auf Kosten des andern vergrößert hat. Wie ich bereits in meiner Abhandlung über das Montafoner Rind alter Type (l. c.) erwähnte, hat mir der Leiter der Agrar-Landesbehörde für Vorarlberg, Herr Oberbaurat Ing. F. Luger mitgeteilt, daß eine Reihe von Vorarlberger Alpen bis zu 40% weniger Vieh gegen früher auftreiben und er gleich mir der Ansicht sei, daß dies zum Teil auf den größeren Futterbedarf der Tiere zurückgeführt werden müsse.

Daraus erklärt sich auch, warum verschiedene Alpen, die in einem ordentlichen Betriebszustande sind, Weiden zukaufen müssen, um die gleiche Stückzahl weiter alpen zu können. Daß zu diesem Zwecke mit Vorliebe Bergbauerngüter herangezogen werden, ist ganz natürlich.

Um Wiederholungen, die sich aus einer getrennten Besprechung des Betriebszustandes der neu entstandenen Alpen ergeben würden, zu vermeiden, soll erst noch ein markanter Fall kurz skizziert werden, nämlich jener der Alpe „Kar".

Der eingangs gebrachten Schilderung über den Werdegang der Alpe „Kar" mögen noch einige ergänzende Bemerkungen angefügt werden. Der ursprünglich dauernd besiedelte Weiler „Kar" hatte eine äußerst ungünstige Lage zum Kirchdorf Lech, welches bei schneefreiem Weg in 2 Stunden erreichbar war. Dazu kam noch, daß die Holzbeschaffung große Schwierigkeiten verursachte und in trockenen Jahren empfindlicher Wassermangel fühlbar war. Die kolossalen Schneemassen, welche jeden Winter niederfielen, brachten es mit sich, daß auf der Alpe „Oberkar" jeder, auch noch so sorgfältig erbaute Stall in wenigen Jahren durch seitlichen Schneedruck zerstört wurde. Daß sich die früher erwähnten finanziellen Schwierigkeiten einstellen mußten, ist nach dem Geschilderten leicht verständlich.

---

[1]) Zitiert nach Stebler, Alp- und Weidewirtschaft, Berlin, 1903.
[2]) Der tägliche Futterbedarf einer 500 bis 550 *kg* schweren Braunviehkuh kann dann mit 14 *kg* Heu angenommen werden, wenn hochprima Bergheu verfüttert wird (Wiesenheu, Grummet und Bergmähderheu) wie dies tatsächlich am Tannberg geschieht.

Noch interessiert uns der wirkliche Rückgang in der Futterproduktion. Die Karbauern haben im Jahre 1890 für 62 Kühe Weidefutter (umgerechnet auf 70 tägige Weidezeit und 500 *kg* Lebendgewicht) hervorgebracht. Im Jahre 1914 sömmerte die Alpe mit der gleichen Fläche noch 50 Kühe. Die Alpgenossenschaft Unterauenfeld, welche 1915 $7/10$ des Weidewertes käuflich erwarb, hat statt der Möglichkeit 35 Kühe während der Alpperiode zu ernähren, nur noch eine solche für 7 Kühe. Verglichen mit der ursprünglich errechneten Auftriebszahl des heute zur Alpe „Unterauenfeld" gehörenden Teiles der Alpe „Kar" (43 Stück) ergibt sich ein Verlust an Sommerweide für 36 Kühe oder von $83.7^0/_0$.

Es läßt sich heute schon voraussagen, daß die Alpe „Kar" in wenigen Jahren der Vergangenheit angehören wird.

Was nun den effektiven Verlust von $35.8^0/_0$ des produzierten Futters auf den „Älpele"-Alpen und von $83.7^0/_0$ auf der Alpe „Kar" anbelangt, so liegt er tatsächlich in einer Ertragsverminderung infolge extensiverer Bewirtschaftung begründet. Fernstehende könnten leicht geneigt sein, die Ursachen dieser extensiven Wirtschaftsführung in einer Sorglosigkeit, Bequemlichkeit oder gar Indolenz zu suchen. Daß dem nicht so ist, soll nachstehende Überlegung klarlegen. Da die günstig gelegenen Weideplätze der „Älpele"-Alpen — ich verstehe darunter in erster Linie jene, welche sich zentral um die Hütten ausbreiten und nicht zu stark geneigte Terrainverhältnisse aufweisen — relativ gut gepflegt und ausreichend gedüngt werden, kann es sich in erster Linie nur um eine Vernachlässigung in der Pflege entfernter gelegener Futterplätze handeln. Tatsächlich läßt sich nun auf der „Älpele"-Alpe des P. M. folgende Feststellung machen: die Weideflächen des untersten Staffels, soweit sie nicht auf der anderen Talseite liegen (durch ein „Tobel" getrennt), sind in sehr gutem Zustande. Der obere Teil des mittleren Staffels („Noboden") ist bereits stark verunkrautet (Borstgras, Alpenrosen, Heidelbeeren etc.) und der Oberstaffel („Salober") hat eine in der Qualität zwar vorzügliche, im Ertrag aber nur noch geringe Weide zur Verfügung. Die Weidegänge des untersten Staffels, welche auf der anderen Talseite liegen und starkem Steinschlag ausgesetzt sind, können heute nur als minderwertig angesprochen werden.

Die zweite „Älpele"-Alpe besteht nur aus einem Staffel mit einer Hütte in den obersten Weidegängen. Da sind es nun logischer Weise die talab- und talauswärts gelegenen Futterplätze, welche weder gedüngt noch von Steinen und Unkraut gesäubert werden. Ja die tiefstgelegenen Weidegänge werden oft überhaupt nicht befahren.

Ebenso verhielt es sich mit der Alpe „Kar", solange sie als selbständige Jungviehalpe genutzt wurde. Alle weit abgelegenen Weideflächen, mögen sie nun hoch gegen das Karhorn oder talabwärts gegen Lech oder talauswärts in der Richtung nach Auenfeld zu gelegen sein, gingen im Ertrag konstant zurück.

Verschärfte Formen nahm der Verfall der Alpe mit ihrer Angliederung als Oberstaffel an die Alpgenossenschaft Unterauenfeld an, da jetzt das gesamte Weidegebiet eine weit abliegende Futterfläche wurde.

Wenn wir noch das Beispiel der Alpe Nr. 17 („Götzner Alpe") herausgreifen, so zeigt sich hier eine, aus der Art der Entstehung der Alpe erklärliche, abgeänderte Form des Ertragrückganges, welch letzterer aber im Endeffekt das gleiche Resultat wie die erst angeführten Fälle ergibt. Drei in der Fraktion Zug, politische Gemeinde Lech, entsiedelte Berghöfe werden von der „Götzner" Alpe als unterstes Läger zugekauft und sind infolge ihrer äußerst günstigen Lage dazu ausersehen, das Rückgrat des ganzen Betriebes abzugeben. Logischerweise konzentriert sich aller Fleiß und alle Aufmerksamkeit auf die Pflege des neugewonnenen Weidelandes, welches daher in seinem Ertrag gleich bleibt. Alle höher gelegenen Weidegänge der Stammalpe werden durch Hinunterrücken des Schwerpunktes (Hauptläger!) der Alpe außenstehende Flächen, für die sich eine regelmäßige Bewirtschaftung nur noch vermindert lohnt; ihr Ertrag geht zurück und damit der Ertrag der Gesamtalpe, welche jetzt weniger Futter produziert als die früher getrennt gewesenen Teile Stammalpe + Berghöfe.

Wie unsere bisherige Überlegung zeigt, betrifft der auf den neu entstandenen Alpen festgestellte bedeutende Rückgang der Weidefutterproduktion (gegenüber den Erträgen der ursprünglichen Bergbauernhöfe) in erster Linie nicht alle Weideflächen der Alpe, sondern nur die stark abseits befindlichen; diese werden nur noch ganz extensiv bewirtschaftet.

Es ergibt sich nun die Frage, warum im Gegensatze zur neuentstandenen Alpe, im ursprünglichen, selbständigen Bergbauernhof eine tatkräftigere Bearbeitung der Bodenflächen dauernd bewerkstelligt werden konnte. Zum großen Teil wohl darum, weil der Bergbauernhof vor allem eine Stätte dauernder Arbeitsmöglichkeit vorstellte, und nicht vom Standpunkt einer reinen Ertragswirtschaft aus geführt wurde. Daß sich dabei die aufgewendete Arbeit nur schlecht bezahlt machte, war deshalb nicht ausschlaggebend, weil der Bergbauer (zwecks Erhöhung des ohnehin geringen Einkommens) gezwungen war, in Zeiten verminderten Arbeitsbedarfes (z. B. vor der Heuernte und im Herbst) für sich und seine Familie auch gering lohnende Arbeitsmöglichkeiten auszunutzen. Es ist daher erklärlich, daß z. B. die an und für sich minderwertigen Heimweiden und Heimalpen der Bergbauernbetriebe mit einer relativ bedeutenden Pflege bedacht wurden und daher auch eine größtmögliche Futtermenge lieferten.

Wesentlich anders stellt sich nun die Sachlage nach der Umwandlung des Bergbauernhofes in eine Alpe dar. Es kann der Fall eintreten (Nr. 12, 14 und 17), daß die Alpe nicht mehr von Familienmitgliedern betreut wird, sondern fremde Arbeitskräfte verwendet werden müssen. Damit wird aber die Alpe eine reine Ertragswirtschaft. Dabei ist es für die Erhaltung der Alpe nicht immer unbedingt erforderlich, daß eine genügende Verzinsung des investierten Kapitals vorhanden ist, wohl hat sich aber auf jeden Fall die aufgewendete Arbeit als lohnend zu erweisen, soll nicht der Reinertrag negativ werden. Damit ist aber das Urteil über die minderwertigen Weideflächen des Betriebes (die ursprünglichen Heimweiden und Heimalpen) gegeben, sie werden nur noch extensiv genutzt, ja vielfach überhaupt nicht mehr befahren. Der Rückgang geht noch weiter. Wie aus den späteren Ausführungen klar hervorgehen wird, erweist sich die auf günstig gelegenen Weiden und Wiesen durch intensive Pflege vermehrte Futterproduktion ebenfalls als unrentabel, sie bringt nur ein erhöhtes Arbeitseinkommen. Folglich muß in einer reinen Ertragswirtschaft, die solche Alpen vorstellen, auch die vermehrte Futterproduktion der guten Weiden auf ein Maß zurückgeführt werden, welches das Ausbleiben eines negativen Reinertrages verbürgt. Die am Tannberg übermäßig stark verkürzte Vegetationszeit verhindert ein gleichzeitiges Ansteigen der Rein- und der Roherträge, es können vielmehr im Gegenteil schon mäßig hohe Roherträge (vom Standpunkte der Talwirtschaft hoch!) ein absolutes Sinken der Reinerträge im Gefolge haben.

Aber auch dann, wenn die auf der Alpe erforderlichen Arbeitskräfte von der Besitzerfamilie beigestellt werden, wenn also die Alpe weiterhin eine Stätte gesicherten Arbeitseinkommens bleibt, ist ein allerdings schwächerer Rückgang des Ertrages nicht aufzuhalten.

Man muß sich vor Augen halten, daß auch selbstbewirtschaftete Alpen nur insoweit als Arbeitsquelle herangezogen werden, als sich die dort geleistete Arbeit lohnender erweist, wie jene im Talbetriebe. Es unterbleiben daher eine Reihe von Arbeitsaufwendungen, die im Bergbauernbetriebe noch als „Füllarbeit" in der toten Zeit verrichtet wurden und die allen weitab gelegenen Weideflächen zugute kamen.

Nur dann, wenn der Alpbesitzer überschüssige Familienarbeitskräfte, für die er im Talbetriebe keinerlei Verwendung hat, auf die Alpe dirigieren muß, bleibt die Intensität der Wirtschaftsführung erhalten, die Erträge werden nicht merklich sinken. Es ist daher eine in Vorarlberg allgemein zu beobachtende Tatsache, daß Privatalpen, so sie im Besitze einer vielköpfigen Bauernfamilie sind, als die erträgnisreichsten anzusprechen sind.

Vielfach sind nun Alpbesitzer nur zeitweilig in der Lage, ein vermehrtes Arbeitsaufgebot von der Talwirtschaft auf die Alpe abzubeordern und die Ausführung dieser Möglichkeit hängt wieder in erster Linie von der Entfernung der Talwirtschaft zur Alpe ab. Die Bergbauern haben nun den gewaltigen Vorteil, daß sich ihre Alpen fast unmittelbar an ihre Höfe anschließen, daß sich also nur geringe Zeitverluste zur Erreichung der Arbeitsstätte ergeben und dementsprechend viel häufiger eine Arbeitsaushilfe den Alpweiden zugutekommt, was sich wieder in einem erhöhten Futterertrag geltend macht. Umgekehrt muß mit zunehmender Entfernung der Talbasis die Wirtschaftsintensität und damit der Rohertrag sinken.

Endlich wäre noch folgendes Moment zu berücksichtigen. Da sich kleine Alpen, wie aus früher besprochenen Gründen hervorgeht, nur unter ganz bestimmten Voraussetzungen halten können, besteht die Tendenz, m e h r e r e aufgelassene Berghöfe zu e i n e r großen Alpe zu vereinen oder einen einzelnen Hof einer schon bestehenden Alpe anzugliedern[1]).

Um den übermäßigen hohen Aufwand, den die getrennte Bewirtschaftung der einzelnen Höfe erfordert, zu vermeiden, wird eine einzige Zentralstelle (Alphof) geschaffen, von der aus die Versorgung der Alpe mit allem Notwendigen erfolgt. Damit gelangen aber eine Reihe von Weidegängen in den Bereich der außenstehenden Feldflächen und gehen daher aus bekannten Gründen im Ertrag zurück. Dabei kann dieses Fallen des Rohertrages — infolge noch stärkerer Abnahme des Aufwandes — eine Erhöhung des Reinertrages zur Folge haben.

Wenn wir nun das im vorstehenden Abschnitte Ausgeführte kurz zusammenfassen, so ergibt sich folgendes Bild:

1. Die neuentstandenen Alpen stellen v e r ö d e t e B e r g b a u e r n h ö f e vor.

2. Die Futtererträge der als Alpweide genutzten Bergbauernhöfe gehen konstant zurück.

3. Die Ursache dieses Rückganges liegt in der gegenüber dem Bergbauernhof herabgeminderten Wirtschaftsintensität der Alpe.

4. Die herabgesetzte Wirtschaftsintensität wird durch die Umstellung der A r b e i t s w i r t s c h a f t (Bergbauernhof) auf eine E r t r a g s w i r t s c h a f t (Alpe) bedingt.

---

[1]) Es ist in allen hochalpinen Lagen ein Zusammenballen der kleinen Besitzungen in große Betriebe festzustellen.

5. Die von Haus aus ungünstig gelegenen Heimweiden und Heimalpen der ursprünglichen Bergbauernhöfe bleiben nach deren Umwandlung in Alpen vielfach vollständig ungenutzt und verfallen.

6. Das Veröden der Bergbauernhöfe bringt eine höchst ungünstige Verschiebung der Talbasis für die zurückbleibenden Alpen mit sich, was sich in einer extensiveren Bewirtschaftung und dementsprechenden Sinken der Futtererträge bemerkbar macht.

7. Das fortgesetzte Zurückweichen der Bergbauernhöfe bringt an und für sich schlecht gelegene Alpen mit geringen Erträgen (Nr. 1, 2 und 14) zum vollständigen Verfall.

Wie diese Zusammenfassung klar ergibt, besteht ein ursächlicher Zusammenhang zwischen dem Rückgang der hochalpinen Weideerträge (Rückgang der Alpwirtschaft) und dem Veröden der Bergbauernsiedlungen am Vorarlberger Tannberg, ja ich gehe soweit, zu behaupten, daß eine günstige Entwicklung der Alpwirtschaft am Vorarlberger Tannberg mit der Erhaltung der Berghöfe steht und fällt.

Es ergibt sich daher die Notwendigkeit, den Ursachen des Verfalles der Bergbauernwirtschaften nachzugehen, um eventuelle Anhaltspunkte für eine einsetzende Verbesserung ihrer Wirtschaftsführung zu finden.

Untersuchungen über die Ursachen des Verfalles der Bergbauernwirtschaften am Vorarlberger Tannberg

Ehe wir auf die Besprechung der einzelnen für die Verödung der Berghöfe maßgebenden Gründe eingehen, wollen wir erst die allgemeine Seite der Entsiedlung von Bergdörfern kurz betrachten. Wir müssen uns einmal darüber Klarheit verschaffen, ob wir es am Vorarlberger Tannberg und ähnlichen Gegenden der Alpenländer mit einer L a n d f l u c h t im gewöhnlichen Sinne des Wortes, mit einer Flucht in die Stadt bzw. andere Berufe zu tun haben, oder ob es sich nur um eine H ö h e n f l u c h t (Beibehalten des landwirtschaftlichen Berufes) handelt.

Wie die Erhebungen zeigen, hat von den vom Tannberg abgewanderten Personen männlichen Geschlechtes nur ein verschwindend kleiner Teil andere Berufe ergriffen, und vor allem ist mir nur ein einziger Fall bekannt, daß ein abgewanderter s e l b s t ä n d i g e r Bergbauer der Landwirtschaft den Rücken kehrte. Auch die Mehrzahl der zu Tal gezogenen Frauen sind dem Bauerntum erhalten geblieben, wenn auch hier aus bekannten Gründen (Heirat, Dienstboten) der Prozentsatz der Berufwechselnden naturgemäß ein höherer ist. Ein Abwandern bzw. eine Berufsänderung des Gesindes spielt nur eine ganz untergeordnete Rolle, da mit wenigen Ausnahmen der Tannberger Bergbauer in seinen Familienmitgliedern ausreichende Arbeitskräfte zur Verfügung hat und er im Bedarfsfalle Knechte bzw. Mägde aus kinderreichen Bergbauernfamilien heranziehen kann.

W i r   h a b e n   e s   a l s o   d e r   H a u p t s a c h e   n a c h   m i t   e i n e r F l u c h t   a u s   a l p i n e n   H o c h l a g e n   i n   g ü n s t i g e r   g e l e g e n e   T a l - g e g e n d e n   z u   t u n. Dabei vollzieht sich dieses Abwandern vielfach in Etappen. So z. B. die Familie W. vom „Zuger Älpele" (Nr. 16) nach „Bürstegg" (Nr. 15), von dort in das Kirchdorf Lech und jetzt erst in das Flachland. Oder die Familie B. vom „Kar" (Nr. 14) nach Schröcken und endlich in den Walgau (Voralpenland).

Es können daher für die weiteren Untersuchungen viele Gründe außer acht gelassen werden, welche für das Aufgeben des landwirtschaftlichen

Berufes mehr oder weniger wichtig sind, ebenso entfallen alle für das Abwandern des Gesindes in Frage kommenden Gesichtspunkte.

Daß Momente, wie die Möglichkeit sozialen Aufstieges oder ähnliches mehr für die Höhenflucht mitbestimmend sein könnten, ist schon deswegen von der Hand zu weisen, weil ihnen, wie Hainisch[1]) überzeugend nachweist, nicht einmal für die Landflucht (Berufswechsel) irgend eine größere Bedeutung zukommt.

Wie in einem späteren Abschnitte gezeigt wird, können wir zwei Gruppen von abwandernden Bergbauern feststellen. Die eine umfaßt freiwillig wegziehende intelligente, rechnende Menschen, welche zur Überzeugung gelangt sind, daß ihnen der Bergbauernhof auf die Dauer kein genügend großes Einkommen gewährleistet (z. B. Nr. 12), die zweite Gruppe betrifft alle jene, welche durch den Zusammenbruch ihrer Wirtschaft zur Höhenflucht gezwungen werden (z. B. Nr. 14).

Es schrumpfen also die Ursachen, welche zur Höhenflucht führen, alle letzten Endes auf wirtschaftliche Erwägungen zusammen und es ist daher unsere Aufgabe, nachzuweisen, ob die Bergbauernwirtschaft tatsächlich keinen Ertrag abwirft und wie es mit dem Arbeitseinkommen, welches sie dem Besitzer und seiner Familie bieten soll, bestellt ist. Insbesondere ist letzteres Moment von ausschlaggebender Bedeutung, denn für die Mehrzahl der Bergbauern handelt es sich einzig und allein darum, ein bescheidenes Fortkommen zu finden, welches nicht durch eine übermäßig große Plage erkauft werden muß.

Um ein einwandfreies Bild über die Wirtschaftslage der Tannberger Bauern zu schaffen, wurden eine Reihe von zahlenmäßig festgelegten Rentabilitätserhebungen, Produktionskostenberechnungen, Ermittlungen von Arbeitseinkommen usw. durchgeführt, die der Arbeit als Anhang beigelegt sind. Es wurde einer der bestgeleiteten Bauernbetriebe von Schröcken herausgegriffen und an Hand der Angaben und Aufzeichnungen des einen Besitzers (der heute übrigens auch abgewandert ist) eine vollständige Betriebsaufstellung vorgenommen. Da, wie schon erwähnt, immer die für den Betriebserfolg günstigsten Zahlen — höchste Milcherträge, geringster Arbeitsaufwand, Vernachlässigung des Risikos in der Viehhaltung — verwendet wurden, stellt das Ergebnis das Maximum dessen dar, was in den letzten Jahren vor Ausbruch des Weltkrieges aus einer Schröckner Bergbauernwirtschaft herauszuholen war. Außerdem ist der Betriebserfolg der Melkalpe „G.-B." (Lech), welche wohl eine der bestgeführten Alpen vorstellte, mitverwendet.

Die den Geschwistern P... gehörende Bergbauernwirtschaft besteht aus dem Heimgute „Z..." (Höhenlage 1240 *m*) in Schröcken, der Melkalpe „T..." (1200 *m*) und den Bergmähdern in „A..." (1600 *m*). Das Heimgut ist vollständig arrondiert, die Bodenverhältnisse sind gut, die Wiesenflächen liegen zum größeren Teil eben, zum kleineren Teile mäßig geneigt und sind in einem vorzüglichen Betriebszustande. Das Wohnhaus mit angebautem Stalle liegt inmitten der Wiesen und macht wie alle Vorarlberger Bauerngehöfte einen soliden Eindruck. Kirche, Schule und Post sind auf einem im Winter stark lawinengefährdeten Weg in einer Viertelstunde zu erreichen.

Die Melkalpe „T..." liegt vom Heimgut 1/2 bis 3/4 Stunden weit entfernt und besteht aus zwei Staffeln mit je einer Hütte, wovon die tiefer

---

1) Hainisch, Landflucht, Fischer, Jena, 1924.

gelegene äußerst solid und praktisch gebaut ist. Der Betriebszustand der Alpe ist als gut anzusprechen. Die Zufahrtswege können für Vieh als ausreichend bezeichnet werden, für den Abtransport der Käse sind sie dagegen unzulänglich. Die Auftriebszahl beträgt 28 Kühe, die Weidezeit 111 Tage.

Die Bergmähder in „A . . ." (eineinhalb Stunden vom Heimgut entfernt) gehören zu den schönsten ihrer Art, sind im Ertrage relativ sehr gut und liefern vor allem eine vorzügliche Futterqualität. Die Erntearbeiten können bequem vorgenommen werden. Der Abtransport des Heues im Winter gestaltet sich nicht schwierig und vor allem nicht gefahrvoll.

Der Reinertrag des ganzen Betriebes wurde der Übersicht halber für alle drei Objekte getrennt ermittelt (Anhang I). Insgesamt beträgt er Kronen 416·85, in Prozenten des Aktivkapitals 1·11%, er bewegt sich also in einer Höhe, die Laur[1]) für Schweizer Alpbetriebe[2]) nicht mehr als befriedigend anspricht. Selbst dann, wenn man berücksichtigt, daß in vielen Bauernwirtschaften des Vorarlberger Flachlandes der Reinertrag auch nicht wesentlich höher war, ergibt sich doch ein bedeutend ungünstigeres Bild, da das erzielte landwirtschaftliche Einkommen mit Kronen 1391·85 gerade noch das Existenzminimum erreicht.

Wie nun eine Überprüfung der Reinertragszusammensetzung ergibt, ist es der negative Wirtschaftserfolg des Heimgutes, welcher dieses schlechte Resultat hervorbringt. Nicht die Alpe, ja nicht einmal die Bergmähder sind an dem ungünstigen Betriebsergebnisse beteiligt, sondern das Heimgut allein ist schuldtragend. Nun stellt aber das Heimgut bekanntermaßen die Basis der gesamten Bergbauernbetriebe vor, es muß sich daher seine Unwirtschaftlichkeit für den Weiterbestand des Betriebes besonders ungünstig auswirken. Der Baum krankt an der Wurzel.

Besprechung der Reinertragserhebung im Heimgute „Z . . ."

Der Reinertrag des Heimgutes „Z . . ." (Anhang II) ist Kronen — 403·18 oder in Prozenten des Aktivkapitals ausgedrückt beläuft er sich auf — 2·9%. Daß diese für den Tannberg festgestellte Erscheinung keinen vereinzelten Fall vorstellt, geht wohl am klarsten daraus hervor, daß Laur (l. c.) in 14 von 30 untersuchten Bündner-Walliser Bergbetrieben[3]) in der Schweiz ebenfalls einen negativen Reinertrag erhoben hat, der in einem Extremfalle — 11·06% erreicht. Selbst in den 16 Betrieben, in denen Laur einen positiven Wirtschaftserfolg nachweist, beruht er 13 mal auf einer Besonderheit der Betriebsführung, wie starker Kartoffelbau, Obstbau, Bienenzucht, vorzüglicher Milchabsatz (Fremdenverkehr) usw. Dies sind aber alles Momente, welche für den Tannberger Bauern nicht in Frage kommen.

Wir wollen nun die einzelnen Posten in der Reinertragsaufstellung durchgehen, um eventuell einen Anhaltspunkt zu finden, wo eine Besserung einsetzen könnte. Wenn wir mit dem Rohertrage beginnen, so fällt vor allem auf, daß er auf die Flächeneinheit (694 K per Hektar) umgerechnet, nicht die Höhe erreicht, wie sie Laur (l. c.) für Kleinbauernbetriebe im Mittel

---

1) Untersuchungen, betreffend die Rentabilität der Schweizerischen Landwirtschaft, Landw. Jahrbücher der Schweiz, 1906 usw.

2) Unter Alpbetrieb versteht Laur einen Betrieb, wie ihn unsere Bergbauernwirtschaften vorstellen.

3) Bündner-Walliser Bergbetriebe sind Bergbauernhöfe ohne Alpe in den Kantonen Graubünden und Wallis der Schweiz und sind einem Tannberger Heimgut gleichzustellen.

anführt (900 Fr. pro Hektar), sondern ziemlich genau mit dem für Mittelbauernbetriebe (693 Fr.) übereinstimmt. Soweit eine obere Grenze des Rohertrages durch die natürlichen wirtschaftlichen Verhältnisse, wie verkürzte Vegetationszeit usw. gegeben erscheint, ist sie verständlich und unabänderlich; sie spielt in unserem Fall eine bedeutende Rolle. Anders verhält sich die Sache dann, wenn die Rohertragsgröße durch eine ungünstige Verwertung der erzeugten Produkte gedrückt erscheint, wie es z. B. gleich der erste Posten in der Rohertragsaufstellung des Heimgutes „Z...", aufzeigt. Es wird zwar eine relativ sehr hohe Milchmenge ausgewiesen, aber der Verwertungspreis derselben läßt manches zu wünschen übrig. Dabei stellt er noch lange nicht das Minimum vor, welches in Tannberger Bergbauernbetrieben in der Mehrzahl der Fälle zu finden ist. Wie tief der Verwertungspreis sinken kann, geht aus den im Anhange III beigefügten Zahlen hervor, welche aus mehreren Bergbauernbetrieben, die infolge ihrer ungünstigen Verkehrslage gezwungen waren, die Milch selbst zu verarbeiten, ermittelt wurden. Er stellt sich auf 11·1 Heller per Liter. In unserem Falle erreicht er die Höhe von 13 Heller und war im ortsüblichen Vergleich als sehr gut zu bezeichnen. Wie hoch er sein könnte, zeigt die Reinertragserhebung der Alpe „G.-B." (Anhang XIII) in Lech. Letzterer Fall stellt ein Schulbeispiel vor, mit welch einfachen Mitteln oft eine Betriebsverbesserung durchzuführen ist. Die Verarbeitung der Milch auf der Alpe „G.-B." (aufgetriebene Kuhzahl 15 Stück) wurde durch mehrere Alpperioden von dem Sohne des Besitzers, dem jetzigen Tierarzt Dr. L. W. vorgenommen. Während seiner Ferienzeit versah er die Funktion eines Sennen auf „G.-B." und führte ohne einen Heller Mehraufwand zu verursachen, einen äußerst sauberen und gewissenhaften Käsereibetrieb durch. Schon der erzielte Preis der Butter von K 2·50 gegenüber dem ortsüblichen von K 2·10 bis 2·20 spricht genügend für sich. Dabei war die Butter von „G.-B." von weither gefragt, was ansonsten von der Vorarlberger Butter leider nicht immer behauptet werden kann. Der Verwertungspreis war dementsprechend 15 Heller und stellte so ziemlich das Maximum dessen vor, was erzielt werden konnte.

Wie vorstehender Fall lehrt, mangelt es am Vorarlberger Tannberg und wohl überhaupt in den meisten Bergbauernbetrieben an der nötigen Sorgfalt in der Milchverarbeitung, was nur eine Folge der fehlenden fachlichen Einsicht ist. Wenn noch die zweite Erkenntnis, welche uns die Alpe „G.-B." vermittelt, festgehalten wird, daß es nämlich gar nicht erforderlich ist, Vollfett- bzw. Halbfettkäse zu erzeugen, um einen entsprechenden Milchverwertungspreis zu erzielen („G.-B." erzeugt Magerkäse), so ergibt sich für die Bergbauernbetriebe die Möglichkeit, auch bei ihren kleinen Milchmengen durch sachgemäße Verarbeitung einen befriedigenden Verwertungspreis zu erreichen.

Von welchem Einfluß ein Milchverwertungspreis von 15 Heller auf das Betriebsergebnis des „Z...."-Hofes wäre, ergibt sich daraus, daß der Reinertrag der gesamten Wirtschaft auf K 1053·00 = 2·81⁰/₀, das landwirtschaftliche Einkommen auf K 2028·00 steigen würde. Nun stellen aber 2·81⁰/₀ eine Verzinsung dar, wie sie in der Vorkriegszeit für landwirtschaftliche Unternehmungen schon als gut bezeichnet werden konnte.

Dem Heimgut „Z....", so es auf sich allein gestellt wäre, könnte aber selbst diese Verbesserung keine merkliche Erleichterung verschaffen; der Reinertrag wäre immer noch negativ (—201·18 Kronen) und das landwirtschaftliche Einkommen mit K 548·82 vollkommen unzureichend.

Trotzdem stellt aber die e r r e i c h b a r e Steigerung in den Preisen der abverkauften Milchprodukte fast die einzige Möglichkeit vor, den Gesamtbetrieb einer Wirtschaft am Vorarlberger Tannberg zu entlasten. Es fehlt in erster Linie nicht daran, daß, wie man von fernstehender Seite den Vorarlberger Züchtern immer wieder vorwirft, z u w e n i g M i l c h erzeugt wird, sondern, daß die vorhandene Milchmenge nicht bestmöglich verwertet wird. Die Annahme, daß ein steigender Milchertrag mit nur mäßig vergrößertem Futterbedarf allein schon die Milchviehhaltung günstiger gestalte, gilt jeweils nur für einen ganz kurzen Zeitraum, im übrigen erweist sie sich als schwerer Irrtum, d e n n e i n v e r s t ä r k t e s A n g e b o t v o n i n f o l g e i h r e r m i n d e r w e r t i g e n Q u a l i t ä t n i c h t w e t t - b e w e r b s f ä h i g e r P r o d u k t e h a t e i n S i n k e n d e r M a r k t p r e i s e z u r F o l g e!

Was nun den zweiten Posten des Rohertrages (abverkaufte Kälber) anbelangt, so könnte auch er sich im finanziellen Erfolg etwas günstiger darstellen. Wenn man aber bedenkt, daß der Absatz der Kälber in den Winter fällt, wo die gewaltigen Schneemassen die ohnehin schlechten Verkehrsmöglichkeiten oft längere Zeit unterbinden, so ist es verständlich, daß die besten Preise vielfach nicht ausgenutzt werden können. Zudem kommt noch ein Abzug für die erheblichen Transportkosten.

Der verzögerte Absatz der Schlachtkälber bringt für Bergbauernbetriebe übrigens noch einen weiteren Nachteil. Wie allgemein bekannt, stellt die Fütterung von Schlachtkälbern an und für sich normalerweise kein einträgliches Geschäft vor, und man füttert sie nur deshalb, um die 40 *kg* Lebendgewicht, welche das Kalb bei der Geburt aufweist, in einen konsumfähigen Zustand zu bringen. Eine längere Fütterung würde täglich steigende Verluste mit sich bringen. Da sich in unserem Falle die Milchverwertung bei der Kälbertränkung nur auf 8·3 Heller per Liter stellt, bringt jeder Tag verlängerter Haltung einen Entgang von K 0·37 per Kalb.

Wie die ausgewiesene Einnahme von K 500·— für ein abverkauftes dreijähriges Rind zeigt, ist der dritte der Rohertragsposten für Vorkriegsverhältnisse und im Vergleich zu den Vorarlberger Durchschnittspreisen als günstig anzusprechen. Wie jedoch die späteren Ausführungen zeigen werden, kann von einer entsprechenden Rentabilität der Rinderaufzucht am Vorarlberger Tannberg keine Rede sein und es fragt sich daher schon aus diesem Grunde, ob der Rohertrag, den die Aufzucht bringt, nicht steigerungsfähig wäre, oder mit anderen Worten, ob eine bessere Durch- und Höherzüchtung der Vorarlberger Braunviehrasse nicht vermehrte Einnahmen schaffen würden?

Die Antwort kann selbstverständlich nur positiv ausfallen, denn wenn auch das Vorarlberger Braunvieh die bestdurchgezüchtete Rasse Österreichs vorstellt, hat sie in Form und Leistung noch nicht die A u s g e g l i c h e n h e i t erreicht, die Vorzugspreise zu einer allgemeinen Erscheinung machen würde. Es handelt sich nur darum, wie weit die Höherzüchtung — insbesondere jene in der Leistung — gehen soll, ohne daß eine erhebliche Konstitutionsverschlechterung zu befürchten ist. Die Antwort kann nur ganz allgemein dahin lauten, daß die Leistung jene Höhe erreichen darf, die mit einer relativ kräftigen Konstitution und ebensolcher Widerstandskraft noch vereinbar ist.

Für alle Züchter, und insbesondere für die Bergbauern wäre es ein folgeschwerer Irrtum, wenn sie sich der Ansicht von A l f o n s u s [1]), nach

---

[1]) Wiener Landwirtschaftliche Zeitung Nr. 71/72, Jahrgang 1924.

der eine allzugroße Milchleistung die Konstitution nicht verschlechtern soll, anschließen würden. Alfonsus übersieht, daß zwischen absoluter Gesundheit und tatsächlicher Erkrankung das Bindeglied „Disposition zur Erkrankung" steht. Und diese wird durch eine einseitige Leistung beträchtlich verstärkt. Wohl den einleuchtendsten Beweis für das eben Gesagte erbrachte Adametz [1]), als er auf die diesbezüglichen Verhältnisse beim englischen Jerseyrind aufmerksam machte. Das Rind der Insel Jersey steht in seiner Milch- bzw. Milchfettleistung auf imponierender Höhe und dabei ist seit Jahrzehnten erwiesenermaßen auf der Insel kein einziger Fall von Rindertuberkulose bekannt. Daß sich diese Erscheinung aber nicht durch eine dem Jerseyrind zukommende Tuberkulose-Immunität begründen läßt, beweist die allbekannte Tatsache, daß alle auf den Kontinent exportierten Jerseyrinder überraschend schnell der Seuche verfallen und sogar mit einem hohen Prozentsatz an ihr zugrunde gehen, wie sie mit an Tuberkulose erkrankten Individuen in Berührung kommen. Die Erklärung geht vielmehr dahin, daß durch das seit über 140 Jahre bestehende Verbot der Einfuhr lebender Rinder auf die Insel keinerlei Einschleppung von Rindertuberkulose stattfinden konnte.

Daß durch solche Umstände nicht nur eine große Widerstandskraft und gute Konstitution vorgetäuscht, sondern die Hinfälligkeit an Tuberkulose geradezu gezüchtet wird, ergibt sich aus dem Wegfallen des Momentes der Zuchtwahl. Während unter normalen Verhältnissen eine große Tuberkulose-empfindlichkeit durch nachfolgende Infektion rasch erkannt und der Züchter hiedurch in die Lage versetzt wird, die befallenen Tiere von der Weiterzucht auszuschließen, macht das Fehlen der Infektionsmöglichkeit eine Auslese illusorisch.

Dieses instruktive Beispiel besitzt für alle hochalpinen Zuchtbetriebe prinzipielle Bedeutung. Auch in höheren Berglagen ist die Infektionsgefahr für Tuberkulose auf ein Minimum herabgesetzt, ja unter Umständen überhaupt nicht vorhanden und infolgedessen ist der Züchter gar nicht im Stande, eine verminderte Widerstandsfähigkeit gegen Tuberkulose-Erkrankung rechtzeitig zu erkennen. Daher muß gerade in hochalpinen Betrieben, die ihre Zuchtprodukte in das Flachland abverkaufen, in der Leistungshochzucht eine gewisse Vorsicht walten. Eine weitere Frage, die für unsere Betrachtung grundlegende Bedeutung besitzt, geht dahin, ob der Klein- bzw. kleine Mittelbesitz überhaupt befähigt ist: 1. mit vollem züchterischen und 2. mit ebensolchem betriebswirtschaftlichen Erfolge Rinderhochzucht zu betreiben? Die erste Voraussetzung, der züchterische Erfolg, wurde in der Fachliteratur vielfach kritisch besprochen und man stößt dabei nicht selten auf gewichtige Einwendungen, die ein günstiges Ergebnis zweifelhaft erscheinen lassen. In neuester Zeit hat Hainisch[2]), anläßlich der von ihm vorgenommenen eingehenden Erhebungen über die betriebswirtschaftlichen Vor- bzw. Nachteile der Groß- gegenüber den Kleinbetrieben, alle jene Momente hervorgehoben, die seiner Meinung nach den Kleinzüchtern die volle Eignung zur Rinderhochzucht absprechen. Hainisch stützt sich dabei teilweise auf die Ansicht anderer Autoren, wie Laur, Hansen, Mommsen etc.

Ehe wir nun auf eine kritische Untersuchung der von Hainisch vorgebrachten Nachteile, mit welchen die Kleinbetriebe in der Rinderzucht

---

1) Adametz. Über die Rasse der „Butterkühe" von Jersey, Österreichische Molkereizeitung 1910, Nr. 1 bis 4.
2) Landflucht. (l. c.).

behaftet sein sollen, näher eingehen, müssen wir uns, um Mißverständnisse zu vermeiden, einen einwandfreien Wertmesser schaffen, nach dem die Größen der Zuchterfolge festgestellt werden können; erst dann ist ein Rückschluß auf die züchterischen Kenntnisse der Landwirte gestattet.

Als Wertmesser des „Züchterkönnens" wird nun landläufig der Begriff „Hochzucht" herangezogen, worunter man eine in Form und Leistung möglichst emporgezüchtete und ausgeglichene Herde versteht, die eine sichere Vererbung ihrer wertvollen Eigenschaften gewährleistet und die notwendigsten Voraussetzungen für eine relative Gesundheit erfüllt.

Vielfach wird jedoch die absolute und dabei oft einseitige Leistung in den Vordergrund geschoben und vor allem der letzten Bedingung — einer entsprechenden Gesundheit — kaum ein Augenmerk geschenkt. Nehmen wir aber an, daß die Ableitung des Begriffes „Hochzucht" im gegebenen Falle richtig erfolgt, bietet er dann einen einwandfreien Vergleichsmaßstab für den Erfolg züchterischer Tätigkeit in verschiedenen Betrieben? Eine eingehende Überprüfung der für die Zuerkennung des Prädikates „Hochzucht" notwendigen Voraussetzung der sicheren Vererbung wertvoller Eigenschaften führt zur richtigen Antwort. Vererbt werden nicht die Leistung, die Körpergröße und Ebenmäßigkeit der Formen schlechtweg, sondern nur die Fähigkeit, auf bestimmte Außenreize, wie z. B. gutes eiweißreiches Futter, günstige Weidegänge, mit hohen Leistungen usw. zu reagieren. Damit erledigt sich aber die gestellte Frage von selbst, und erklärt sich auch, warum sich norddeutsche Hochzuchten in manchen Gebieten Mittel- und Süddeutschlands geradezu als überzüchtet erweisen, genau so überzüchtet, wie es die in England und Nordamerika als Prototyp einer Hochzucht geltenden Jerseys in Norddeutschland tun. Nur dort bietet die Gegenüberstellung verschiedener Zuchten einen einwandfreien Vergleich im „Züchterkönnen", wo die einzelnen Betriebe unter den gleichen natürlichen und wirtschaftlichen Bedingungen arbeiten.

Es stellt also nicht das, was man landläufig unter dem Begriff „Hochzucht" versteht, den einwandfreien Wertmesser für die Eignung zum Züchten vor, sondern er wird vielmehr im Grade der Vollkommenheit, mit dem eine Rasse in Form und Leistung die gegebenen natürlichen und wirtschaftlichen Verhältnisse ausnützt, geboten.

Wenn wir vorerst jedoch davon ganz absehen und die Hochzucht als Vergleichsmaßstab gelten lassen, so fragt sich immer noch, ob der Großbetrieb dieselbe von Grund auf geschaffen oder, um bildlich zu sprechen, nur den letzten Baustein eingefügt hat. Eine ehrliche Überprüfung führt wohl zu der Erkenntnis, daß der überwiegende Teil der Züchterarbeit, welche in vielen Hochzuchten, vor allem in den österreichischen, steckt, von Klein- bzw. Mittelbetrieben geleistet wurde (z. B. Simmentaler, das Braunvieh der Schweiz, Vorarlbergs und des bayrischen Algäus). Es ist auf der Hand liegend, daß der Großbetrieb, so er an die Errichtung einer Hochzuchtherde schreitet, bei Einkäufen aus bäuerlichen Stallungen nur das Beste vom Besten auswählt und so in relativ kurzer Zeit zu einer ausgeglichenen Stammherde kommt, für die noch weiterhin fortlaufend erstklassiges Stiermaterial nachgeschafft wird. Man kommt der Wirklichkeit sehr nahe, wenn die züchterische Tätigkeit vieler Großbetriebe mit „Vermehrung erstklassiger bäuerlicher Zuchtprodukte" bezeichnet wird. Daß dabei der Löwenanteil der Anerkennung über die vollbrachte Leistung dem Großbetriebe zufällt, liegt in der Natur der Sache.

Wir wollen nun auf die von H a i n i s c h angeführten Bedenken, welche gegen eine erfolgreiche Tätigkeit der kleinen Züchter sprechen, näher eingehen. Dabei mögen folgende Voraussetzungen gelten: 1. Groß- und Kleinbetrieb arbeiten unter den gleichen natürlichen Verhältnissen; 2. als Wertmesser dient die unter den gegebenen natürlichen und wirtschaftlichen Bedingungen bestmögliche Leistung, wobei noch betont werden soll, daß sich die wirtschaftliche Seite in den beiden Betriebsgrößen nur selten decken wird, und 3. die Zuchtleiter verfügen über die nötige Erfahrung und erforderlichen Fachkenntnisse. Es ist nun der Einwurf zu gewärtigen, daß gerade die letzte der drei Voraussetzungen für die überwiegende Mehrzahl der Kleinbetriebe überhaupt nicht zutrifft und demzufolge der Großbetrieb in seinem an Schulen herangebildeten Leiter schon einen uneinbringlichen Vorteil besitzt. Vor allem sei dazu bemerkt, daß es eine ebenfalls ganz erstaunlich große Anzahl von Großbetrieben gibt, wo nicht sonderlich viel an züchterischem Verständnis etc. zu finden ist und außerdem ist beizufügen, daß eine eingehende Fachausbildung genau so gut dem kleinen Züchter, wie dem landwirtschaftlichen Beamten zuteil werden kann. (Siehe Schweiz, Algäu, Holland, Dänemark, Schweden usw.)

H a i n i s c h sieht in dem Mangel an genügendem Zuchtmaterial des Kleinbetriebes ein Hindernis für eine erfolgreiche Auslese und begründet diese Ansicht Seite 91 seines Buches an folgendem Beispiel: Angenommen, es fallen von 80 Kühen eines großen Zuchtbetriebes 64 Kälber, davon die Hälfte Kuhkälber. Die zur Ergänzung des Bestandes notwendigen weiblichen Jungtiere können nun unter 32 Stück ausgesucht werden. Ein Kleinbauer mit sechs Kühen hat dagegen normalerweise nur die Wahl zwischen drei Kälbern (eventuell fällt überhaupt kein Kuhkalb) und ist also unter Umständen g e z w u n g e n, ein schlechtes Tier aufzuziehen. Dem kann ich nicht beistimmen. D e r   w i r k l i c h   g u t e   Z ü c h t e r   z i e h t   k e i n   s c h l e c h t e s   T i e r   a u f! Ganz abgesehen von rein züchterischen Erwägungen, macht er dies schon aus dem Grunde nicht, weil ein eventueller Absatz des Tieres stark verlustbringend wäre. In einem solchen Falle sieht sich der kleine Züchter vielmehr bei seinen Dorfgenossen um, wo jetzt einmal der umgekehrte Fall vorkommt und in einem Stalle z w e i zuchttaugliche Kuhkälber fallen. Fünfzehn Bauern haben auch 80 Kühe und der gewissenhafte Züchter kennt diese 80 Kühe und deren Nachkommen; er verbringt ja den Hauptteil der toten Zeit im Winter damit, daß er sich um die Zuchtprodukte seines Dorfes umsieht. Und jetzt kommt der große Vorteil, den der kleine Züchter hiebei hat, daß nämlich fünfzehn Augenpaare mehr sehen, wie das eine des Zuchtleiters im Großbetriebe.

Um nun bei der Auslese, die H a i n i s c h mit Recht infolge ihrer ausschlaggebenden Bedeutung voranstellt, zu bleiben, erwächst für den kleinen Züchter insoferne ein gewaltiger Vorteil, als er bei seiner kleinen Herde viel eher in der Lage ist, die Entwicklung der Tiere genauestens zu verfolgen und so die Voraussetzung einer erfolgreichen Auslese, welche in der Kenntnis des vorhandenen Materials gelegen ist, wesentlich besser erfüllen kann. Gerade in England, das H a i n i s c h zu seiner Beweisführung heranzieht, zeigen, wie A d a m e t z[1]) nachweist, die weltbekannten Zuchterfolge des Rindes der Insel Jersey, welche überragende Vorteile intelligente Züchter dadurch genießen, daß sie nur wenig Tiere zu beobachten haben.

---

1) Über die Rasse der Butterkühe. . . (l. c.).

Eine weitere Erschwerung eines erfolgreichen Zuchtbetriebes im Kleinen schildert H a i n i s c h Seite 95 seines Buches wie folgt: „Schließlich bringt die gemeinsame Haltung von Vatertieren gewisse Gefahren für die Muttertiere mit sich. So werden durch den Stier recht häufig ansteckende Krankheiten, wie Scheidenkatarrh und Knötchenseuche verbreitet. Hierüber wird in dem Lande, das die besten Zuchtbetriebe Österreichs beherbergt, in Vorarlberg, bitter geklagt." Es ist nicht einzusehen, warum bei gewissenhafter Pflege und der nötigen Aufklärung der Züchter dieses Gefahrenmoment nicht ohne weiteres beseitigt werden kann. Die Verbreitung dieser Krankheiten ist weder in der Schweiz, noch in Holland, Dänemark, Schweden usw. bei gut geleiteten Genossenschaften häufiger wie in Großbetrieben. Übrigens beweist der Erfolg, den die Zuchtgenossenschaft Montafon, Sitz Schruns, Vorarlberg, in den letzten zwei Jahren durch straffe Organisation und die nötige Aufklärung erzielt hat, daß dem Übel radikal abzuhelfen ist.

Auf keinen Fall ist dieses Hemmnis, dem der kleine Züchter vermehrt unterworfen sein soll, schwerwiegender, wie die auch von H a i n i s c h zugegebene allgemein vermehrte Infektionsgefahr im Großbetriebe (Maul- und Klauenseuche etc.) überhaupt.

Ebenso sind die Nachteile finanzieller Natur, mit denen kleinbäuerliche Genossenschaften bei Stiereinkäufen behaftet sind, für gut geleitete Organisationen ohne weiteres zu überwinden. Wie eine Verfolgung der z. B. in der Schweiz erzielten Stierpreise für Simmentaler und Braunvieh zeigt, sind es vielfach bäuerliche Zuchtgenossenschaften, welche die höchsten Beträge bewilligen. Übrigens lieferte der erste Vorarlberger Zuchtstiermarkt im September vergangenen Jahres den erfreulichen Beweis dafür, daß die wertvollsten Tiere immer wieder von kleinbäuerlichen Züchterorganisationen aufgekauft wurden, und zwar zu Preisen, die kein Großbesitzer auch nur im entferntesten geboten hat.

Hainisch kann, wie er Seite 101 schreibt, der Ansicht vieler Autoren, welche aus dem größeren Interesse des Bauern am Erfolge seiner Arbeit den besseren Viehzüchter ableiten, nicht zustimmen und sagt: „D e r V i e hz ü c h t e r w i r d g e b o r e n w i e d e r E r z i e h e r". Dieser Ausspruch erfaßt fragelos den Kern des ganzen Problems, nur führt er in diesem Zusammenhang leicht irre. Warum soll es unter Bauern keine geborenen Viehzüchter geben? Wenn unter der Voraussetzung, daß im Groß- wie im Kleinbetriebe die geborenen Züchter die Viehpflege ausüben, der Vergleich gezogen wird, dann hat der Kleinbetrieb den bedeutenden Vorteil, daß zur Liebe zum Vieh noch die Sorge um den finanziellen Erfolg kommt. Den Vorarlberger Bauern muß man sicher unter die „geborenen Züchter" stellen und gerade da weiß ich aus eigener Erfahrung, daß oft vorzügliche Viehpfleger in fremden Diensten mit der Zeit weniger sorgfältig arbeiten und nicht mehr das leisten, was sie ursprünglich zeigten. Damit soll keineswegs ein absprechendes Urteil über die Tätigkeit der Vorarlberger „Schweizer" erblickt werden, denn das Gesamtresultat ihrer geleisteten Arbeit bleibt immer noch unübertroffen.

Damit wären die in der einschlägigen Literatur am häufigsten angeführten und gleichzeitig wichtigsten Einwendungen, welche gegen die volle Eignung der Bauern zum Züchter sprechen, widerlegt bzw. auf ein richtiges Maß reduziert. Es könnte den Anschein erwecken, als ob die breite Ausführung, welche diesem Abschnitte zuteil wurde, für die gegebene Aufgabe überflüssig gewesen wäre; wenn man aber bedenkt, daß hochalpine Betriebe, in denen aus natürlichen Gründen ein Feldfruchtbau nicht in Frage kommt, nur auf Viehzucht bzw. Viehhaltung angewiesen sind und ein von Haus aus absprechendes Urteil über die volle Eignung der Bauern zum Züchter mit einen Grund — und dazu noch einen ausschlaggebenden — für den schlechten Betriebserfolg der Bergwirtschaften am Tannberg bilden müßte, dann wird die eingehende Besprechung der vorgebrachten Bedenken gerechtfertigt erscheinen.

Wenn nun auch heute der große Durchschnitt der Vorarlberger Züchter noch nicht jene vollkommene Höhe im fachlichen Wissen aufweist, wie wir sie bei Schweizer, Holländer oder dänischen Bauern vorfinden, so müssen wir ihn doch nach seinen unter teilweise erschwerenden Umständen erzielten Erfolgen zu den „geborenen Züchtern" stellen. Daß in seiner Arbeitsweise noch manches zu verbessern ist, soll nochmals betont werden[1]).

Nach dem eben Ausgeführten müssen wir also annehmen, daß die erste Voraussetzung für eine Verbesserung der am Tannberg gehaltenen Rinderherden, die notwendige züchterische Erfahrung und Liebe zu den Tieren, vorhanden ist.

Ein wesentlich ungünstigeres Ergebnis erhalten wir jedoch, wenn wir nach der zweiten Voraussetzung, den betriebswirtschaftlichen Erfolgen fragen. Wohl am besten orientiert uns die im Anhang VIII beigelegte Aufzuchtskostenberechnung einer hochträchtigen dreijährigen Kalbin über die einschlägigen Verhältnisse. Sie belaufen sich bei Verwendung eines Heupreises von:

Kronen 6·50 (Verwertungspreis) auf . . . . Kronen 472·88[2])
    „   8·00 (Marktpreis) auf . . . .   „   537·38
    „   10·18 (Selbstkostenpreis) auf . . . .   „   631·12

Der Marktwert einer dreijährigen hochträchtigen Kalbin schwankte in den letzten Vorkriegsjahren je nach Qualität zwischen Kronen 400 bis 600. Wenn wir einen mittleren Preis von Kronen 500 für unsere Betrachtung wählen, so werden die Aufzuchtskosten nur bei Verwendung des Verwertungspreises (Milchproduktion) von Heu gedeckt und es resultiert noch ein ganz bescheidener Gewinn [3]).

Dabei muß aber vorausgeschickt werden, daß keinerlei Risiko einkalkuliert wurde und dementsprechend die Produktionskosten in Wirklichkeit höhere sind. Wenn eine nur 5 %ige Sicherstellung, die gewiß als sehr bescheiden bezeichnet werden darf, eingerechnet wird, übersteigen die Selbstkosten den Marktpreis bereits um Kronen 22·50.

Vielfach wird nun am Tannberg von besonders eifrigen Züchtern die Aufzuchtsmöglichkeit durch Zukauf von Heu erhöht. Wie die Kostenberechnung bei Verwendung des ortsüblichen Marktpreises für Heu zeigt, stellt dies ein höchst unwirtschaftliches Geschäft vor, denn der Durchschnittsmarktwert eines dreijährigen Rindes bleibt bereits mit Kronen 37 unter den Selbstkosten. Wenn wiederum ein nur 5 %iges Risiko (Erkrankung, Verletzungen, Verkalben)

---

1) Siehe auch P e t e r : Welches sind die wichtigsten Gesichtspunkte bei der Zucht des Vorarlberger Braunviehs. Vorarlberger Braunviehzuchtverband Bregenz, Jahresbericht 1924.

2) Die so errechneten Produktionskosten decken sich mit jenen, die H a i n i s c h (l. c.) ermittelte, überraschend gut.

3) Um einen Vergleich in der Spannung zwischen Produktionskosten und Marktpreisen in verschiedenen Lebensaltern eines Rindes zu ermöglichen, wurden die entsprechenden Werte herausgehoben. Sie lauten :

	1. Jahr	2. Jahr	3. Jahr
Produktionskosten Kronen	162·58	282·48	472·88
Durchschnittlicher Marktwert Kronen . . .	170·00	300·00	500·00

berücksichtigt wird, werden neben der kostenlos geleisteten Arbeit noch K 55·50 effektiv draufgezahlt.

Endlich führt eine Berechnung bei Verwendung der Selbstkosten von Heu zu einer Summe, welche die vollendete Unwirtschaftlichkeit der Aufzucht überzeugend beweist. Man muß daher H a i n i s c h (l. c. Seite 179) vollkommen beipflichten, wenn er die Auffassung mancher Autoren über die besondere Rentabilität der Viehzucht in Kleinbetrieben als grundfalsch bezeichnet.

Von wesentlich größerer Wichtigkeit wie die Selbstkostenberechnung der Aufzucht einer dreijährigen Kalbin ist eine Gegenüberstellung der Heuverwertungspreise einerseits bei Milchproduktion = 6·50, anderseits bei Verkauf von Zuchtvieh = K 7·14. Es ergibt sich ein nicht unbedeutender Vorsprung für die Aufzucht, der aber vollkommen verschwindet, wenn in beiden Berechnungen ein 5 prozentiges Risiko für die Tiere mitberücksichtigt wird. Interessanterweise decken sich dann beide Werte mit K 6·00.

E s e r g i b t s i c h d a h e r d i e w i c h t i g e T a t s a c h e , d a ß s i c h i n d e n l e t z t e n V o r k r i e g s j a h r e n a m V o r a r l b e r g e r T a n n - b e r g e d i e A u f z u c h t u n d d i e M i l c h p r o d u k t i o n g l e i c h g u t o d e r , r i c h t i g e r g e s a g t , g l e i c h u n g ü n s t i g g e l o h n t h a b e n .

Kehren wir zu unserer Ausgangsbetrachtung zurück und untersuchen wir die restlichen zwei Rohertragsposten, welche beide aus der Schafhaltung stammen. Sie sind an und für sich unbedeutend und da in allen hochalpinen Lagen eine Verwendung irgendwelcher Qualitätsschafe nicht in Frage kommt, auch nicht steigerungsfähig. Warum die gut angepaßte, einheimische Landrasse nicht in einer größeren Stückzahl gehalten wird, geht einwandfrei aus der im Anhang IV beigegebenen Rentabilitätserhebung hervor. Würde ein Schaf am Tannberge tatsächlich gutes Heu als Winterfutter vorgelegt bekommen, müßte man per Schaf einen effektiven Verlust von K 14·63 gewärtigen, oder noch krasser ausgedrückt, der Verwertungspreis von 100 *kg* Heu hätte die lächerlich geringe Höhe von K 2·45. In Wirklichkeit müssen die Schafe mit Abfallsfutter vorlieb nehmen und da solches naturgemäßerweise nur in beschränkter Menge zur Verfügung steht, ist auch die Schafzahl gering.

Da sich die Weidekosten für ein ausgewachsenes Schaf nur auf 13·6⁰/o des Jahresaufwandes belaufen (wobei noch zu bedenken ist, daß die Weidezeit für Schafe auch am Tannberge 5 bis 6 Monate währt), ist es wohl nur folgerichtig, wenn die Gründe des auffallenden Rückganges der Schafhaltung in ausgesprochenen Berglagen in den h o h e n Ü b e r - w i n t e r u n g s k o s t e n gesucht werden.

Ehe wir nun zu einer zusammenfassenden Schlußfolgerung über die Rohertragsuntersuchungen schreiten, soll noch ein Moment kurz berücksichtigt werden, welches in unserer Aufstellung nicht ersichtlich, trotzdem aber für die Rohertragsentwicklung von entscheidendem Einfluß ist. Es handelt sich um die Höhe der Heuproduktion, die pro Joch mit 2400 *kg* Wiesenheu und 520 *kg* Grummet, also insgesamt 2920 *kg* ausgewiesen ist (Anhang VI). Vorausgeschickt muß werden, daß diese Erträge nur für Schröcken gelten und intensive Stallmistdüngung zur Voraussetzung haben. In der wesentlich rauheren Lage von Lech verspricht der zweite Schnitt vielfach nicht einmal jenen Ertrag, der die Erntearbeiten lohnen würde; er wird daher durch Abweiden rationeller verwertet.

Aus diesen, in der verkürzten Vegetationszeit begründeten Tatsachen erklärt sich auch der Mißerfolg, den eine Verwendung von Kunstdünger im Gefolge hat. Ganz abgesehen davon, daß sich infolge der nach dem ersten Schnitte stark verminderten Wachstumenergie eine Kunstdüngergabe im zweiten Schnitte nur sehr beschränkt auswirken könnte, würden die hohen Frachtkosten den erzielten Mehrertrag zu stark belasten[1]).

Wie also der eingehenden Besprechung der Rohertragsaufstellung des Heimgutes „Z...." zu entnehmen ist, **bietet vor allem die erreichbare Möglichkeit der rationelleren Milchverwertung einen Anhaltspunkt für eine Vermehrung der Bruttoeinnahmen. Nur bedingt kann dann in zweiter Linie durch eine Wertsteigerung der Braunviehrasse ebenfalls eine Erleichterung geschaffen werden. Daß jedoch beide Maßnahmen keine für die Erhaltung der Bergbauernbetriebe ausschlaggebende Hilfe bringen können, geht schon aus dem bisher Ausgeführten hervor und soll im folgenden noch weiter erhärtet werden.**

Wenn wir nun gleich dem Rohertrag auch den ausgewiesenen Aufwand des Heimgutes „Z...." in die einzelnen Posten zergliedern und, wo erforderlich, diese auch näher untersuchen, ergibt sich nachstehendes Bild. Die notwendigen Abschreibungen und Ergänzungen der einzelnen Vermögensbestandteile sind für hochalpine Verhältnisse gering gewählt. Sie entsprechen auch niemals dem tatsächlichen Durchschnitte, sondern stellen ein durch günstige Umstände bedingtes Minimum vor. Infolgedessen besteht hier keine Möglichkeit für eine einsetzende Erleichterung.

Eine für kleinbäuerliche Bergbetriebe erwartete Höhe im Aufwand erreicht der Anteil der Löhne und Verpflegung. Vorerst einige Bemerkungen über die Art der Feststellung der einzelnen Zahlen. Die Ermittlung der Arbeitstage der Besitzerfamilie geschah so, daß vom Arbeitsjahr alle Tage in Abzug gebracht wurden, an denen keine Arbeit für den Heimbetrieb geleistet werden konnte. So ist z. B. die von der Besitzerfamilie auf der Alpe und in den Bergmähdern verrichtete Arbeit an anderer Stelle ausgewiesen und ebenso erscheinen rein häusliche Arbeiten, wie Wollspinnen usw. erst in der Aufstellung über das Gesamteinkommen einer Bergbauernfamilie verwertet. Die Höhe der Besitzerentlohnung, in welche die Verpflegung eingerechnet ist, wurde gleich dem ortsüblichen sogenannten „großen Taglohn" gewählt, unter welchem man die Barentlohnung der Taglöhner bei Selbstverköstigung versteht. Dabei soll noch besonders betont werden, daß der Wert der geleisteten Besitzerarbeit weit über jenen der Taglöhner zu stellen ist.

Der Anteil des Heimgutes an der Entlohnung des ganzjährig gehaltenen Knechtes wurde für Winter und Sommer getrennt ermittelt. Dabei erscheint der Winterlohn in Barentlohnung und Verpflegskosten zerlegt. Hiemit soll gezeigt werden, daß einerseits der Barlohn, von dem die Einnahmen für nicht im Betriebe geleistete Arbeit bereits in Abzug gebracht wurden, relativ gering ist und daß anderseits die Verpflegskosten (in die Wohnung etc. miteingerechnet sind) eine für Bauernbetriebe beträchtliche Höhe erreichen. Dies erklärt sich daraus, daß mit Ausnahme von Milch, Milchprodukten und Fleisch alle Nahrungsmittel vom Flachland beschafft werden müssen und dementsprechend durch die auflaufenden Transportkosten verteuert werden.

Die Änderung in der Lohnhöhe während der Sommermonate ergibt sich aus der erforderlichen Anpassung an die Alplöhne, wobei die Höhe der

---

[1]) Mehrfach in der eigenen Wirtschaft angestellte Versuche mit Superphosphat und 40% Kalisalz brachten ausnahmslos Mißerfolge.

8*

letzteren, um ein Gegengewicht für die angenehmere Beschäftigung als Alpknecht zu erhalten, noch überschritten werden muß. Der gesamte tägliche Lohnaufwand (inklusive Kost) ist dementsprechend mit K 5·— angenommen.

Die Verteilung des sommerlichen Lohnaufwandes auf „Heimgut" und Bergmähder ergibt sich aus der getrennten Reinertragserhebung für beide Objekte.

Was nun den Anteil der Löhne und Verpflegskosten am Gesamtaufwand des Heimgutes „Z . . ." anbelangt, so bestätigt dessen Höhe, (69·2%) erneut die Ansicht L a u r s, daß Kleinbetriebe nichts weiteres vorstellen wie eine eigene Arbeitsstätte. Obwohl nun für alle jene Tannberger Bergbauernbetriebe, in denen keine fremden Arbeitskräfte verwendet werden (sie bilden die überwiegende Mehrzahl), eine Ersparnis am Lohnaufwand kein vermehrtes landwirtschaftliches Einkommen schaffen würde, wollen wir doch untersuchen, wie weit diese Ersparnis ginge und ob sie eine bessere Reinertragsentwicklung versprechen könnte. Wenn wir bedenken, daß wir es mit Kleinbetrieben in hochalpinen Lagen und mit ungünstigen Terrainverhältnissen zu tun haben, schrumpft diese Möglichkeit auf ein Minimum zusammen und würde nur in der Einrichtung des „Jaucheschlauchbetriebes" liegen. Eine eingehendere Prüfung der einschlägigen Verhältnisse ergibt aber folgendes:

1. Ist die Verwendung von Jauche bzw. Gülle an Stelle des Stallmistes auf Wiesen in hohen Berglagen beschränkt. Bekanntlich verursachen große Jauchegaben eine Änderung des Pflanzenbestandes, es entwickelt sich die sogenannte Stickstoffflora, deren erfolgreiche Bekämpfung — starkes Beweiden der Wiesen oder vermehrte Phosphorsäuregaben — am Tannberg auf unüberwindliche Schwierigkeiten stößt. Einmal muß, wie bereits an früherer Stelle ausgeführt, wegen der Knappheit an Winterfutter das Beweiden der Wiesen im Frühjahr auf das unbedingt notwendige eingeschränkt werden, weiters würde hiedurch die Heuernte zu weit in den August hinausrücken, was wegen der bereits fälligen Bergmähderarbeit untunlich erscheint und endlich ist mit einer Herbstweide wegen vorzeitigen Abschlusses der Vegetationsperiode nicht mehr zu rechnen. Die Unwirtschaftlichkeit der Verwendung von phosphorsäurehältigen Düngemittel wurde ebenfalls an anderem Orte bereits nachgewiesen.

2. Die Einschränkung in der Anwendung der Jauche-Gülledüngung in dem ohnehin kleinen Betriebe läßt nur dort die Möglichkeit der Ausbringung mit Schläuchen offen, wo ein natürliches Gefälle von der Jauchegrube zu den Wiesen benutzt werden kann. Trotzdem erweist sich auch dann die Anschaffung der Schläuche, die an und für sich verhältnismäßig teuer sind, erst als berechtigt, wenn sie anderweitig — und zwar in verstärktem Maße — noch Verwendung finden (z. B. auf der eigenen Alpe).

Nachdem die Unmöglichkeit einer Verringerung des hohen Lohnaufwandes bei der gegebenen Wirtschaftsweise feststeht, bleibt noch zu untersuchen, welcher Betriebszweig das Lohnkonto am stärksten belastet. Für einen ausschließlich auf Viehzucht und Viehhaltung eingestellten Betrieb kann es sich nur um die Heuproduktion handeln. Ein Blick in die im Anhange VI beigelegte Produktionskostenberechnung von 100 *kg* Heu am Vorarlberger Tannberg bestätigt auch diese Vermutung, indem 4 8·7% d e r S e l b s t k o s t e n a u f d e n A r b e i t s a u f w a n d e n t f a l l e n. Die Auswirkung dieser Tatsache ist auch eine dementsprechende und spiegelt sich im Gestehungskostenpreise für 100 *kg* Heu = K 10·18 wieder.

Daß neben den Zinsansprüchen, welche die investierten Kapitalien stellen und die später erläutert werden sollen, in erster Linie das Arbeitserfordernis und nicht der Wert des verbrauchten reinen Düngers an der Höhe des Selbstkostenpreises beteiligt ist, geht daraus hervor, daß die Produktionskosten für 100 *kg* Heu, so die Felder als „Magerwiesen" (ungedüngt) genutzt werden, K 17·20 betragen würden.

Was nun die Selbstkosten von K 10·18 bedeuten, zeigt wohl am klarsten eine Gegenüberstellung mit dem V e r w e r t u n g s p r e i s e von Heu bei der am Tannberg ortsüblichen Produktion von Milch und Kälber. Wie aus Anhang V hervorgeht, beläuft sich letzterer auf K 6·50. Es bringt also, kaufmännisch gesprochen, jeder verfütterte Doppelzentner Heu einen Verlust von K 3·68, was für die gesamte vom Heimgute hervorgebrachte Ernte K 537 ausmacht. Dabei liegt dieser Berechnung ein Milchverwertungspreis von K 13 für 100 Liter zu Grunde und nicht, wie er am Tannberg vielfach anzutreffen ist, von K 11·10. Für letzteren Fall würden die Zahlen lauten: Heuverwertungspreis = K 5·86, Verlust bei Verfütterung der Heimguternte = K 630·72[1]).

Noch wäre der im Vergleiche mit Voralpen bzw. Flachlandsbetrieben vermehrte Arbeitsbedarf für die Heuernte zu erläutern. Abgesehen davon, daß, wie schon ausgeführt, keine Verwendung von Maschinen in Betracht kommt, muß in der Mehrzahl der Tannberger Bauernwirtschaften das gesamte Heu eingetragen werden. Dann soll man sich nur noch die äußerst sorgfältige Art der Heubereitung vorstellen, in der die endlose Arbeit des Aufstellens und Anhängens, der sogenannten „Heinzen" (Trockengestelle), eine Hauptrolle spielt. Bei der Grummeternte fällt dann die verminderte Dauer und Kraft der Sonnenbestrahlung mit in die Wagschale; dadurch wird auf schattseitig gelegenen Wiesen die Zeitdauer für die Trocknung auf 3 bis 4 Tage erstreckt und es ist vielfach erforderlich, daß das abgewelkte Gras auf sonnige Flächen getragen werden muß.

Die eingehende Untersuchung des Arbeitsbedarfes und der Arbeitsverwertung eines Tannberger Heimgutes liefert also kein erfreuliches Bild und h i e r i n h a b e n w i r w o h l d a s j e n i g e M o m e n t z u e r b l i c k e n, w e l c h e s d i e W i r t s c h a f t s f ü h r u n g s o u n h e i l v o l l b e e i n f l u ß t.

Der folgende Posten, der im Aufwande verzeichnet ist, betrifft die Auslagen für zugekauftes Heu. Obwohl es aus dem zum Betriebe gehörenden Bergmähdern stammt, muß es eigens angeführt werden, da einmal „Heimgut" und Bergmähder getrennt untersucht werden und ferner, weil die von ihm gelieferten Werte im Rohertrag erscheinen.

Eine Änderung des Betriebsergebnisses oder des landwirtschaftlichen Einkommens findet hiedurch nicht statt, da der ausgelegte Betrag für Heu analog dem im Betrieb erzielten Verwertungspreise desselben angenommen wurde.

Eine kleine Erläuterung muß auch zu dem Posten „zugekaufte Streu" gegeben werden. Der ausgewiesene Preis von K 4·50 per 100 *kg* erscheint etwas hoch gegriffen, entspricht aber dem tatsächlichen Marktpreis und bewegt sich sogar unter den Gestehungskosten. Die hohe Bewertung der Streu ist einerseits aus dem einschneidenden Mangel und anderseits aus der Unmöglichkeit des Zukaufes von Streumaterial verständlich.

---

[1]) Von Interesse sind auch die Erhebungen nach den Jahresmilchleistungen, die erforderlich sind, um bei g l e i c h b l e i b e n d e m Aufwande der Kuhhaltung die Heuproduktionskosten zu decken. Sie lauten:

Milchverwertungspreis 13   Heller per Liter . . . . 4241 Liter Jahresleistung
„   11·1   „   „   „ . . . . 4778 „   „

Bei g l e i c h b l e i b e n d e m Milchertrage müßte umgekehrt der Milchpreis die Höhe von 20·8 Heller per Liter erreichen, um die Selbstkosten von Heu hereinzubringen.

Was die Post „Jahreslast der Zäune" anbelangt so ist sie an und für sich unbedeutend, muß aber infolge ihrer relativen Höhe untersucht werden. Aus welchen Einzelposten sie sich zusammensetzt, geht aus der im Anhange XV beigegebenen Erhebung hervor. Am Tannberg verwendet man ausschließlich sogenannte Schrägzäune, welche bekanntlich einen übermäßig großen Holzverbrauch bedingen. Ein Ersatz durch Drahtzäune würde eine für das Endergebnis allerdings nur unbedeutende Ersparnis bringen. Wenn sich die Tannberger Bergbauern gegen die Verwendung der Drahtumfriedung noch reserviert verhalten, so geschieht dies deswegen, weil die einmaligen Anschaffungskosten höher sind, wie die Jahreslast eines Schrägzaunes. Übrigens dürften sich die Bauern in Lech in absehbarer Zeit infolge des immer fühlbarer werdenden Holzmangels mit Drahtzäunen befreunden.

Die letzte der im Aufwand erscheinenden Posten (Versicherung) bedarf keiner weiteren Besprechung.

Wenn nun das Ergebnis der Besprechung über den ausgewiesenen Aufwand des Heimgutes „Z..." kurz zusammengefaßt wird, so resultiert ein wenig erfreuliches Bild. Wenn wir von der völlig bedeutungslosen Ersparnis, welche im Aufgeben der Schrägzäune zugunsten von Drahtumfriedungen liegt, absehen, ist eine auch nur bescheidene Einschränkung in den Betriebsausgaben ein Ding der Unmöglichkeit. Damit ist aber ein absprechendes Urteil über eine eventuelle Reinertragsverbesserung gefällt. Selbst wenn die Wirtschaftseinnahmen das unter den obwaltenden Umständen denkbar günstigste Resultat ergeben möchten, bliebe das Heimgut immer noch passiv.

Ehe wir nun auf die nähere Besprechung des vom Heimgut „Z..." verbürgten landwirtschaftlichen Einkommens übergehen, soll noch mit einigen Worten die Höhe der Verzinsung des im Betrieb investierten Kapitals gestreift werden. Wie eingangs erwähnt, beträgt sie —2·9%. Dieses auffallend schlechte Ergebnis wird durch das große Bodenkapital mitbeeinflußt. Ein Bodenwert von 2800 Kronen per Hektar ist für Vorkriegsverhältnisse fraglos übermäßig hoch. Es ist dies eine in allen hohen Berglagen feststellbare Erscheinung und kann noch viel größeren Umfang annehmen. So schreibt z. B. Stebler (l. c.) von Bodenpreisen in Hochlagen der Schweiz, die zwischen 6000 bis 10.000 Fr. schwanken. Die wichtigste Erklärung hiefür ist in der — im Verhältnisse zur Weidemöglichkeit im Sommer — zu geringen Menge von Winterfutter zu suchen. Ein Zukauf von Heu aus dem Tal ist ausgeschlossen, da sich die Transportkosten auf 25 bis 50% des Marktpreises stellen möchten. Welch hohen Wert das Heu am Tannberg erreichen kann, geht unter anderem aus der Chronik der Familie Wolf in Lech hervor, wo berichtet wird, daß im Winter 1870/71 infolge eines verspäteten Frühjahrs der Heupreis umgerechnet 16 Kronen per 100 *kg* betrug (der damalige Wert einer Kuh war 250 Kronen!!).

Übermäßig lang ausgedehnte Winter sind nun am Vorarlberger Tannberg keine Seltenheit. Es ist schon vorgekommen (1905), daß er während der Grummeternte eingeschneit und erst Mitte Mai des kommenden Jahres aper wurde. Übrigens wurden im Frühjahre 1924 in Lech Heupreise bewilligt, die sich auf vierfacher Höhe von denen im Tale bewegten. Wenn sich der Tannberger Bauer unter solchen Umständen im Frühjahre zu einem Heuankauf entschließen wollte, würde die Zufuhr an technischen Verkehrshindernissen scheitern.

Damit wäre die Besprechung über die Reinertragserhebungen im Heimgut „Z..." abgeschlossen und es obliegt uns noch die Aufgabe, das landwirtschaftliche Einkommen zu untersuchen. Der im Anhange II ausgewiesene Betrag von 346·82 Kronen bedarf, um falschen Schlüssen vorzubeugen, einiger erklärender Bemerkungen. Wäre der Heimgutsbetrieb tatsächlich auf sich allein gestellt, würde das landwirtschaftliche Einkommen auf 1215·42 Kronen kommen, da in diesem Falle der Knecht überflüssig wäre. Es darf also das landwirtschaftliche Einkommen des Heimgutes nur im Zusammenhange mit dem ganzen Betriebe — Heimgut, Bergmähder, Alpe — betrachtet werden, was uns später noch beschäftigen wird. Wir wählen also für unsere Untersuchung ein landwirtschaftliches Einkommen von 1215·42 Kronen, welches der auf ein Heimgut eingeschränkte Betrieb tatsächlich geben würde. Wie ersichtlich bleibt es auch bei günstigen Voraussetzungen u n t e r d e m E x i s t e n z m i n i m u m u n d m u ß u n f e h l b a r z u m Z u s a m m e n- b r u c h e d e r W i r t s c h a f t f ü h r e n , f a l l s n i c h t d i e M ö g l i c h k e i t b e s t e h t , a n d e r w e i t i g e E i n n a h m s q u e l l e n h e r a n z u z i e h e n . Wie in einem folgenden Kapitel gezeigt wird, ist am Vorarlberger Tannberg unter den gegebenen Verhältnissen keine Aussicht vorhanden, irgend ein ausschlaggebendes Nebeneinkommen d a u e r n d zu sichern. Damit sind wir aber der Lösung der Frage nach den Ursachen des Verfalles der Tannberger Bergbauernwirtschaften schon sehr nahe gekommen, und es erübrigt sich nur noch zu untersuchen, warum die Abtrennung der Alpen- und Bergmähder, von denen die ersteren das Rückgrat des Gesamtbetriebes vorstellen, stattfindet.

Die Erhebungen über die Rentabilität des Bergmahdes in „A . . .“

Ein wesentlich günstigeres Bild liefert uns die Untersuchung über die Rentabilität des Bergmahdes in „A . . .“, Anhang IX und IX/1. Es muß allerdings vorausgeschickt werden, daß alle in „A . . .“ gelegenen Berg- mähder eine in jeder Hinsicht ideale Lage aufweisen und daher schon aus diesem Grunde zu den Besten von ihrer Art zu zählen sind. Es geht dies auch daraus hervor, daß sich rund die Hälfte derselben im Eigentume von Talbauern befinden, die dreieinhalb und vier Stunden weit entfernt ansässig sind.

Der Reinertrag ist zwar äußerst bescheiden, aber wenigstens hat er keine ungünstige Auswirkung auf das Arbeitseinkommen des Besitzers. Ein wie unvergleichlich wirtschaftlicheres Beginnen die Heugewinnung im Bergmahd „A . . .“ gegenüber jenem im Heimgute „Z . . .“ vorstellt, geht wohl am einwandfreiesten aus den erhobenen Produktionskosten für 100 kg Heu hervor. Sie belaufen sich in unserem Falle auf Kronen 7·87 inkl. der Kosten für den Abtransport. Es resultiert zwar bei der Verwertung des Bergmähder- heues im eigenen Betriebe immer noch ein Verlust von Kronen 1·37 per 100 kg (entsprechend einem Heuverwertungspreise von Kronen 6·50), hingegen bleiben die Selbstkosten bereits unter dem Marktpreise. Gesetzt den Fall, das Heu würde zum ortsüblichen Marktpreise Kronen 8·00 veräußert, beliefe sich der Reinertrag auf Kronen 110, was einer 2·97 %igen Verzinsung der investierten Kapitalien gleichkommen würde. Das landwirtschaftliche Einkommen wäre unter solchen Umständen Kronen 335, also praktisch gesprochen ebenso groß wie jenes des Heimgutes „Z . . .“!! Warum an einen Abverkauf des im Bergmahd gewonnenen Heues nicht gedacht werden kann, geht wohl zur Genüge aus dem früher Gesagten hervor (Mangel an Winterfutter usw.).

Um ein einwandfreies Bild über die Bedeutung der Heuberge für einen Bergbauernbetrieb zu schaffen, wurden zwei weitere Bergmähder auf ihre Wirtschaftlichkeit untersucht (Anhang X u. XI). Das eine, „W.-F.“, liegt ebenso günstig wie jenes in „A...", das zweite hingegen („G...") besitzt eine ausgesprochen exponierte Lage und ist im Winter für den Abtransport des Heues nur schwer und vor allem gefahrvoll zugänglich. Die erwirtschafteten Reinerträge stellen eine Verzinsung der verwendeten Kapitalien von 4·35 % in dem einen, von —1·04 % in dem anderen Falle vor. Wie also die rein rechnerische Überlegung zeigt, haben wir es mit zwei Extremfällen zu tun, wobei der erste ein für landwirtschaftliche Verhältnisse äußerst günstiges Ergebnis aufweist. Daß man sich hiebei grundlegend täuschen kann, mögen folgende Bemerkungen beweisen. Da der Besitzer von „W.-E." Herr W. P. in Lech, gezwungen wäre, die erforderliche Arbeit mit fremden Kräften zu leisten, läßt er das Bergmahd seit 3 Jahren ungenutzt liegen. Man nimmt am Tannberg allgemein an, daß eine Verwendung ortsfremder Arbeiter eine mindestens doppelt so lange Erntezeit erfordert. Es käme dies aber einer Erhöhung des Lohnaufwandes gleich, die den Reinertrag vollständig aufzehren würde. Da ein Arbeitseinkommen für den Besitzer fehlt, wäre dementsprechend ein effektiver Bargeldverlust zu erwarten. Wenn also umgekehrt die von den Bergbauern geleistete Arbeit mit ihrem tatsächlichen Wert eingesetzt würde, möchte auch im günstigsten Falle kein Reinertrag mehr resultieren.

Für unsere Aufgabe, die Führung eines Bergbauernbetriebes klarzulegen, ergibt sich nach dem eben entwickelten die nicht unwichtige Tatsache, daß **günstig gelegene Bergmähder den Heimbetrieb etwas entlasten**. Leider ist jedoch diese Besserung nicht ausreichend, um das Betriebsergebnis so zu gestalten, daß ein dauerndes Auslangen des Besitzers verbürgt wäre.

Die Reinertragserhebung der Alpe „T..."

Wie aus der im Anhange XII beigelegten Reinertragserhebung der Alpe „T....." ersichtlich ist, stellt der Betriebserfolg des dritten Objektes der Bergbauernwirtschaft „Z...." eine ganz respektable Verzinsung (3·99 %) der im Betriebe festgelegten Vermögensbestandteile vor. Der ausgewiesene Reinertrag (Kronen 792·53) ist nicht nur ausreichend, um den beträchtlichen Abgang des Heimgutes zu decken, sondern bringt noch einen so großen Überschuß, daß eine 1·11 %ige Verzinsung des Aktivkapitals des Gesamtbetriebes gewährleistet erscheint.

Es ist nun von Wichtigkeit zu prüfen, ob das an und für sich günstige Betriebsergebnis der Melkalpe „T...." nicht weiter verbesserungsfähig wäre, wodurch der Gesamtbetrieb auf eine wirklich reelle Grundlage gestellt werden könnte. Den einfachsten und gleichzeitig einwandfreiesten Weg für eine diesbezügliche Untersuchung zeigt uns ein Vergleich des Wirtschaftserfolges der Alpe „T..." mit jenem der Alpe „G.-B." in Lech (Anhang XIII), welch letzterer gegenüber jenem der Alpe „T..." eine genau doppelt so große Verzinsung der investierten Kapitalien bedeutet.

Vorausgeschickt muß werden, daß die natürlichen Bedingungen für beide Alpen ungefähr die gleichen sind; eine detaillierte Gegenüberstellung würde noch eher zum Nachteile von „G.-B." ausfallen.

Wenn wir mit dem im Betriebe tätigen Vermögen beginnen und die diesbezügliche Gegenüberstellung so vornehmen, daß wir erst das Viehkapital der Alpe „T..." ergänzen, damit es 28 Kühen entspricht, und dann den Wert eines Kuhweiderechts ermitteln, so bleibt unerwarteterweise wiederum „G.-B." in der Hinterhand. Die entsprechenden Zahlen lauten: K 845 für

„G.-B.", gegenüber nur K 793 für „T...". Noch deutlicher für den Betriebserfolg macht sich die stärkere Kapitalsbelastung der Alpe „G.-B." geltend, wenn das zu verzinsende Vermögen auf der Basis: ein Kuhweiderecht = K 708 (analog der Alpe „T...") aufgestellt wird. Die Verzinsung beliefe sich auf 8.52%.

Eine Untersuchung der ausgewiesenen Roherträge hat folgendes Ergebnis: Die per Kuh ermolkene Milchmenge ist in beiden Fällen dieselbe, hingegen weist „G.-B." einen um 15% höheren Verwertungspreis der Milch auf. Wie erinnerlich, hat uns diese Erscheinung bereits an anderem Orte eingehend beschäftigt und kamen wir nach entsprechender Überlegung zu dem Resultate, daß der bessere Erfolg in einer gewissenhafteren Betriebsführung gelegen ist. Dementsprechend muß es der Alpe „T..." möglich sein, hier eine Verbesserung anzubringen. Eine Verwendung der entsprechenden Zahlen in der Reinertrags- aufstellung der Alpe „T..." würde eine Verzinsung von 6.9% ergeben.

Umgekehrt weist die nächste Rohertragspost — Wert der auf die Alpe entfallenden Kälberanteile — wohl den gleichen Einheitspreis auf, hingegen ist die Stückzahl gewaltig zugunsten von „G.-B." verschoben. Die Erklärung hiefür liefert ein Blick in die Aufstellung über die aufgetriebene Kuhanzahl, nach der im Falle der Alpe „T..." von 28 Stück nur 5 ganzjährig im Betriebe gehalten werden, während der Rest entweder gepachtet oder für die Alpperiode zugekauft wird. Die Alpe „G.-B." sömmert nur ganzjährig gehaltenes Vieh. Da uns dieselben Gründe anläßlich der Überprüfung des Pachtschillings für Kühe begegnen werden, wollen wir die Sache vorerst übergehen und uns dem ausgewiesenen Aufwande zuwenden. Kleine Differenzen zuungunsten der Alpe „G.-B." ergeben sich analog der größeren Kapitals- belastung durch die Amortisation und Reparatur des Gebäude- und Geräte- kapitals. Sie sind so unbedeutend, daß wir sie vernachlässigen können. Hingegen zeigen das Lohn- und Verpflegskonto in die Augen springende Unterschiede, indem die Alpe „G.-B." per Kuh mit K 46, die Alpe „T..." hingegen nur mit K 30 belastet erscheint. Wir haben bereits anläßlich der Besprechung über die Ursache des Auflassens von Alpbetrieben diese Verhältnisse klargelegt und müssen daher nur festhalten, daß im Lohnaufwande der Alpe „T..." keine Einschränkung stattfinden kann. Wir müssen also die zweite Komponente, welche neben dem schlechteren Milchverwertungs- preise den Wirtschaftserfolg herabdrückt, an anderem Orte suchen und finden sie im ausgewiesenen Pachtschilling für 16 Kühe. Vorerst eine Gegenüber- stellung der Betriebsausweise der beiden Alpen unter der Bedingung, daß alle Kühe im Besitze des Betriebes sind:

| | Milchverwertungspreis | | | |
| | 13 Heller | | 15 Heller | |
Reinertrag	absolut	relativ	absolut	relativ
Alpe „G.-B."	K 779·59	6·15 %	K 1012·69	7·90 %
Alpe „T..."	„ 1710·93	7·70 %	„ 3146·05	9·64 %

Es besteht also rein theoretisch betrachtet die Möglichkeit, daß die Alpe „T..." den ausgezeichneten Wirtschaftserfolg der Alpe „G.-B." nicht nur aufholt, sondern noch weit übertrifft. Soweit diese günstige Prognose in der Verwendung von ausschließlich im Eigentume des Betriebes befindlicher Kühe verankert ist, wollen wir sie eingehend überprüfen. In Betracht käme nur ein Zukauf der Tiere für die Alpperiode, da aus bekannten Gründen die Menge des vorhandenen Winterfutters nicht vermehrt werden kann. Es fragt sich nun, ob der Betrieb dem in jedem Frühjahre wiederkehrenden großen Bargeldbedarf zum Ankaufe von 23 Kühen nachkommen kann bzw. ob der entsprechende Kredit zur Verfügung steht. Es braucht wohl nicht im besonderen ausgeführt zu werden, daß eine auch nur teilweise Erfüllung dieser Voraussetzung in den seltensten Fällen gegeben erscheint. Wie nun aus der Aufstellung der Alpe „T . . .“ ersichtlich ist, werden bis zu 7 Kühe jährlich zugekauft, womit aber diese Quelle der Besserung des Wirtschaftserfolges erschöpft ist.

Aber selbst dann, wenn ohne übermäßige Anspannung der Kapitalskraft des Betriebes eine Ergänzung der Viehbestände möglich wäre, würde ein dauernder Erfolg sehr fraglich bleiben, da bei unserer Aufstellung, wo der bestmögliche Fall einer Wirtschaftsführung gewählt wurde, jedes Risiko vernachlässigt ist. Letzteres liegt nicht nur in einer allenfalligen Erkrankung, Verkalben usw. und dem damit verknüpften Leistungsrückgange der Kühe, sondern wirkt sich noch viel einschneidender in einer Wertverminderung der Tiere aus. Außerdem darf die schwankende Konjunktur am Zuchtviehmarkt und ähnliches mehr nicht vergessen werden.

Wenn wir zu unserer Ausgangsfragestellung zurückkehren, ist einmal die interessante Tatsache festzuhalten, daß die von einer Tannberger Melkalpe im mehrjährigen Durchschnitt abgeworfene Rente mit der Zunahme der Pachtkühe sinkt und daß ferner der im Zukaufe von Kühen für die Alpperiode gelegene Ausweg von vorne herein durch Geld- bzw. Kreditmangel teilweise versperrt ist und für einen an und für sich kapitalsschwachen Betrieb ein zu großes Risiko mit sich bringt.

Damit wäre die Überprüfung der Betriebsergebnisse der Alpe „T . . . .“ abgeschlossen und es obliegt uns noch die Aufgabe, die Bedeutung einer selbständigen Melkalpe für die Erhaltung der Bergbauernbetriebe zu erläutern.

Wie früher erwähnt, ist der Reinertrag der Alpe „T . . . . .“ so groß, daß er allein einen katastrophalen Mißerfolg in der Wirtschafsführung des Gesamtbergbauernbetriebes verhindert und wir sind daher voll berechtigt, wenn wir eine selbständige Melkalpe oder eine genügend große ertragnisreiche Heimalpe als das Rückgrat einer Tannberger Bauernwirtschaft bezeichnen. Allerdings ist dabei vor Augen zu halten, d a ß d i e R e n t e d e r A l p e n u r d a n n j e n e H ö h e e r r e i c h t , w e l c h e d a s D e f i z i t i m l a n d w i r t s c h a f t l i c h e n E i n k o m m e n d e s G e s a m t b e t r i e b e s n o t d ü r f t i g d e c k t , w e n n k e i n e B e t r i e b s u n f ä l l e z u v e r z e i c h n e n s i n d.

Es fragt sich nun, ob alle Tannberger Bauernwirtschaften im alleinigen Besitze genügend großer Melkalpen sind? Leider kann die Frage nicht bejaht werden, da Melkalpen in Schröcken allein bei 9 Betrieben vollständig fehlen. Strenge genommen, kommen von 22 Betrieben überhaupt nur 4 in Frage, die eine ausgesprochene Alpe, wie sie „G.-B.“ (von „T . . . . .“ nicht zu reden) vorstellt, besitzen. Vor nicht allzulanger Zeit waren noch sämtliche Melkalpen am Tannberg Eigentum der dort ansässigen Bauern und sie sind erst im Laufe der Jahre an Tallandwirte verlorengegangen. Diese auf den ersten Moment unbegreifliche Erscheinung wird verständlich, wenn die starke Überschuldung der Bergbauern berücksichtigt wird. Um den oft wegen lächerlich geringer Beträge drohenden Zusammenbruch aufzuhalten und die „Heimat“, das „Heimgut“, zu retten, verkauft der Bergbauer immer erst die Alpe. Daß er damit das endgültige Todesurteil über seinen Hof fällt, wird ihm nicht bewußt.

Zusammenfassung der Betriebsergebnisse der Bergbauernwirtschaft „Z..."

Wie uns die eingehende kritische Besprechung der Rentabilitätserhebungen über die drei selbständigen Objekte — Heimgut, Bergmahd, Alpe — der Bergbauernwirtschaft „Z....." zeigt, ist der Mißerfolg in der Betriebsführung auf folgende Ursachen zurückzuführen:

1. Die durch ungünstige klimatische Verhältnisse und die beträchtliche Höhenlage stark verkürzte Vegetationszeit bewirkt, daß trotz intensiver Pflege und Düngung die Wiesen und Weiden keinen vollen Ertrag abwerfen. Gleichzeitig zwingen sie den Bauern zu einer einseitigen Graswirtschaft und nehmen ihm die Möglichkeit einer vielseitigen Betriebsführung. Eine länger andauernde ungünstige Marktlage von Zuchtvieh bzw. Milchprodukten muß daher mit voller Wucht zur Auswirkung gelangen.

2. Die ungünstigen Terrainverhältnisse schließen die Verwendung auch der einfachsten Maschinen, ja vielfach selbst die der Zugtiere aus, wodurch eine übermäßige Belastung im menschlichen Arbeitsaufwand eintritt, die sich vor allem in der Höhe der Selbstkosten für Heu widerspiegelt.

3. Die maßlos schlechte Verteilung des stärkeren Arbeitsbedarfes auf knapp 5 Monate macht bei nicht vielköpfigen Familien die Zuziehung von Taglöhnern bzw. Saisonarbeitern erforderlich, so daß das Arbeitseinkommen, welches die Wirtschaft bieten könnte, nicht voll ausgenutzt werden kann.

4. Umgekehrt ergeben sich während der sieben Monate dauernden Winterperiode nur sehr beschränkte Arbeitsmöglichkeiten, was sich wiederum in einem verminderten landwirtschaftlichen Einkommen auswirkt.

5. Die naturnotwendige Einstellung der Wirtschaft auf einen kombinierten Zuchtmilchbetrieb krankt daran, daß a) die Rinderaufzucht an und für sich ein unrentables Geschäft vorstellt und b) eine bestmögliche Milchverwertung eine große fachliche Einsicht verlangt, welche den Bergbauern erst beigebracht werden muß.

6. Das von Haus aus ungünstige Verhältnis zwischen Weidemöglichkeit im Sommer und vorhandener Menge an Winterfutter wird durch das Fehlen der sogenannten „Frühjahrs- und Herbstweiden" noch weiter zum Nachteile der Stallfütterung verschoben.

7. Um den Rauhfutterbedarf so gut als möglich zu ergänzen, werden vielfach Weideflächen in Bergmäder verwandelt, obwohl hiedurch ein Sinken des Ertrages per Flächeneinheit stattfindet und selbst bei gleichbleibender Futterproduktion die Rentabilität merklich zurückgeht.

8. Bergmäder mit guten Terrain- und bequemen Zufahrtsverhältnissen liefern bei Verwendung eigener Arbeitskräfte den Doppelzentner Heu zwar noch immer über dem Verwertungspreis desselben, der Marktpreis wird jedoch unterboten. Gegenüber dem Heimgut erweist sich also die Heuproduktion in günstig gelegenen Bergmähdern als rentabler. Eine Belastung der Wirtschaftsführung durch „Heuberge" findet demnach nicht statt.

9. Als alleinige Stütze aller Tannberger Bauernbetriebe erweisen sich selbständige, möglichst nah zum Heimgute gelegene Melkalpen, eventuell genügend große und erträgnisreiche Heimalpen. Ihr Ertrag ist aber nur unter den günstigsten Voraussetzungen imstande, einerseits den Betriebs-

abgang des Heimgutes zu decken und gleichzeitig das landwirtschaftliche Einkommen auf die Höhe des Existenzminimums zu bringen.

10. Eine restlose Ausnutzung der von Melkalpen dem Heimbetriebe gebotenen Hilfe scheitert an der zu geringen Anzahl ganzjährig gehaltener Kühe. Die hiedurch erforderlichen Aufwendungen für Pachtkühe drücken den Wirtschaftserfolg der Alpe.

Wie vorstehende Zusammenfassung zeigt, erweisen sich nur die unter Punkt 5 angeführten Gründe für den schlechten Wirtschaftserfolg eines Tannberger Bergbauernbetriebes als vermeidbar. Da ihr Wegfallen jedoch, wie früher ausgeführt wurde, nur eine ungenügende Hilfe bringt, ist der Nachweis erbracht, daß es fast ausschließlich wirtschaftliche Erwägungen sind, welche die Bewohner des Vorarlberger Tannbergs zur Höhenflucht veranlassen. Geistig regsame, intelligente Bauern wandern freiwillig ab, der zurückbleibende Teil wird im Verlaufe der Jahre durch den Zusammenbruch ihrer Bergwirtschaften dazu gezwungen.

Die natürlichen Bedingungen für die Führung einer Bergbauernwirtschaft am Vorarlberger Tannberg

Für die Lösung unserer Frage nach den Ursachen des Verfalles der Bergwirtschaften am Tannberg ist es noch von großer Wichtigkeit, die gegebenen allgemeinen wirtschaftlichen Verhältnisse eingehend klarzulegen und vor allem zu untersuchen, ob die Arbeitsweise der Bergbauern nicht zu mühsam bzw. gefahrvoll sei.

Wenn wir uns die eingangs der Abhandlung gebrachte Schilderung der Tannberger Gemeinden ins Gedächtnis zurückrufen, ergeben sich eine Reihe von Tatsachen, die für eine erschwerte Betriebsführung und mühselige Lebensweise sprechen. Vor allem bringt es der strenge, übermäßig lang ausgedehnte Winter mit sich, daß der Bergbauer während dieser Zeit in der eigenen Wirtschaft nur eine ganz beschränkte produktive Arbeitsmöglichkeit findet. Wesentlich verschlimmert wird die Sachlage noch dadurch, daß es auch an anderweitiger lohnender Beschäftigung mangelt. Die einzige, regelmäßig wiederkehrende Arbeitsgelegenheit, das Öffnen des tief verschneiten und fortlaufend von Lawinen zugeschütteten Weges in die nächste Talstation, bezahlt, strenge genommen, der Bergbauer selbst, da er für die von der Gemeinde ausgelegten Geldbeträge in Form von Steuern und Abgaben aufzukommen hat. Dabei stellt die „Wegearbeit" im Winter nicht nur eine schwere, an Kleider und Gesundheit weitgehende Anforderungen stellende Beschäftigung vor, sondern sie erweist sich in vielen Fällen als direkt gefahrvoll (Lawinen).

Wohl am schlimmsten spielt der schwere Winter den Schulkindern mit. Mit einer kleinen Schneeschaufel bewaffnet, haben sie den oft stundenweiten Weg durch lawinengefährdete Steilhänge und Schluchten zurückzulegen. Daß länger anhaltender starker Schneefall eine mehrtägige Unterbrechung des Schulunterrichtes bedingt, ist eine sich jährlich wiederholende Erscheinung.

Auch die im Winter nur dreimal wöchentlich von und zur nächsten Talstation verkehrende Post ist häufig längere Zeit eingestellt.

Katastrophale Folgen nimmt die Verkehrssperre bei Krankheiten und Unglücksfällen an, denn an und für sich nicht komplizierte Erkrankungen enden oft mit letalem Ausgange, weil ärztliche Hilfe nicht erreichbar ist.

Daß der Abtransport des Bergheus aus verschiedenen Bergmähdern trotz größter Vorsicht durch niedergehende Lawinen mit ständiger Lebensgefahr verknüpft ist, beweisen die vielen diesbezüglichen Unglücksfälle. Der letzte große, erst im Winter 1917/18, wo der weiße Tod unterhalb des Bergmahdes „Gemsegg" in Schröcken drei Opfer forderte.

Einen geradezu unheimlichen Eindruck macht die Tatsache, daß von den 24 dauernd bewohnten Häusern in Schröcken nur fünf, in Lech von der doppelten Anzahl gar nur vier nach menschlichem Ermessen an lawinensicheren Orten erbaut sind. Nach meinen Erhebungen sind am Tannberg während der letzten 100 Jahre sechs Wohnhäuser durch niedergehende Lawinen zerstört worden.

Weniger gefahrdrohend, dafür um so mühseliger, ist die Arbeitsweise der Tannberger Bauern im Sommer. Es liegt dies in den ungünstigen Terrainverhältnissen des ganzen Gebietes begründet. Wohl mehr denn die Hälfte der Heimgüter hat derart steil gelegene Wiesen, daß die gesamte Heuernte eingetragen werden muß und, von wenigen Ausnahmen abgesehen, erfordert die Heuarbeit in den Bergmähdern die Verwendung von „Griffschuhen"[1]. Wenn zu alledem noch ein regenreicher Sommer kommt, der die ohnehin äußerst sorgfältige „Heuarbeit" hinauszögert und noch umständlicher gestaltet, ist ein Großteil der aufgewendeten Mühe umsonst geleistet. Ebenso möge daran erinnert werden, daß es am Tannberg zu den Ausnahmen gehört, wenn es in einem Sommer nicht mindestens einmal bis zu den Heimgütern herunter schneit.

Um das Maß der natürlichen Erschwernisse voll zu machen, hat sich für den Großteil der Tannberger Bergbauernbetriebe, insbesondere jener in Lech, ein einschneidender Holzmangel hinzugesellt. Wir haben schon anläßlich der Aufzählung jener Ursachen, welche zum Auflassen verschiedener Alpbetriebe geführt haben, auf den Holzmangel hingewiesen, indes obliegt uns noch, den Gründen dieser für die Erhaltung der Bergsiedlungen mitentscheidenden Erscheinung nachzugehen.

Wie der Name „Tannberg" schon verrät, handelt es sich um ein in früheren Zeiten dichtbewaldetes Gebiet, das erst im Laufe der Jahre seinen Waldschutz verlor. Wie mir befreundete Bergbauern mitteilten, setzte dieser katastrophale Rückgang der Waldgrenze erst mit Beginn des vorigen Jahrhunderts mit voller Wucht ein. Er war nun nicht, wie man erwarten sollte, in einem verstärkten Abtransport von Holz in das Flachland begründet — der Abverkauf von Holz vom Tannberg ist infolge der schlechten Verkehrslage gleich Null —, sondern wurde vielmehr durch eine den primitivsten waldbaulichen Erfahrungen widersprechende Art der Aus- und Abholzung hervorgerufen. Ohne zu übertreiben, kann für das Gebiet der Gemeinde Schröcken die Behauptung aufgestellt werden, daß nur ein Drittel der ehemaligen Bestände der Axt zum Opfer fielen, während zwei Drittel von den durch die sinnlose Holzentnahme begünstigten, ja vielfach erst geschaffenen Lawinenzügen (bzw. „Schneebrettern") verwüstet wurden. An ein Aufforsten dachte kein Mensch und wenn der eine oder andere vorausblickende Bergbauer vorhandene Lücken bzw. Waldblößen bepflanzte, so geschah es mit untauglichen Mitteln. Von den maßgebenden Forstbehörden wurde dann und wann ein Anlauf genommen, die Tannberger Waldwirtschaft in richtige Bahnen zu lenken, aber es blieb leider nur beim guten Willen oder kam über den Anfang nicht hinaus. Wie wäre es sonst möglich, daß von dem einwandfrei angelegten, während der ersten Zeit gut geführten und e i n z i g e n Fichtenpflanzgarten im „Schreckbach" zu

---

[1] An den Absätzen der Schuhe sind Steigeisen befestigt.

Schröcken im Jahre 1914 nur noch einige einsame morsche Zaunpfosten vorhanden waren? Daß ein Nachholen der schweren Versäumnisse in heutiger Zeit mit größter Wahrscheinlichkeit nur ein frommer Wunsch bleiben dürfte, muß wohl nicht erst besonders bewiesen werden. Ich gebe ohne weiteres zu, daß vom privatwirtschaftlichen Standpunkt aus betrachtet die schwierige und nur teilweisen Erfolg versprechende Aufforstung als vollkommen unrentabel abgelehnt werden muß, ich bin auch der festen Überzeugung, daß der Rückgang der Bergbauernsiedlungen hiedurch nicht aufgehalten, ja nicht einmal merklich verzögert werden könnte, doch darf nicht vergessen werden, daß die für einige tausend Stück Rindvieh Futter liefernden Alpen hiedurch zum Teile der Vermurung ausgesetzt sind und daß vor allem ihre Wirtschaftsführung weitgehend erschwert wird.

Welchen Umfang der Holzmangel in der Gemeinde Lech bereits angenommen hat, geht daraus hervor, daß im Jahre 1924 für ein Raummeter aufgeschichtete Bergföhrenäste, die sich eine Stunde weit vom Dorf entfernt befinden, durchschnittlich 250.000 Papierkronen = 12·5 Goldkronen (20.000 Papierkronen = 1 Goldkrone) bezahlt wurden!

Neben diesen äußerst ungünstigen natürlichen Voraussetzungen hat jeder Tannberger Bergbauernbetrieb mit einer schlechten Verkehrslage zu rechnen, welche wiederum erschwerte Absatzverhältnisse mit sich bringt. In den vorhergehenden Kapiteln wurde bereits des öfteren auf die Auswirkung dieses Momentes hingewiesen und es genügt, wenn wir an dieser Stelle noch einige Ergänzungen anfügen.

Für jedes Kilogramm zu- oder abgeführter Fracht (von der nächsten Talstation bis Dorfplatz) müssen 2 Heller entrichtet werden. Alle Bauern, die in größerer Entfernung (eine Stunde und mehr) vom Dorfplatze wohnen und für gewöhnlich keinen fahrbaren Weg zu ihrem Anwesen besitzen, haben eine weitere diesbezügliche Belastung in Kauf zu nehmen. Da nun absolute Erfordernisse, wie Mehl, Kartoffeln usw. bis vom Rheintale zu beschaffen sind, — im Bregenzerwald ist weder Getreide noch Kartoffelbau — kann durchschnittlich für 1 *kg* zu- oder abgeführte Fracht 4 Heller veranschlagt werden. Wenn also im Flachland das Kilogramm Kleie mit 4 Heller Nutzen verfüttert wird, wären damit am Tannberg erst die Transportkosten gedeckt. Es ist daher leicht erklärlich, daß sich eine Verwendung von Kunstdünger, Kraftfutter etc. in Tannberger Bauernbetrieben nur in Ausnahmsfällen als wirtschaftlich erweisen wird.

Wohl am krassesten zeigen sich die erschwerten Absatzverhältnisse, wenn es sich darum handelt, das Fleisch notgeschlachteter Tiere zu verwerten. Während im Flachlande das Fleisch einer notgeschlachteten Kuh im vergangenen Jahre mit 3,000.000 Papierkronen leicht an den Mann gebracht wurde, betrug der Erlös in Lech durchschnittlich nur ein Drittel obgenannter Summe.

Auch der Absatz von Zuchtvieh geht nicht so leicht von statten wie in Talgegenden. Ganz abgesehen davon, daß der Auftrieb zu den großen Vorarlberger Herbstmärkten infolge der beträchtlichen Entfernungen vermehrte Auslagen mit sich bringt, liefert der Verkauf an Ort und Stelle selten die vollen landesüblichen Preise.

Noch sei an die häufig eintretende Unmöglichkeit der Zuziehung eines Tierarztes erinnert. Eine mehrmalige Intervention würde bei der vielfach eine Tagesreise betragenden Entfernung einen erheblichen Teil des Wertes des erkrankten Tieres aufzehren.

Wie also diese Auslese von Erschwernissen aller Art zeigt, h a t d e r T a n n b e r g e r B e r g b a u e r z u s e i n e m k ä r g l i c h e n V e r d i e n s t

e i n e ü b e r r e i c h l i c h g u t b e m e s s e n e G a b e an s c h w e r e r M ü h e
u n d S o r g e m i t i n d e n K a u f z u n e h m e n. Die große Mehrzahl trägt
sie als eine unabänderliche Tatsache und die übergroße Liebe zu H e i m a t
und F r e i h e i t läßt das gefahrvolle und mühselige Leben erträglich
erscheinen. Wenn aber die Wirtschaftslage eine trostlose zu werden beginnt,
gibt das schwere Joch der gegebenen Daseinsverhältnisse den letzten Anstoß
für den endgültigen Zusammenbruch; der Bergbauer wird gezwungen, seinen
Hof zu verlassen.

Untersuchungen über die körperliche und geistige Eignung der Bewohner des Vorarlberger Tannberges zur Führung einer Bergbauernwirtschaft

Nachdem in den beiden vorangegangenen Abschnitten einmal die
wirtschaftlichen und das andere Mal die gegebenen natürlichen Verhältnisse
in ihrer Auswirkung auf die Erhaltung der Dauersiedlungen am Vorarlberger
Tannberg eingehend besprochen wurden, wollen wir noch den Versuch
machen, das vorhandene Menschenmaterial auf die körperliche und geistige
Eignung für die Führung eines Bergbauernbetriebes zu prüfen. Das Ergebnis
der bisherigen Untersuchung zwingt uns wohl die Überzeugung auf, daß nur
ein biologisch vollwertiger Menschenschlag den natürlichen und wirtschaftlichen
Anforderungen, die an einen Bergbauer gestellt werden, nachkommen kann.
Ob und wie weit die Bewohner des Tannberges diese Voraussetzung erfüllen,
mögen die folgenden Zeilen dartun.

Bereits an früherer Stelle haben wir die Behauptung ausgesprochen,
daß das strebsame, intelligente Menschenmaterial freiwillig die Höhenflucht
ergreift, daß es also sehr frühzeitig zum Abwandern des wertvollsten
Bevölkerungselementes kommt. Es ist auch leicht verständlich, daß der
nachdenkende und vor allem rechnende Bergbauer bald zur Einsicht gelangt,
daß mit einem dauernden Fortkommen unter den gegebenen Verhältnissen
nicht zu rechnen ist. Eine Befragung der freiwillig abziehenden Personen
über die Gründe der Höhenflucht bringt auch eine restlose Bestätigung
unserer Überlegung.

Der fortgesetzte Verlust der biologischen Oberschichte bringt es aber
mit sich, daß der Durchschnittswert der zurückbleibenden Bevölkerung
von Generation zu Generation sinken muß. Dieser Prozeß könnte nur
dadurch aufgehalten werden, daß eine ausgiebige und vor allem in jeder
Beziehung gesunde Blutzufuhr stattfinden würde. Leider ist dies nicht der
Fall, denn eine Einheirat von biologisch wertvollem Menschenmaterial auf
den Tannberg findet praktisch gesprochen nicht statt. Ganz im Gegenteile
führt der Versuch einer ehelichen Verbindung mit Talbewohnern regelmäßig
zur Höhenflucht. Wenn es sich dabei um den Besitzer oder Erben eines
Bergbauernhofes handelt, dessen neuer Talhof an Futtermangel leidet, ist in
vielen Fällen die Umwandlung der Höhensiedlung in ein Zulehen oder Alpe
eine gegebene Sache.

Das Fehlen einer nennenswerten Blutzufuhr durch viele Generationen,
bei einer absolut geringen Bevölkerungszahl, führt aber naturnotwendiger-
weise zu einer weitgehenden V e r w a n d t s c h a f t s z u c h t im biologischen
Sinne, die unter den gegebenen Voraussetzungen von üblen Folgen begleitet
sein muß. Es ist dies nun nicht so aufzufassen, als ob Ehen unter nahen bürger-
lichen oder kirchlichen Verwandtschaftsgraden häufig geschlossen würden,
sondern die im Laufe der Generationen immer wieder vorkommende Ver-

sippung der einzelnen Familien untereinander führt schließlich und endlich zu einer weitgehenden Übereinstimmung im Genotypus, die übrigens bei einfach mendelistisch bedingten Merkmalen auch phänotypisch in Erscheinung tritt. Für jeden Fremden ist z. B. die eigenartig schöne „vergißmeinnichtblaue" Augenfarbe der Bewohner von Schröcken auffallend.

Wenn wir nun in Betracht ziehen, daß die mit biologisch wertvollen Merkmalen ausgestatteten Elemente infolge frühzeitig einsetzender Höhenflucht für die Erhaltung des Tannberger Menschenschlages vermindert in Frage kommen und nur die rasche Anhäufung ungünstiger Erbeinheiten durch die Verwandtschaftszucht zur vollen Auswirkung gelangt, müssen wir ein höchst betrübliches Bild erwarten. Es muß sich zeigen, daß einfach mendelistisch bedingte Eigenschaften allgemein vorkommen, daß polygene Merkmale familienweise gehäuft plötzlich auftreten und daß polymere Veranlagungen in allen Stärkegraden zu finden sind.

Die praktische Überprüfung dieser Überlegung am vorhandenen Menschenmaterial liefert jedoch ein besseres Ergebnis, stellt also scheinbar einen Wiederspruch vor. Dieser läßt sich einwandfrei dann klarlegen, wenn wir das Moment der natürlichen Zuchtwahl mitberücksichtigen. Alle Individuen, welche mit einer weitgehenden Kumulierung biologisch minderwertiger Anlagen belastet sind, werden durch die äußerst ungünstigen Lebensbedingungen vor Eintritt der Fortpflanzungsfähigkeit ausgemerzt. Die Selektion braucht dabei nicht durch eintretenden Tod bedingt sein, es genügt, wenn solche Individuen infolge fehlender Fortkommensmöglichkeiten zum Abwandern gezwungen werden.

Leider ist nun diese Auslese minderwertiger biologischer Einheiten nicht so weitgehend, daß hiedurch, um mit F. Lenz[1]) zu sprechen, die Kontraselektion (Abwandern des vollwertigen Bevölkerungsteiles) aufgehoben würde. Wir werden zwar keinen rapiden, allgemein verbreiteten Entartungsprozeß feststellen können, wohl steht aber zu erwarten, daß uns eine Reihe bedenklicher Degenerationserscheinungen — vereinzelt wie familienweise gehäuft — unterkommen.

Ehe wir nun auf eine Untersuchung nach vorhandenen Entartungserscheinungen eingehen, mögen folgende Bemerkungen vorausgeschickt werden: Die mit dem Jahre 1914 abgeschlossenen Daten betreffen eine Gemeinde (Einwohnerzahl um 140) und können keinen Anspruch auf Vollständigkeit erheben. Allerdings — dies möge besonders betont sein — sind sie nicht einseitig ausgewählt und es verteilen sich daher vorhandene Lücken auf günstige und ungünstige Fälle. Die Todesursachen vorangegangener Generationen sind nur in verschwindender Ausnahme angeführt, da die zur Verfügung stehenden Aufzeichnungen größtenteils von Laien stammen, daher für unsere Zwecke wertlos sind.

Untersuchungsergebnisse

Störungen des Gesichtssinnes (Kurz- und Weitsichtigkeit): Sie kommen nur bei älteren Personen in normalem Mengenverhältnis und in keiner schweren Form vor. Erblindung ist nicht bekannt[2]).

---

[1]) Bauer, Fischer, Lenz, Grundriß der menschlichen Erblichkeitslehre. Band II. Lenz, Menschliche Auslese und Rassenhygiene, Lehmann, München 1921.
[2]) Aus der letzten Zeit (1924) ist mir ein Fall von fortschreitender Erblindung bekannt geworden. Die befallene Person ist gleichzeitig epileptisch.

Störungen des Gehörsinnes treten bereits sehr zahlreich und vor allem familienweise gehäuft auf. Teilweise sind schwere Formen zu beobachten. Nur ein Fall, der gleichzeitig im Familienstammbaume vereinzelt dasteht, ist auf äußere Einwirkungen zurückzuführen. Es handelt sich also in der überwiegenden Mehrzahl fraglos um eine hereditäre Belastung. Ein besonders krasses Beispiel liefert eine Tannberger Nachbargemeinde, wo von fünf Geschwistern alle ausgesprochen schwerhörig — zwei davon beinahe taub — sind und außerdem noch Sprachfehler (Stottern) aufweisen.

Mit körperlichen Mißbildungen waren nur zwei Individuen der Familie II behaftet. Es handelte sich um eine schwerere und leichtere Form von Wirbelsäuleverkrümmung. Dieses günstige Ergebnis gibt aber kein richtiges Bild über die Häufigkeit von Degenerationsmerkmalen solcher Art, da die maßlos erschwerten Daseinsverhältnisse alle in dieser Richtung stärker belasteten Personen zum Abwandern zwingen.

Zahnkaries. Hochinteressant sind die Ergebnisse der Erhebung über die Beschaffenheit der Zähne. Die im Beinhause des Friedhofes in größerer Zahl vorhandenen Schädel besitzen mit vereinzelten Ausnahmen ein lückenloses, vorzüglich erhaltenes Gebiß. Abgesehen von einer einzigen Familie (III) sind die lebenden Generationen (allerdings nicht mehr so einheitlich wie früher) ebenfalls mit gut erhaltenen Zähnen ausgestattet. Teilweise sind letztere von auffallend schönem und kräftigem Bau. Dabei ist die Zahnpflege gleich Null. Von Interesse erscheint es mir nun, den Ursachen dieser überraschenden Tatsache nachzugehen. In dem an den Tannberg anschließenden Bregenzerwald ist die Karies eine auffallend häufig zu beobachtende Erkrankung der Zähne, die sicherlich zum Teil auf die kohlehydratreiche Ernährung (Säurebildung in der Mundhöhle) zurückzuführen sein dürfte. Da aber am Tannberg die Ernährung noch einseitiger auf Kohlehydrate eingestellt ist, müßten sich daraus resultierende üble Folgen noch schärfer auswirken. Da dies nicht der Fall ist, kann die Ursache nur im außergewöhnlich guten Bau der Zahngewebe gesucht werden. Warum sich die Bewohner des Tannbergs in diesem Merkmale so grundverschieden gegenüber jenen der Umgebung verhalten, dürfte sich daraus erklären, daß die Tannberger einen vor einigen hundert Jahren, letzten Endes aus dem Wallis (Schweiz) eingewanderten Volksstamm vorstellen, der sich infolge der Abgeschlossenheit ziemlich rein erhalten hat (charakteristisch ist z. B. der heute noch ausschließlich gebräuchliche „Walser"-Dialekt).

Rachitis. In leichten bis mittelschweren Formen in der Familie IV in drei Fällen, bei der damit väterlicherseits im zweiten Grade blutsverwandten Familie V in vier Fällen erhoben. In der Familie V sind zwei Nachkommen aus erster Ehe vollständig gesund. Es ist allerdings schwer feststellbar, ob die Rachitis im gegebenen Fall auf Diätfehler oder auf schlechte Erbveranlagung zurückzuführen ist. Ausgeschlossen erscheint mir eine Avitaminose, da sowohl die stillenden Mütter wie die Nachkommen ausgiebige Milch- bzw. Butternahrung zu sich nahmen. Selbst dann, wenn abgerahmte Milch verwendet wurde, lieferte der in größeren Gaben verzehrte gelbe Mais[1] immer noch genügende Mengen an A-Vitaminen. Wie weit anderweitige Ernährungsstörungen das Auftreten der Krankheit mitbedingen, muß dahingestellt bleiben. Auf jeden Fall scheint vieles für eine erbliche Belastung zu sprechen.

---

[1] Nach Steenbock und Boutwell (zitiert nach C. Funk, Die Vitamine, II. Auflg., Seite 188, Bergmann, München—Wiesbaden 1922) geht der Gehalt des Maises an Vitamin A parallel mit der Menge des gelben Pigmentes.

Anfälligkeit für Tuberkulose ist in den Familien II, III, IV gehäuft zu beobachten. Wenn der dauernde Aufenthalt in ausgesprochenem Höhenklima berücksichtigt wird, muß es sich in den vorliegenden Fällen tatsächlich um eine erblich bedingte vermehrte Hinfälligkeit handeln. Wie erinnerlich, haben wir anläßlich der Besprechung der scheinbaren Tuberkulose-Widerstandsfähigkeit der am Tannberg aufgezogenen Rinder, die Ursachen der mangelnden Tuberkulose-Immunität klargelegt und sind zu dem Ergebnisse gelangt, daß die fehlende Infektionsmöglichkeit (Höhenklima) den Angriffspunkt für eine einsetzende Zuchtwahl ausschaltet. Genau dasselbe gilt für den Menschen. Auch hier wird durch den dauernden Aufenthalt in keimarmer Luft in vielen Fällen eine Immunität vorgetäuscht, wozu kommt, daß eine beginnende Erkrankung gewöhnlich ausgeheilt wird. Wenn aber ein Individuum durch längeren Aufenthalt im Flachlande bzw. in Städten zufällig einer Ansteckung unterliegt, und erst nach Ablauf einer gewissen Zeit (Militärdienst) wieder in das Höhenklima zurückkehrt, hat die Tuberkulose Formen angenommen, die eine Ausheilung zumindest fraglich machen. Es ist nun leicht einzusehen, daß alle jene Familienmitglieder, bei denen die Hinfälligkeit bereits stark ausgebildet ist, durch das zurückgekehrte kranke Individuum ebenfalls fortlaufend infiziert werden. Naturgemäßerweise verläuft die Erkrankung bei den sekundär infizierten Personen vielfach in wesentlich abgeschwächteren Formen (einsetzende Heilwirkung des Höhenklimas mit Beginn der Infektion).

Daß jene Konstitutionstypen, welche für Tuberkulosehinfälligkeit sprechen, am Tannberg nur ganz vereinzelt angetroffen werden, erklärt sich daraus, daß die damit ausgestatteten Individuen der schweren Arbeit nicht mehr gewachsen sind und infolgedessen abwandern.

Asthenische Konstitutionsformen sind aber immerhin zeitweilig anzutreffen (Familie III).

Chlorose, die manchmal auch in Höhenklimaten vorhanden ist, kommt nicht vor.

Kindersterblichkeit. Die auffallend geringe Kindersterblichkeit ist eine Folge der natürlichen Ernährung der Säuglinge, welche bis zu einem Jahr und darüber an der Brust gestillt werden. Von den drei mir bekannten Fällen einer Geburt lebensschwacher Individuen dürfte der eine auf eine erworbene Keimschwächung (Alkohol) zurückzuführen sein.

Die Stillfähigkeit ist einheitlich gut ausgeprägt.

Verlauf der Geburten. Scheinbar sind diesbezüglich keinerlei Defekte (durch enge Beckenformen etc. bedingt) nachzuweisen. Eine eingehende Überprüfung stellt aber die Sachlage dahin richtig, daß eine äußerst strenge Selektion nach gebärfähigen Frauen stattfindet. Die bereits an anderem Orte geschilderte Schwierigkeit bzw. Unmöglichkeit der Zuziehung eines Arztes bedingt eine radikale Auslese nach einwandfreiem Material. Von Zeit zu Zeit tauchen immer wieder belastete Formen auf, die aber dem Geburtsakte zum Opfer fallen.

Fruchtbarkeit: Es können zwei scharf differenzierte Gruppen von Ehen unterschieden werden. Die eine mit einer zahlreichen (4 bis 10) Nachkommenschaft, die zweite unfruchtbar (also auch Fehlen von Abortus). Mittelformen fehlen. Da an eine exogene Beeinflussung in der Richtung auf verminderte Fruchtbarkeit wohl kaum zu denken ist[1]), dürften erblich bedingte

---

1) Ebenfalls sind, wie von ärztlicher Seite festgestellt wurde, Geschlechtskrankheiten und deren Folgeerscheinungen nicht vorhanden.

Variationsformen in erster Linie in Frage kommen. Zur Zeit der Erhebung konnten unter 25 bereits mehrere Jahre dauernden Ehen fünf (=20%) kinderlose festgestellt werden. Das Ausbleiben der Mittelformen bzw. das plötzliche Auftreten der vollen Schädigung läßt den Gedanken aufkommen, ob man es nicht mit rezessiven oder eventuell schwankend dominanten Letalfaktoren im Sinne Morgan's zu tun hat. Die stattfindende Verwandtschaftszucht würde ohne weiteres erklären, wie so eine homozygote Verankerung dieser rezessiven Anlagen in einem größeren Zahlenverhältnisse vorkommt. Wenn wir uns nun der einleuchtenden Ansicht A d a m e t z [1]) anschließen, daß die Auswirkung von Letalfaktoren (so sie „Lebensschwäche" bedingen) nicht erst nach der Geburt stattzufinden braucht, sondern sich „vielmehr schon v o r derselben, innerhalb des Mutterleibes in einem früheren Entwicklungsstadium des Fötus, eventuell schon kurz nach erfolgter Befruchtung der Eizelle geltend machen kann", müssen wir auch seine Schlußfolgerung anerkennen, welche besagt, daß sich dies aber als U n f r u c h t b a r k e i t ä u ß e r t.

Es kann uns also die Berechtigung kaum abgesprochen werden, wenn wir die nicht geringe Anzahl unfruchtbarer Ehen zum Teil auf eine ungünstige Keimvariation zurückführen.

G e n u i n e E p i l e p s i e findet sich in den Familien VII und VIII. Daß wir es mit Biotypen zu tun haben, geht daraus hervor, daß in der einen Familie zwei Nachkommen damit behaftet waren, in der anderen unter den Vorfahren Epileptiker einwandfrei festgestellt wurden.

P s y c h o p a t h i e n (Schizophrenie?) treten bei zwei Nachkommen (insgesamt acht Kinder) der Familie IX in schwerer Form auf; außerdem sind zwei Grenzfälle vorhanden. Die drei Kinder erster Ehe sind scheinbar gesund.

H a n g z u A l k o h o l m i ß b r a u c h. Mit Ausnahme einer großen Familie (I) ist eine w e i t e s t g e h e n d e M ä ß i g k e i t zu beobachten. Sie ist zwar zum größeren Teil in den wirtschaftlichen Verhältnissen begründet, es läßt sich aber auch bei kostenloser Gelegenheit zu Alkoholgenuß keine Hemmungslosigkeit feststellen.

Wenn wir nun die Grade der erblichen Belastung der einzelnen Familien herausheben und nur die Unterschiede in 1. normal bis schwach, 2. mittelstark und 3. stark belastet aufzeigen, so entfallen auf die erste Gruppe 36%, auf die zweite 44% und auf die dritte ungünstige 20%.

Das Bild, welches also unsere Untersuchung liefert, ist zwar bedenklich, erfüllt jedoch nicht alle schlimmen Erwartungen, die unsere theoretische Überlegung ergab.

Auf jeden Fall geht jedoch unzweideutig aus unserer Untersuchung hervor, d a ß d i e b i o l o g i s c h e B e s c h a f f e n h e i t d e s M e n s c h e n m a t e r i a l s b e r e i t s v i e l f a c h n u r n o c h e r s c h w e r t d e n n a t ü r l i c h e n D a s e i n s v e r h ä l t n i s s e n s t a n d h a l t e n k a n n, d a ß a l s o d a s V e r ö d e n d e r T a n n b e r g e r B e r g s i e d l u n g e n a u c h h i e d u r c h b e e i n f l u ß t u n d b e s c h l e u n i g t w i r d.

Es kann für dieses Gebiet die Ansicht W o p f n e r s [2]), nach welcher auf den Bergen (gemeint sind Bergsiedlungen, Peter) unserem deutschen Volkstum ein nahrhafter Jungbrunnen quillt, nicht angewendet werden.

---

[1]) A d a m e t z L. Die Verwandtschaftszucht im Lichte der neuen biologischen Forschung. Ministerium für Landwirtschaft, Prag, 1923.

[2]) H. W o p f n e r. Der Rückgang der bäuerlichen Siedlungen in den Alpenländern. Vereinsbuchhandlung, Innsbruck, 1917.

Die von W o p f n e r für einzelne Bergsiedlungen Südtirols gemachten günstigen Feststellungen dürfen nicht verallgemeinert werden, denn es lassen sich ihnen weit mehr ungünstige Ergebnisse (auch in Tirol) gegenüberstellen.

Das gleiche gilt für die in neuester Zeit von A. H r o d e g h [1]) publizierten, an und für sich sehr interessanten Erhebungen aus dem oberen Schwarzatal in Niederösterreich. Hier werden wieder nur die ungünstigen Beobachtungen verwertet (1 großer Familienstammbaum) und erwecken den Anschein, als ob die g e s a m t e Bevölkerung dieser und ähnlicher Gebiete schwer belastet wäre.

Zusammenfassung über das Gesamtendergebnis der angestellten Untersuchungen

Das Endergebnis der Untersuchung über den Verfall der Bergbauernwirtschaften ist dahin zusammenzufassen, d a ß a l l e in B e t r a c h t k o m m e n d e n M o m e n t e f ü r d e r e n U n t e r g a n g s p r e c h e n. Insbesondere sind es jene des k ä r g l i c h e n l a n d w i r t s c h a f t l i c h e n E i n k o m m e n s und der e r s c h w e r t e n und g e f a h r v o l l e n A r b e i t s- u n d L e b e n s b e d i n g u n g e n. Beide haben das Auftreten von einschneidenden b i o l o g i s c h e n B e g l e i t u m s t ä n d e n zwangsläufig zur Folge, welche den Verfall nur noch beschleunigen.

Das Aufgeben der Bergbauernwirtschaften bildet das a u s l ö s e n d e M o m e n t z u m R ü c k g a n g e d e r h o c h a l p i n e n W e i d e- u n d F u t t e r e r t r ä g e am Tannberg, stellt die letzte Ursache vor, welche das Verschwinden weiter Grasflächen und Verwildern einst erträgnisreicher Weidegänge im Gefolge haben.

Es ist eine r e i n e F r a g e d e r R e n t a b i l i t ä t, welche den Nachfolger des Bergbauern zwingt, viele der übernommenen Weidegebiete extensiv zu bewirtschaften und für manche derselben überhaupt keine Aufwendungen zu machen, sie dem offensichtlichen Verfalle preiszugeben.

Die mangelnde Rentabilität ist nicht nur eine Folge der Umwandlung von Berggütern in Alpen, sondern sie war immer schon vorhanden. Nur war der Bergbauer zur Schaffung von vermehrten Arbeitsmöglichkeiten und zur Erhöhung seines landwirtschaftlichen Einkommens gezwungen, alle innerhalb der Grenzmarken seines Besitzes gelegenen Futter- und Weideflächen bestmöglich auszunutzen. Einen Reinertrag hat er nur in den seltensten Fällen erzielt.

Da aber die Führung einer Alpe, so sie einem Talgute angegliedert ist, in erster Linie vom Standpunkte der V e r z i n s u n g d e s i n i h r a n g e l e g t e n K a p i t a l s a b h ä n g i g e r s c h e i n t und das Ausnutzen nicht voll produktiver Arbeitsmöglichkeiten nur eine B e l a s t u n g des Betriebsergebnisses vorstellt, so ist es leicht erklärlich, warum einzelne Objekte (Weideflächen), welche sich als unwirtschaftlich erweisen, stillgelegt werden.

Nur wenn die Alpe auch nach dem Übergang in den Besitz von Talbauern eine Stätte der Arbeitsmöglichkeit der eigenen Familie bleibt, ist ein Rückgang in der Bewirtschaftungsintensität vielfach nicht feststellbar.

Dazu kommt aber noch, daß die Ausnutzung und vor allem Pflege vieler Weidegänge, die ehemals noch als wirtschaftlich angesprochen werden konnten, unter den neuen Verhältnissen sich als verlustbringend erweisen.

---

[1]) A. H r o d e g h. Ein Bild aus den Degenerationserscheinungen unserer alpinen Bevölkerung. Mitteilungen der anthropologischen Gesellschaft in Wien. Bd. LV, Heft II/III, Seite 117 bis 132.

Diese Tatsache ist dahin zu erklären, das einerseits die Talbasis der Alpe mit dem Verschwinden des Bergbauernhofes weit talab- und talaufwärts wandert, daher die regelmäßige Aufsicht, welche eine intensive Betriebsführung erfordert, erschwert erscheint, und daß anderseits außerhalb der Alpzeit (Frühjahr und Herbst) die Alpe keine vermehrte Pflege mehr erfährt, sondern mit dem Abtriebe des Viehs der Betrieb vollständig eingestellt wird.

Es läßt sich der Kern der ganzen Ausführung vielleicht dahin zusammenfassen, wenn man sagt, daß die ehemalige Bauernwirtschaft mit den dazugehörigen Heimweiden und Alpen für den Talbauer nur Alpe ist, während sie für den Bergbauern die „Heimat", die Grundlage seiner Existenz war.

Anhang

I. Erhebungen über den Reinertrag und das landwirtschaftliche Einkommen des Bergbauernbetriebes „Z....." in Schröcken

Aktivkapital des Heimgutes „Z...."	K 13.884·00
„ „ Bergmahdes „A...."	„ 3.700·00
„ der Alpe „T...."	„ 19.824·00
	Summe K 37.408·00

Reinertrag des Heimgutes „Z...."	K — 403·18
„ „ Bergmahdes „A...."	„ + 27·50
„ der Alpe „T...."	„ + 792·53
	Summe K + 416·85

Reinertrag in % des Gesamt-Aktivkapitales = 1·11 %.

Reinertragsdifferenz (4%ige Bankrate) = K —1080·00.

Landwirtschaftliches Einkommen: Heimgut „Z...."	K 346·82
„ „ Bergmahd „A...."	„ 252·50
„ „ Alpe „T...."	„ 792·53
	Summe K 1.391·85

II. Erhebungen über den Reinertrag und das landwirtschaftliche Einkommen des Heimgutes „Z...."

Aktivkapital:

Bodenkapital	K 8.060·00
Gebäudekapital	„ 1.800·00
Gerätekapital	„ 1.176·00
Viehkapital	„ 2.548·00
Geldvorrat	„ 300·00
	Summe K 13.884·00

Rohertrag:

10.115 Liter Milch à K 0·13	K 1.314·95	
4 Kälberanteile à K 33·10	„ 132·40	
1 verkauftes dreijähriges Rind	„ 500·00	
8 *kg* handgewaschene Wolle à K 2·00	„ 16·00	
1 verkauftes Schaf	„ 35·00	
	Summe K 1.998·35	K 1.998·35

Aufwand:

Amort. u. Reparatur d. Gebäudekapitales (2%)	K 36·00	
„ „ „ „ Gerätekapitales (8%)	„ 94·08	
Abschreibungen am Kuhkapital (4%)	„ 69·60	
	Summe K 199·68	K 199·68

Löhne:

Winterknecht (per Woche K 10·—) . . . . K   263·00
Anteil an Sommerknecht (50 Tage à K 5·00) . . . „   250·00
Fünf Gespannstage à K 9·00 . . . . „   45·00
Kost für den Winterknecht . . . . „   355·60
Lohnanspruch der Besitzerfamilie . . . . „   750·00

         Summe K 1.663·60 . . K 1.663·60

Ankauf von 55 q Bergheu à K 6·50 . . . . K   357·50
 „ „ 20 q Streu à K 4·50 . . . . „   90·00

         Summe K   447·50 . K   447·50

Jahreslast der Zäune (250 m) . . . . „   30·75
Versicherung . . . . „   60·00

         Summe K 2.401·53 . K 2.401·53

   Rohertrag = K 1998·35
   Aufwand = „ 2401·53
   Reinertrag = „ —403·18
   Reinertrag in Prozenten des Aktivkapitales = — 2·9 %
   Reinertragsdifferenz (4 %ige Bankrate) = K — 958·54
   Landwirtschaftliches Einkommen = K 346·82

III. Milchverwertungspreis bei der Verarbeitung der Milch auf süße Magerkäse und Butter

Aus 100 Liter Vollmilch werden erzeugt (Durchschnitt):

Butter . . . . 3·50 *kg*
Magerkäse . . . . 6·00 „
Milchalbumin (Zieger) . . . . 2·50 „

Marktpreise (Durchschnitt):

Butter per *kg* . . . . K 2·20
Magerkäse per *kg* . . . . „ 0·70
„Zieger“ per *kg* . . . . „ 0·20
Per 100 Liter Milch resultiert ein Rohertrag von . . . . „ 12·40
Kosten der Milchverarbeitung per 100 Liter (Löhne, Brennmaterial, Amor-
 tisierung der Geräte usw.) . . . . „ 1·30
Verwertungspreis per 100 Liter Milch . . . . „ **11·10**

IV. Rentabilitätserhebungen über die Schafhaltung (Schlichtwolle tragende Landschafe)

Aufwand:

Stallmiete . . . . K 1·00
Wartung (mit zweimaligem Scheren) . . . . „ 1·50
Futter für 181 Tage (täglich 2 *kg* Heu à 6·5 Heller) . . . . „ 23·53
Sömmerung (Heimweide und Hochalpe) . . . . „ 2·00

         Summe K 28·03 . . K 28·03

Rohertrag:

2 *kg* handgewaschene Wolle à K 2·00 . . . . K 4·00
1 Lamm . . . . „ 6·00
Wert des produzierten reinen Düngers . . . . „ 3·40

         Summe K 13·40 . . K 13·40

Per Schaf resultiert ein **Verlust** von . . . . „ 14·63

V. Verwertungspreis von 100 *kg* Heu bei Produktion von Milch und Kälbern im Heimgut „Z . . . .“

Aufstellung:

Jährliche Milchmenge pro Kuh . . . . Liter 2800
Für die Kälbertränkung verwendet (drei Wochen) . . . . „ 160
Abgeführt werden . . . . „ 2640
Lebendgewicht (durchschnittlich) von einem Kalb bei der Geburt . . . . . . *kg* 40
 „   „   „ „ „ nach drei Wochen . . . . „ 57

Jährliches Erträgnis in Geld:

2640 Liter Milch à K 0·13 . . . . K 343·20
Ein Kalb (57 *kg*) . . . . „ 47·40
Wert des produzierten reinen Düngers . . . . „ 37·00

Summe K 427·60

Auf die Winterperiode (222 Tage) entfallen: Milch . . . . K 208·70
Kalb . . . . „ 28·80
Dünger . . . . „ 37·00

Summe K 274·50

Unkosten der Kuhhaltung:

Anteil der Winterfutterperiode an den Zinsansprüchen des Viehkapitales . . K 12·16
„   „   „   „   „ Abschreibungen „   „ . . „ 12·16
Stallmiete . . . . „ 9·00
Anteil an der Versicherung . . . . „ 3·04
Wartung . . . . „ 33·30
Anteil der Winterfutterperiode am Deckgeld . . . . „ 3·00

Summe K 72·66

Für die Aufteilung an verfüttertes Heu verblieben . . . . „ 201·90
Verfütterte Heumenge pro Kuh = 3100 *kg*.
Daher Heuverwertungspreis per 100 *kg* = K 6·51.

VI. Produktionskostenberechnung von 100 *kg* Heu der Ernte des Heimgutes „Z . . .“

Heuertrag von 5 Joch: 1. Schnitt (Wiesheu) . . . . *kg* 12.000
2.   „   (Grummet) . . . . „ 2.600

Summe kg 14.600

Aufwand:

Zinsansprüche: Bodenkapital K 8060, 4% . . . . K 332·40
„   inklusive Amortisation usw.: Gebäudekapital
K 600, 6% . . . . „ 36·00
„   inklusive Amortisation usw.: Gerätekapital
K 500, 10% . . . . „ 50·00
„   Umlaufendes Betriebskapital K 100, 4% . . . „ 4·00

Summe K 412·40 . . . . . K 412·40

Düngungskosten: 30 *q* Streu à K 4·50 . . . . K 135·00
Arbeitskosten (18 Tage) . . . . „ 90·00
Jaucheausbringung (4 Tage) . . . . „ 20·00
Gespannarbeit (3 Tage) . . . . „ 27·00
Reiner Düngerwert . . . . „ 204·00

Summe K 476·00 . . . . . K 476·00

Erntekosten: 1. Schnitt (100 Arbeitstage) . . . . K 500·00
„   2.   „   (20   „) . . . . „ 100·00

Summe K 600·00 . . . . . K 600·00

Summe K 1488·40

Selbstkosten von 14.600 *kg* Heu = K 1488·40
„   „   100 „   „ = „ 10·18

VII. Erhebungen über den Wert des Stalldüngers am Tannberg

Mehrertrag pro Joch bei voller Stallmistgabe:

14 *q* „Wiesheu“ à K 6·5 (Verwertungspreis) . . . . K 91·00
5·2 „ Grummet „ „ 6·5   „ . . . . „ 33·80

Summe K 124·80

Mehraufwand pro Joch:

Düngungskosten: 6 q Streu à K 4·50 . . . . K 27·00
                Arbeitskosten . . . . „ 18·00
                Gespannkosten . . . . „ 5·40
                Jaucheausbringung . . . . „ 4·00

                                            Summe K 54·00 . . . . . K 54·00

Vermehrte Erntekosten: 1. Schnitt . . . . K 10·00
                    2. Schnitt [1]) . . . . „ 20·00 . . . . . K 30·00

                                              Summe K 84·00

Der pro Joch verwendete reine Dünger hat einen Wert von K 40·80.

VIII. Berechnung der Aufzuchtkosten einer hochträchtigen dreijährigen Kalbin bei der auf dem Tannberg ortsüblichen Fütterung und einem Heuverwertungspreis von K 6·50

Aufwand:

Wert des Kalbes bei der Geburt . . . . K 33·20 . . . . K 33·20
Zinsendienst: 1. Jahr (4 %) . . . . „ 4·20 [2])
          2. „ (4 %) . . . . „ 9·40 [2])
          3. „ (4 %) . . . . „ 16·00 [2])

                                Summe K 29·60 . . . . K 29·60

Winterfutterkosten: 1. Jahr 616 Liter Milch
                       (à 13 Heller) . . . . K 80·08
                       5 q Heu (à K 6·50) . „ 32·50
        2. „ 16 q „ („ „ 6·50) . „ 104·00
        3. „ 22 q „ („ „ 6·50) . „ 143·00

                                Summe K 359·58 . . . . K 359·58

„Frühjahrs"- und Alpweide: 1. Jahr . . . . K 10·00
                      2. „ . . . . „ 15·00
                      3. „ . . . . „ 25·00

                                  Summe K 50·00 . . . . K 50·00

Stallmiete: 1. Jahr . . . . K 3·00
          2. „ . . . . „ 6·00
          3. „ . . . . „ 9·00

                                Summe K 18·00 . . . . K 18·00

Wartung: 1. Jahr . . . . K 6·60
        2. „ . . . . „ 11·10
        3. „ . . . . „ 13·30

                                  Summe K 31·00 . . . . K 31·00

Versicherung: 1. Jahr . . . . K 0·00
             2. „ . . . . „ 2·50
             3. „ . . . . „ 4·00

                                  Summe K 6·50 . . . . . . K 6·50

Deckgeld . . . . „ 5·00

                                Summe K 532·88 . . K 532·88

---

[1]) Da ein zweiter Schnitt nur durch eine volle Stallmistgabe zu erzielen ist, müssen die gesamten für den 2. Schnitt aufgelaufenen Erntekosten eingesetzt werden.

[2]) Wurde folgendermaßen berechnet:

Z. B. Wert am Beginne des 3. Jahres . . . . . K 300·00
Wert am Ende des 3. Jahres . . . . „ 500·00
Mittelwert im 3. Jahre . . . . „ 400·00 und hievon 4 %.

Ertrag:

Dünger: 1. Jahr . . . . K   7·00
        2. „ . . . . „ 18·00
        3. „ . . . . „ 25·00

Summe K 50·00 . . . . . . K 50·00

Für geleistete Arbeit im 2. Jahr . . . . „ 10·00

Summe K 60·00 . . K 60·00

Aufzuchtskosten K 472·88

IX. Erhebungen über den Reinertrag und das landwirtschaftliche Einkommen des Bergmahdes „A . . . . "

Aufstellung:

Flächenausdehnung: 15 Joch Heu- und Streuboden.

Ernte: 5500 *kg* Heu.
      2000 „ Streu.

Aktivkapital: Bodenkapital . . . . . K 3300·00
             Blockscheune . . . . . „ 200·00
             Gerätekapital . . . . . „ 200·00

Summe K 3700·00

Rohertrag:

55 *q* Heu à K 6·50 (Verwertungspreis) . . . . K 357·50
20 *q* Streu à K 4·50 . . . . „ 90·00

Summe K 447·50 . . K 447·50

Aufwand:

3 % Amort. und Rep. vom Gebäudekapital . . . . K   6·00
10 %   „   „   „   „   Gerätekapital . . . . „ 20·00

Summe K 26·00 . . K 26·00

Arbeitslöhne: 3 Tagwerke Räumen und Wässern . . . K 15·00
          55   „   für die Ernte . . . . „ 275·00
          Abtransport . . . . „ 104·00

Summe K 394·00 . . K 394·00

Summe K 420·00 . . K 420·00

Reinertrag K 27·50

Reinertrag in Prozenten des Aktivkapitals = 0·74 %.

Landwirtschaftliches Einkommen: 45 Besitzerarbeitstage . . . . K 225·00
                       Reinertrag . . . . „ 27·50

Summe K 252·50

IX/1. Dieselben Erhebungen bei Verwendung des Marktpreises für Heu

Rohertrag:

55 *q* Heu à K 8·00 . . . . K 440·00
20 *q* Streu à K 4·50 . . . . „ 90·00

Summe K 530·00 . . . . . . K 530·00

Aufwand . . . . „ 420·00

Reinertrag K 110·00

Reinertrag in Prozenten des Aktivkapitals = 2·97 %.

Landwirtschaftliches Einkommen: 45 Besitzerarbeitstage . . . . K 252·50
                       Reinertrag . . . . „ 110·00

Summe K 835·00

X. Erhebung über den Reinertrag des Bergmahdes „W.-E." (Lech)

Aufstellung :

Bodenfläche: 9 Joch.

Ernte: 5000 *kg* Heu.

Aktivkapital: Bodenkapital . . . . . K 3000·00
Blockscheune . . . . . „ 200·00
Gerätekapital . . . . . „ 200·00
Summe K 3400·00

Rohertrag :

50 *q* Heu à K 8·00 (Marktpreis) . . . . K 400·00

Aufwand :

3% Amort. und Rep. des Gebäudekapitales . . . . . . K   6·00
10%   „   „   „   „   Gerätekapitales . . . . „ 20·00
Summe K 26·00 . . K 26·00

Arbeitslöhne: Räumen und Wässern . . . . K 15·00
Ernte (30 Tagwerke) . . . . „ 150·00
Abtransport (13 Tagwerke) . . . . „ 65·00
Summe K 220·00 . . K 220·00
Summe K 246·00 . . K 246·00
Reinertrag K 154·00

Reinertrag in Prozenten des Aktivkapitales = 4·53%.

XI. Erhebungen über den Reinertrag des Bergmahdes „G. . . . "

Aufstellung :

Produktion: 2000 *kg* Heu.

Aktivkapital: Bodenkapital . . . . . K 1000·00
Blockscheune . . . . . „ 100·00
Gerätekapital . . . . . „ 100·00
Summe K 1200·00

Rohertrag :

20 *q* Heu à K 6·50 (Verwertungspreis) . . . . K 130·00

Aufwand :

3% Amort. und Rep. des Gebäudekapitales . . . . . . K   3·00
10%   „   „   „   „   Gerätekapitales . . . . „ 10·00
Summe K 13·00 . . K 13·00

Arbeitslöhne: Ernte (18 Tagwerke) . . . . K 90·00
Abtransport (10 Tagwerke) . . . . „ 50·00
Summe K 140·00 . . K 140·00
Summe K 153·00 . . K 153·00
Reinertrag K –23·00

Reinertrag in Prozenten des Aktivkapitales = — 1·04 %.
Reinertrag bei Verwendung des Marktpreises für Heu = K 7·00.
Reinertrag bei Verwendung des Marktpreises für Heu = 0·58 %.

XII. Erhebungen über den Reinertrag der Alpe „T. . . . "

Aufstellung :

Bodenkapital . . . . K 13.000·00
Gebäudekapital . . . . „ 4.500·00
Viehkapital (zwölf Kühe reduziert auf die Alpzeit) . . . . „ 1.824·00
Gerätekapital . . . . „ 500·00
Aktivkapital: Summe K 19.824·00

Aufgetriebene Viehanzahl: Kühe des Heimgutes . . . . Stück 5
        „   für die Alpperiode . . . .   „   7 [1]
        Pachtkühe . . . .   „   16

Summe Stück 28

Weidezeit: 111 Tage
Produzierte Milchmenge: 21.756 Liter
Personal: 1 Käser
       1 Knecht
       1 Junghirte
Milchverwertungspreis 13 Heller per Liter
Pachtschilling per Kuh K 60·00

Rohertrag:

21.756 Liter Milch à 13 Heller . . . . K 2.828·28
5 Kälberanteile à K 14·30 . . . . „   71·50

Summe K 2.899·78 . . K   2.899·78

Aufwand:

3% Amort. und Rep. vom Gebäudekapital . . . . . K 135·00
8% „   „   „   „   Gerätekapital . . . . . . „   40·00
4% Wertverminderung der 5 Heimgutkühe . . . . „   30·35

Summe K 205·35 . . K   205·35

Löhne: 1 Käser (K 20·00 per Woche) . . . . K 320·00
       1 Knecht (K 10·00 per Woche) . . . . „ 160·00
       1 Junghirt (K 2·00 per Woche) . . . . „   32·00

Summe K 512·00 . . K   512·00

Verpflegung (333 Verpflegstage à K 1·00) . . . . K 333·00 . . K   333·00
Pachtschilling für 16 Kühe . . . . „   960·00
Jahreslast für 300 m Zaun . . . . „   36·90
Viehsalz, Medikamente usw. . . . . „   60·00

Summe K 2.107·25 . . K   2·107·25

Reinertrag K   792·53

Reinertrag in Prozenten des Aktivkapitales 3·99 %.

XIII. Erhebungen über den Reinertrag der Alpe „G.-B." (Lech)

Aufstellung:

Bodenkapital . . . . K   7.600·00
Gebäudekapital . . . . „   2.000·00
Viehkapital (auf die Alpperiode reduziert) . . . . „   2.279·00
Gerätekapital . . . . „   400·00

Summe K 12.679·00

Aufgetriebene Viehanzahl: 15 Kühe.
Weidezeit: 111 Tage.
Auf der Alpe produzierte Milchmenge: **11.655 Liter.**
Milchverwertungspreis: 15 Heller per Liter.
Personalstand: 1 Käser.
         1 Hirte.

Rohertrag:

11.655 Liter Milch à K 0·15 . . . . K 1748·55
15 Kälberanteile à K 14·30 . . . . „   214·50

Summe K 1952·75 . . . K 1.952·75

Aufwand:

3% Amortisation und Reparatur des Gebäudekapitals . . . . K   60·00
8% „   „   „   „   „   . . . . „   32·00
4% Abschreibungen vom Kuhkapital . . . . „   91·16

Summe K   183·16

---

1) Werden im Herbste wieder verkauft, daher keine Wertabschreibung.

Löhne: 1 Käser (16 Wochen à K 20·00) . . . . K 320·00
     1 Hirte (16   „   „ „ 8·00) . . . . „ 128·00
     Für Reinigungsarbeiten im Frühjahr . . . . „   20·00

Summe K 468·00

Verpflegung: 222 Verpflegstage à K 1·00 . . . . K 222·00
Jahreslast für 300 *m* Zaun (100 *m* à K 12·30) . . . . „ 36·90
Viehsalz, Medikamente usw. . . . . „ 30·00

Summe K 288·90 . . . K   940·06

Reinertrag K 1.012·69

Reinertrag in Prozenten des Aktivkapitales = 7·9 %.

XIV. Erhebungen über den Reinertrag der Alpe „G.-B." unter der Annahme, daß nur Pachtkühe gehalten werden
(Siehe auch Anhang Nr. XIII)

Rohertrag:

11.655 Liter Milch à 15 Heller . . . . K 1.748·55

Aufwand:

Amortisation usw. . . . . K   92·00
Löhne . . . . „ 468·00
Verpflegung . . . . „ 222·00
Zaun . . . . „   36·00
Viehsalz . . . . „   30·00
P a c h t s c h i l l i n g (15 Kühe) . . . . „ 900·00

Summe K 1.748·00 . . K 1.748·00

Reinertrag K   0·55

Reinertrag in Prozenten des Aktivkapitales = 0·00 %.

XV. Erhebungen über die Jahreslast von 100 *m* „Schrägzaun"

Für 100 *m* Schrägzaun sind erforderlich:
250 Stück gespaltene lange Hölzer à 12 Heller . . . . K 30·00
1000 Stecken à 4 Heller . . . . „ 40·00

Summe K 70·00

Jahreslast pro 100 *m* Zaun:
4 % Zinsen . . . . K 2·80
10 % Amortisation . . . . „ 7·00
Arbeit (Erstellung) . . . . „ 2·50

Summe K 12·30

XVI. Vergleich des Weide- und Heuertrages im Bergmahd „Oberhoren"

Heuproduktion = 7000 *kg*.
7000 *kg* Heu = 700 Futtertage à 10 *kg* (kleine Kühe).
Kosten der Heugewinnung = K 572·60.
Ehemals aufgetriebene Kuhanzahl = 7 (kleine Kühe).
Weidedauer = 100 Tage.
Weidetage = 700.
Gesamtaufwand per Kuh während der Alpperiode = K 70·70.
1 Weidetag stellt sich auf . . . . K 0·70
1 Futtertag   „   „   „ (exklusive Wartung, Stallmiete usw.) . . . . „ 0·81

Beitrag zur Abstammung des bosnischen Ponys

Von

Dozent **Dr. Albert Ogrizek**

Zagreb

Die vorliegende Studie wurde im Jahre 1914 an dem Institute für Tierzucht der Hochschule für Bodenkultur in Wien ausgeführt.

Ich danke vor allem meinem hochverehrten Lehrer, Hofrat Prof. Dr. L e o p o l d A d a m e t z für wertvolle Ratschläge sowie für die Erlaubnis, das Material seines Institutes zu Vergleichszwecken zu benützen.

Mein besonderer herzlicher Dank gebührt hier Herrn Hofrat Dr. O t t o F r a n g e š, Sektionschef der bosnisch-herzegowinischen Landesregierung in Sarajewo, der mir die Anregung zu dieser Studie gab und mir während meines Aufenthaltes und Studiums in Bosnien und Herzegowina mit Rat und Tat stets unermüdlich beistand.

Für wertvolle Anleitungen danke ich auch den Herren Dozenten Dr. U l m a n s k y und Dr. A n t o n i u s, für liebenswürdiges Entgegenkommen meinem lieben Freunde Dr. F r a n c e K i d r i č, Kustos der Hofbibliothek, und Dr. T o l t, Kustos des Naturhistorischen Hofmuseums in Wien.

I. Einleitung

Bosnien und Herzegowina bieten für jeden eifrigen Beobachter ein dankbares Arbeitsfeld. Eigentlich an der Grenze des Orients und Okzidents gelegen, waren die beiden Schwesterländer durch Jahrhunderte hindurch ein Schauplatz gewichtiger historischer Ereignisse, so daß es nicht Wunder zu nehmen ist, wenn sich unter anderem auch in hippologischer Hinsicht manches im Laufe der Zeit gewaltig geändert hat, zumal wenn wir uns bloß die Vorgänge zur Zeit der Türkenkriege vergegenwärtigen. — Unter der lang andauernden Herrschaft dieses kriegerisch veranlagten Volkes, dessen Führer — die Adeligen — als besondere Liebhaber des Pferdes seit jeher gegolten haben, dürfte sich begreiflicherweise auch manches hippologisch bedeutsame Ereignis abgespielt haben. Es ist nicht zu bezweifeln, daß viel orientalisches — darunter in erster Reihe Araberblut — eingeführt wurde, dennoch erhielt sich der typische „Boschnjak" besonders in den dem Verkehr entlegenen Gebieten ziemlich unverändert bis in die Gegenwart hinein.

In der vorliegenden Studie stellte ich mir die Aufgabe, die Abstammungsfrage beim bosnischen Pferde zu klären.

Unter dem gesammelten Schädelmaterial befinden sich sehr alte ausgescharrte Schädel; die jüngeren (Nr. XI, XII, XIII) dienten in Gärten und auf den Feldern der dortigen Besitzer auf einer Stange hängend, Jahre hindurch als Schreckmittel gegen verschiedene Kulturenschädlinge; sie sind deshalb — wie auch der Schädel Nr. XIV — ganz ausgebleicht, beinahe weiß und weisen deutliche Spuren der Witterungseinflüsse auf. Gerade diese Schädel stammen von dem primitiven, echten einheimischen, bosnischen Pferd.

Um Wiederholungen zu vermeiden, verweise ich bezüglich Kraniometrie und Odontographie auf meine Studie über das Insel-Krk-Pony.

II. Stellung des bosnischen Pferdes im zootechnischen System

A. Kraniometrische Untersuchungen

Das mir zur vorliegenden Studie zur Verfügung gestandene Untersuchungsmaterial bestand aus folgenden Schädeln:

Eigentümer:	Schädel bosnischen Schlages:	Jahre	aus	Nr.	der Arbeit
Lehrkanzel für Tierzucht der Hochschule für Bodenkultur in Wien	1	10	Senica	E 368	„ „
	1	über 20	„	E 369	„ „
Vom Verfasser der Lehrkanzel überwiesen	1	„ 30	Modrić	IX	„ „
	1	„ 30	„	X	„ „
	1	„ 20	Sarajevo	VIII	„ „
K. k. Hofmuseum in Wien	1	10	Grabovik	XIII	„ „
	1	sehr alt	„	XIV	„ „
Vom Verfasser der Lehrkanzel überwiesen	1	über 5	Goražda	XI	„ „
	1	„ 4	Rogatica	XII	„ „

Zur näheren Präzisierung der Schädeleigentümlichkeiten übergehend, nehme ich deren Einteilung nach der Größe und den Stirnindizes vor (nach T s c h e r s k i).

	Schädel Nr.	Basilarlänge in Millimetern	Stirnindex	
kleine Pferde	XII	420	232·0	mittel-stirnig
	XIV	425	230·9	
	XIII	441	235·8	
	VIII	456	236·2	
	IX	448	221·7	breit-stirnig
	XI	456	226·8	
mittelgroße Pferde	E 368	465	239·6	mittel-stirnig
	E 369	471	235·5	
	X	485	233·1	

Es sind Schädel der mittelgroßen, stärker aber jene der kleinen Kategorie (Pony) vertreten. Der überwiegende Teil der Schädel ist mittelstirnig, breitstirnig sind zwei, während Schmalstirnigkeit nicht vertreten ist.

Nachdem sich unter diesem Schädelmaterial bereits bei oberflächlicher Betrachtung bezüglich des Schädelbaues einzelner Schädel gewisse charakteristische Übereinstimmungen ergeben, erachte ich es als zweckmäßig, die osteologisch am nächsten stehenden Schädel bei folgender Besprechung getrennt zu behandeln, um dadurch die Unterschiede besser vor Augen führen zu können. Die Ausbildung der Stirn- und Nasenbeine sind das wichtigste Unterscheidungsmerkmal für das zur Untersuchung vorliegende bosnische Pferdeschädelmaterial.

Die erste Gruppe bilden die Schädel Nr. E 368, E 369 und VIII, aus der Gegend von Sarajevo herstammend. Mittelstirnig (St. I. 235·5 bis 239·6) nehmen sie in Bezug auf ihre Augenindizes (187·5 bis 190·9) die Stelle an der Grenze zwischen den östlichen und westlichen Pferdetypen ein. Fazialindizes (63·8 bis 64·9) weisen auf eine kurze bis mittellange Schnauze hin. Die Länge der hinteren Augenlinie (40·2 bis 40·9) erreicht das Mittel für gewöhnliche Pferde, was auch mit den Occipitalindizes (108·1

bis 109·2), welche eine mäßige Entwicklung der Crista occipitalis andeuten,
übereinstimmt. Die mäßige Breitenentwicklung der Gehirnkapsel im
Zerebralteil (20·8 bis 21·4) erreicht nicht das Tscherskische Mittel für die
orientalische Pferdegruppe. Deutlicher kommt dies durch die Indizes, welche
die Verschmälerung des Schädels hinter den Orbiten angeben (16·4 bis 17)
und ebenfalls unter das Mittel fallen, zum Ausdruck, wie auch durch die
Dimensionen für die größte Occiputbreite der Crista occipitalis (13·8 bis 15).
Folgende Übersicht gibt uns über diese Verhältnisse nähere Auskunft:

	Schädel Nr. E 368, 369, VIII	Tarpane:
Stirnindex	235·5 bis 239·6	228·1 bis 231·8
Augenindex	187·5 „ 190·9	181 „ 182·2
Fazialindex	63·8 „ 64·9	60·4 „ 63·3
Occipitalindex	108·1 „ 109·2	108·9 „ 110·5
Zerebralteilbreite	20·8 „ 21·4	21·6 „ 22·3
Geringste Schädelbreite	16·4 „ 17	15·9 „ 17
Größte Occiputbreite	23 „ 24	23·8 „ 23·9
Occiputhöhe	18·5 „ 20	18·1 „ 18·8
Breite der Crista occip.	13·8 „ 15·7	

Indizes für die Querwölbung der Stirnbeine minimal (100·9 bis 101),
für die Längskonvexität des Zerebralteiles der Stirnbeine größer (103 bis 104).
Die in ihrem letzten hinteren Abschnitte flachen Stirnbeine sind zwischen
den Augenhöhlen kaum merklich vertieft, so daß sich die Orbitalränder ein
wenig über das Niveau der Stirnfläche erheben. Vom Scheitelgipfel, der eine
Ebene darstellt, fällt der Schädel nach hinten steil ab. Durch diese Merkmale sind die beiden Tarpane Tscherskis[1]) charakterisiert. (Krymscher
Schädel Nr. 521 und Chersonscher.)

In der Basilarlänge mittelgroß (470 bis 470·5), sind die beiden Tarpane
mittelstirnig (228·1 bis 231·8), kurzschnauzig (Faz. J. = 60·4 bis 63·3), in
der Stirnpartie, jedoch etwas breiter als die erwähnten bosnischen Schädel.
In der Breitenentwicklung des Schädels finden wir eine Übereinstimmung
mit den bosnischen Schädeln.

Die zweite Gruppe der bosnischen Pferde charakterisieren folgende
Angaben:

	Schädel Nr. IX, X, XI, XIV:	Equus Przewalski Nr. 512	Salensky-Schädel:
Stirnindex	221·7 bis 233·1	234·7 bis	232·8
Augenindex	185 „ 189·9	190·4 „	192·8
Fazialindex	64·7 „ 67·1	65·2 „	—
Occipitalindex	110 „ 111·6	110·9 „	111·2
Zerebralteilbreite	21·8 „ 23·4	23·9 „	22·3
Geringste Schädelbreite	16·5 „ 18·4	20·3 „	18·4
Größte Occiputbreite	24·7 „ 25·8	23·8 „	24·7
Occiputhöhe	19·8 „ 22·8	21·1 „	22·0
Breite der Crista occip.	13·3 „ 16·0	15·4 „	—

Die mehr langschnauzigen (Fazialind. 64·7 bis 67·1) bosnischen Schädel
der zweiten Gruppe sind breit bis mittelstirnig (221·7 bis 233·1), ihre Augenindizes (185 bis 191) erreichen die Grenze zwischen den orientalischen und
occidentalen Pferdegruppen. Die Länge der hinteren Augenlinie übersteigt
um geringes das Mittel für gewöhnliche Pferde (41·2 bis 42·8), womit auch
die Occipitalindizes übereinstimmen (110 bis 111·6).

Die relativ großen Breitendimensionen der Gehirnregion überschreiten das Mittel für die Vertreter der östlichen Pferdetypen. Die Verschmälerung des Schädels hinter den Augen ist bei weitem geringer als beim Tarpan. Charakteristisch ist die Längs- und Querwölbung der Stirnbeine, welche besonders an den Schädeln Nr. IX und X angedeutet sind. (Index für die Querkonvexität 103 bis 103·8, für die Längskonvexität 103 bis 105·5.) Die Augenhöhlenränder der Orbita treten nicht über das Niveau der Stirnfläche empor. Diese Merkmale finden wir an den in der Literatur angeführten Przewalski-Pferden vor. Zum Vergleiche sind die Schädelmaße des zuerst von Poliakoff beschriebenen und später von Tscherski[1]) eingehend behandelten Przewalski-Schädel, wie auch von fünf vollkommen ausgewachsenen Przewalski-Schädeln der Salenskyschen([2]) Arbeit herangezogen. Die absoluten Zahlen der Arbeit Salenskys mußte ich zwecks Ermöglichung eines Vergleiches in relative umrechnen. An Stelle des schwachkonkaven Tarpanprofils finden wir bei diesem bosnischen Schädelmaterial die für E. Przewalski charakteristische längskonvexe Profillinie deutlich ausgeprägt.

Die restlichen zwei Schädel Nr. XII und XIII verhalten sich von den bisher erwähnten etwas abweichend. Beide gehören der Gruppe der kleinen Pferde an (Basilarlänge 420 und 441 *mm*) und weisen für das von mir beschriebene Insel-Krk-(Veglia-)Pony charakteristische Merkmale auf. Namentlich sind es die Stirnbeine, welche in der Nasofrontalgegend auf eine beträchtliche Fläche ausgedehnt eine deutliche Einsenkung aufweisen. Die Ränder der Orbiten erheben sich deshalb auch deutlicher über das Niveau der Stirnfläche als dies bei den tarpanähnlichen Schädeln der Fall ist. — Indizes für die Quer- und Längskonkavität der Stirn betragen 102·1 bis 102·6 resp. 104 bis 105·5.

Maßangaben für die Schädel	XII:	XIII:	Insel-Krk-Pony:		Mittel:
Stirnindex	232·0	235·8	223·9 bis	237·6	229·4
Augenindex	189·0	192·2	182·9 „	195·1	186·4
Fazialindex	63·0	64·6	64·5 „	65·9	64·9
Occipitalindex	106·9	108·8	110·0 „	111·3	110·8
Zerebralteilbreite	22·0	23·0	22·8 „	25·9	23·6
Geringste Schädelbreite	18·1	19·2	18·5 „	20·5	19·4
Größte Occiputbreite	22·1	24·7	22·4 „	25·4	24·1
Occiputhöhe	19·5		18·8 „	20·0	19·4
Breite der Crista occip.	13·0	15·4	13·0 „	14·4	13·6
Querkonvexität der Stirnbeine	102·1	102·6	100·6 „	102·3	101·2
Längskonvexität der Stirnbeine	104·0	105·5	103·0 „	103·5	103·3

Die Stirnbeine erheben sich nach rückwärts allmählich gegen den Scheitelgipfel zu, wölben sich in ihrem hintersten Abschnitt, wodurch ein sehr sanfter Übergang der Stirn in die Scheitelpartie des Schädels zustande kommt. Was die übrigen Maße betrifft, welche sich auch im Rahmen der Schwankungen für das Inselpony bewegen, genügt auf die beigeschlossene Tabelle hinzuweisen.

Die gleichmäßig konvexen Nasenbeine der Tarpangruppe charakterisiert eine merkliche Wellenlinie im Längsprofil. Der Konvexitätsindex der Nasenbeine beträgt 144 bis 148, bei den Tarpanen 144·3 bis 150. Der mit starken Maxillarcristen versehene Schnauzenteil weist eine sehr mäßige Breitenentwicklung auf.

Die zweite oder die Przewalski-Gruppe besitzt mehr geradlinige, flache und abgeplattete Nasenbeine, bei welchen eine Krümmung der Länge nach vorhanden ist. Am Schädel Nr. IX ist die Nasenwurzel charakteristisch aufgetrieben. Der Schnauzenteil ist hoch und schmal.

Die dritte oder die Ponygruppe verhält sich wie das Insel-Krk-(Veglia-)Pony. Die Nasenbeine sind flach abgeplattet, mit einer schwächeren oder stärkeren Andeutung der Tarpanschen Wellenlinie. Namentlich ist Schädel Nr. XII dem Schädel des Inselponys zum Verwechseln ähnlich.

Von anderen Merkmalen wäre vielleicht noch die Neigung der Zwischenkieferäste zu berücksichtigen, welche in Indizes ausgedrückt bei der Gruppe Przewalski den größten Grad erreicht, während sie bei den Tarpanschädeln geringer ist.

Neigungsindizes (Mittel)

Schädel Nr. IX, X, XI, XIV	17·2 bis	9·9
E. Przewalski	17·3 „	10·5
Schädel E 368, 369, VIII	16·3 „	8·9
Tarpan	16·6 „	8·7
Schädel Nr. XII, XIII	16·0 „	9·6
Inselpony	16·3 „	8·5

Die Länge der Gehirnregion verhält sich zur Scheitellänge bei der ersten Gruppe wie 100 : 215 bis 217 und nähert sich dem Drittel der Gesamtscheitellänge (beim Tarpan 100 : 210). Bei der zweiten und dritten Gruppe ist das Verhältnis zugunsten der Scheitellänge verschoben. (100 : 216 bis 226.) Die kürzere Ausdehnung der Gesichtsregion bei der ersten, die längere bei der zweiten Gruppe bestätigen die Indizes IV a, Salensky.

	E. 368, 9, VIII	Tarpan	IX, X, XI, XIV	E.Przewalski	XII, XIII	Insel-pony
Index IVb Salensky .	215 bis 217	210	216·6 bis 220	218·1	216·2 bis 226	216·7
Index IVa Salensky .	177 bis 179	180	168 bis 177	175·8	173 bis 174·5	177·9
Differenz zwischen d. Scheitel- u. Basilarlänge	38 bis 42	42 bis 49·2	49 bis 52	48 bis 54·4	29 bis 39	44-54
Occipital-index . . .	108·1bis109·2	108·9bis110·5	110 bis 111·6	110·9bis111·2	106·9bis108·8	110·8

Einen relativ großen Unterschied zwischen der Scheitel- und der Basilarlänge finden wir bei der Gruppe II, welche auch eine starke Entwicklung der Crista occipitalis aufweist. Bei den Schädeln der III. und besonders der I. Gruppe bedingt neben einer mäßigen Entwicklung der Crista occipitalis die immerhin noch hohe Differenz zwischen den beiden Dimensionen eine nicht unbedeutende Krümmung der Schädelbasis.

Die drei Schädelgruppen des bosnischen Pferdes wären kurzgefaßt folgendermaßen zu charakterisieren:

I. Gruppe: Infolge des stark vorspringenden Scheitelgipfels, wie auch einer leichten Neigung der Stirnbeine im Bereiche der Orbita zu der Nasenwurzel hin entsteht eine konkave Profillinie. Die Orbitalränder treten deshalb etwas stärker hervor. Infolge einer merklichen Auftreibung der gleichmäßig konvexen Nasenbeine an der Grenze des oberen Drittels derselben wird ein wellenförmiges Profil gebildet. Diese Merkmale finden wir beim südeuropäischen Steppenwildpferd, dem Tarpan (E. Gmelini Antonius) ausgebildet.

II. Gruppe: Die Profillinie ist infolge einer deutlichen Längs- und Querwölbung der Stirn schwach konvex, wozu auch die oben flachen, mehr

Abb. 1. Schädel eines bosnischen Ponyhengstes (über 20 Jahre) aus Sarajevo. Tarpantypus (Schädel Nr. 8)

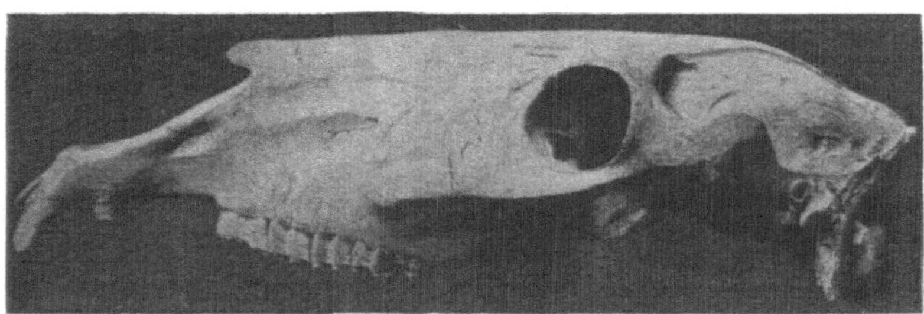

Abb. 2. Schädel einer bosnischen Ponystute (sehr alt) aus Grabovik. Przewalski-Typus (Schädel Nr. 14)

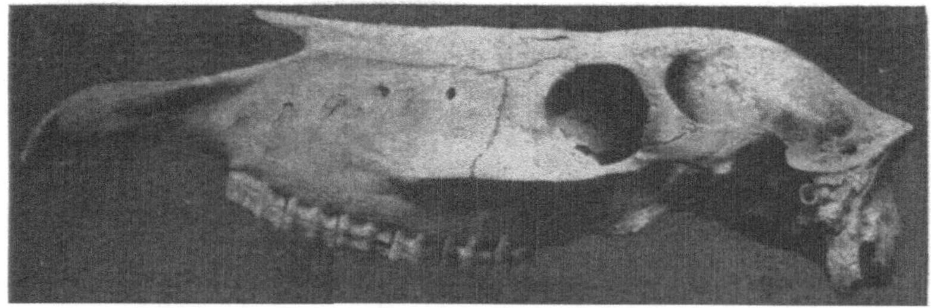

Abb. 3. Schädel einer bosnischen Ponystute (4 Jahre alt) aus Rogatica. Inseltypus (Schädel Nr. 12)

prismatischen, nach vorne geneigten Nasenbeine etwas beitragen. Der mehr flache Scheitelgipfel dehnt sich bis zu der die Tubercula articularia schneidenden Transversallinie, die Orbitalränder verbleiben unter dem Niveau des Profils. Während der Zerebralteil des Schädels kräftig ausgebildet ist, verschmälert sich der mit starken Maxillarcristen versehene Gesichtsteil. Diese Merkmale, welche das Przewalski-Pferd charakterisieren, finden wir nur an einigen Schädeln dieser Gruppe (besonders X) deutlich ausgeprägt, während andere Schädel mehr oder weniger Übergänge zwischen dem Tarpan- und Przewalski-Typus aufweisen. Untersuchungen an umfangreicherem Material ist es vorbehalten, zu konstatieren, wie stark dieser Mischtypus unter dem bosnischen Pferdemateriale vertreten ist.

Die III. Gruppe ist durch eine Konkavität im vorderen Stirnabschnitte charakterisiert, welche — stärker als beim Tarpan angedeutet — sich auf ausgedehntere Fläche erstreckt und deshalb auch stärker die Orbitalränder her-. vortreten läßt. Infolge einer bedeutenden Erhebung der Stirnbeine einerseits und einer kräftigen Ausbildung der Gehirnkapsel anderseits wird ein sanfter Übergang dieser beiden Knochenpartien herbeigeführt. Durch eine leichte bogenförmige Auf-

Abb. 4. Bosnisches Pony (Wallach) 10 Jahre alt, aus Rogatica. Przewalski-Typus

Abb. 5. Bosnisches Pony (Wallach). Inseltypus

treibung der oben abgeplatteten breiten Nasenbeine kommt eine schwach angedeutete Wellenlinie zustande, so daß das Profil eine Konkavität im Bereiche der Nasenwurzel, eine weitere im vorderen Teile des mittleren Drittels der Nasenbeine aufweist und ihren höchsten Punkt ungefähr in der die Tubercula articularia schneidenden Transversallinie erreicht. Gegenüber der kräftigen Entwicklung der Schädelkapsel ist auch der Gesichtsteil, besonders in der Breite des vordersten Schnauzenteiles, gut ausgeprägt.

Das Exterieur des bosnischen Pferdes

Tarpangruppe: Zierliche, leichte Körperform, feiner Kopf mit schwachkonkaver Profillinie und Durchschnittshöhenmaß von 130 *cm* Widerristhöhe.

Przewalski-Gruppe: Kräftige, stämmige Körperform, relativ größer, schwerfälliger Kopf mit leicht konvexer Profillinie. Widerristhöhe annähernd dieselbe.

Inseltypusgruppe: Typische, ponyartige, stämmige Figur, feiner zierlicher Kopf mit deutlich konkaver Profillinie. Durchschnittshöhenmaß unter 120 *cm*.

B. Odontographische Mitteilungen

Das odontographische Verhalten bosnischer Pferdeschädel können wir nicht mit Sicherheit verfolgen, da wir den Grad der Emailkräuselung an den Backenzähnen einerseits wegen zu geringen, anderseits wegen zu hohen Alters nicht beurteilen können. Die beiden, einen mittleren Abnützungsgrad aufweisenden Schädel E 368 und XIII (zirka 10 Jahre) besitzen eine für orientale Pferdetypen charakteristische Fältelung des Schmelzskelettes auf. Der Innenpfeiler ist bei E 368 besonders an Molaren deutlich abgeplattet, in lange schmale Zipfel ausgezogen, von M1. angefangen nimmt er eine mehr dreieckige Form an. Der Vorderlappen des Innenpfeilers ragt sehr wenig hervor, die nicht stark ausgebildeten Sporne sind vorhanden. Die Emailkräuselung und Fältelung bei Schädel Nr. XIII ist stärker ausgebildet, besonders an den gegeneinander zugekehrten Seiten der Halbmonde.

II. Historische Betrachtungen

Über die beiden Wildpferdearten, dem Tarpan und E. Przewalski, erfahren wir (Tscherski, Salensky, Antonius) folgendes: Auf dem europäischen Boden wurden drei Tarpane lebend gefangen. Das Schicksal des ersten Exemplares, welches sich ab 1853 auf dem Gute der Baronin Campenhausen, im Melitopolschen Kreise befand, blieb infolge des Ausbruches des Krimkrieges unbekannt. Das zweite Exemplar stammt aus einer Wildpferdeherde von neun Stück, welche sich Ende der Fünfzigerjahre im Gebiete des Fürsten Obolenski im Taurischen Gouvernement aufhielt. Dasselbe kam 1862 in den zoologischen Garten nach Moskau, von wo sein Skelett von der Kaiserlichen Akademie der Wissenschaften erworben wurde (achtjähriger Schädel Nr. 521 der Arbeit = Krimscher Tarpan). Das dritte Exemplar wurde in der Sagradowschen Steppe des Chersonschen Gouvernements auf den Besitzungen Kotschübei gefangen und im Flecken Nowo-Woronzowsk des Fürsten Woronzow gezähmt. Sein Skelett befindet sich im zoologischen Institute der Moskauer Universität (Schädel über 20 Jahre = Chersonscher Tarpan).

Über das Aussehen des Tarpans, für welchen Antonius, dem ersten Beschreiber zu Ehren, den Namen Equus Gmelini vorschlägt, liefert Antonius folgende Rekonstruktion:

Größe gering (zirka 1·36 *m* hoch); Kopf: groß, dick, aber kurz mit vorspringender Schädelkapsel, vertiefter Stirn, konkavem Profil, über welches am Skelettschädel die Augenbögen hinausragen, sehr kurzem, aber hohem und starkem Schnauzenteil, lebhaften Augen, kurzen, spitzen Ohren; Hals:

schlank, ziemlich gerade, verhältnismäßig hoch getragen, mit schlechten (dicken) Genickansatz; Vorderextremität: infolge des steilen Oberarmes im ganzen etwas steil, schlank aber kräftig, kurz, namentlich der Mittelfuß, Rücken und Lenden gut, eher länger als bei E. Przewalski, Becken schmäler als bei diesem; Hinterextremität: schlank, kräftig, lang bei kurzem Mittelfuß, ohne Kastanien; Farbe: mausgrau, Unterseite heller, Rückenstreifen und unterer Teil der Extremitäten dünkler, oft etwas gestreift, Kopf dünkler mit hell abgesetzter Schnauze, Mähnen und Schwanzhaare dunkel.

Der Przewalski-Typus ist nach A n t o n i u s durch einen schweren Kopf mit langer Schnauze, stämmigere Figur, der Tarpantypus durch das konkave Profil, einen kurzen, wenn auch schweren Kopf und namentlich kurzen Schnauzenteil gekennzeichnet.

Beide Typen findet A n t o n i u s unter den Ponys Galiziens, Bukowinas und auch Bosniens, den Przewalski-Typus unter den Szekler Ponys Siebenbürgens. Weitaus die meisten Pferde Bosniens sind nach ihm Mischtypen der erwähnten ursprünglichen Pferdetypen, wobei die Ahnenformen nach der einen oder anderen Seite hin durchschlagen. Diese Ansicht bestätigen meine Untersuchungen. In einigen Schädeln finden wir sehr starke Anklänge an Tarpan, in anderen wieder an das Przewalski-Pferd.

Der Tarpantypus dürfte mit den Slawen in die südlich der Drau und Donau gelegenen Länder gekommen sein. A n t o n i u s (3) äußert sich diesbezüglich folgendermaßen: „Die wahrscheinlichste Erklärung für die eigentümlich zerrissene geographische Verbreitung des Tarpantypus ist wohl, daß die slawischen Einwanderer aus ihrer sarmatischen Heimat den domestizierten Tarpan in die Karpathen und Karstländer mitbrachten; dort, wo sich diese Einwanderer nicht dauernd niederließen, wie in der ungarischen Tiefebene, finden wir auch keine Spuren von Tarpan."

Ob die Awaren, welche im 5. bis 6. Jahrhundert p. Chr., ungefähr zur Zeit des Beginnes der Slawenwanderung, in Scharen in unsere Länder einbrachen, auch zur Verbreitung dieses Typus beigetragen haben, wage ich nicht zu entscheiden, immerhin ist es interessant, daß sich nach gesprächsweiser Äußerung des Hofrates A d a m e t z in den Awarengräbern öfters Pferde von ausgesprochenem Tarpantypus finden lassen.

Wir können daher unsere Betrachtung über den in Frage kommenden bosnischen Pferdeschlag dahin zusammenfassen, daß wir in denselben den Nachkommen des E. G m e l i n i A n t. erblicken, über welchen A n t o n i u s (3) folgendes sagt: „Wenn wir auch keinerlei Nachrichten über ein tarpanähnliches Wildpferd hätten, könnten wir rein theoretisch die Existenz eines solchen in Osteuropa behaupten."

Die Abstammungsfrage des Tarpans selbst berührend, spricht A n t o n i u s, indem er auf die bereits von T s c h e r s k i bezüglich der Tarpanschädel konstatierte Ähnlichkeit derselben mit der Sansonschen Hauspferdespezies E. cab. hibernicus hinweist, diese aber wahrscheinlich mit dem Celtic-Pony Ewarts (Desert- or Plateauhorse) identisch sind, die Vermutung einer nahen stammesgeschichtlichen Verwandtschaft der wilden Stammform dieser keltischen Ponys (E. gracilis Ewart) mit dem Tarpan aus. Eingehende Studien prähistorischer Zeichnungen und Skulpturen veranlaßten ihn zur Annahme des Vorkommens einer feingebauten, kurzköpfigen Pferdespezies und im westeuropäischen Quartär — neben dem viel häufigeren E. Przewalski einem kaltblütigen Schlag — was er in folgenden Worten zusammenfaßt (3):

„In Equus gracilis und dem Tarpan haben wir wohl die westliche und die östliche Ausprägung des gleichen alteuropäischen Pferdetypus vor uns, der seinerzeit aller Wahrscheinlichkeit nach auf die kleine Rasse des pliocänen E. Stenonis zurückgeht."

Was den zweiten uns interessierenden Pferdetypus — das Przewalski-Pferd — anbelangt, hebe ich hervor, daß sich dieser in kraniometrischer Hinsicht, wie auch zum Teil im Exterieur dem erwähnten E. Gmelini in einigen Punkten nähert, im übrigen sich aber von dem mehr eselähnlichen Tarpan als ein selbständiger, anderen Formen der Gattung Equus gleichwertiger Rassentypus wohl unterscheidet.

Den ersten Schädel dieses Pferdes samt Fell erhielt der bekannte Forschungsreisende N. M. Przewalski von Tichonow, welchem das von den jagenden Kirigisen in den Steppen von Kanabo (östliche Dsungarei) erlegte, ungefähr 18—20 monatliche Wildpferdfüllen übergeben wurde. Przewalski schenkte das Tier dem Zoologischen Museum der kais. Akademie der Wissenschaften; auf Grund dieses Exemplars stellte Poliakoff 1881 die neue Art des Genus Equus unter den Namen E. Przewalski auf. (Sch. Nr. 512 der Arbeit.) Seit jener Zeit vermehrte sich das Schädelmaterial, so daß Salensky (2) zu seiner Monographie nebst einem nicht ganz vollständigen Skelett bereits 9 Schädel und 13 Felle des Przewalski-Pferdes (Eigentum des Zoologischen Museums der kais. Akademie der Wissenschaften) zur Verfügung standen. Die Literatur über das Przewalski-Pferd ist bei weitem umfangreicher und verweise diesbezüglich auf die Monographie Salenskys.

Das Exterieur des E. Przewalski wäre ungefähr (nach Antonius):

Kopf: Groß, schwer, mit über den Augen gewölbter Stirnpartie, über welche die Augenhöhlen nicht hinausragen; schwach konvexes Profil, lange, stark ausgebildete Schnauze, relativ kurze Ohren; kurzer, breiter, muskulöser Hals, fehlender Haarschopf, pferdeähnlicher, langer, aber auf der dorsalen Seite in ziemlicher Entfernung von der Schwanzwurzel mit kurzen Haaren bedeckter Schwanz, sein proximaler Teil ist mit kurzen harten, steifen, der distale mit dichten, langen Haaren besetzt. Im Vergleiche zum Tarpan relativ niedrige, weniger schlanke Beine bei Vorhandensein von Hornschwielen an allen vier Beinen; Farbe: hellrötlichbraun, dem gelblich-weißen Bauche zu heller werdend, rotbrauner, dunkler Rückenstreifen, welcher auf den Schwanz übergeht; unterer Teil der Extremitäten schwarz (bisweilen dunkelbraun), Schulterquerbinde vorhanden; Kopf etwas dunkler mit hell umrandeter Schnauze; Mähne und Schwanzhaare dunkel.

Bei den Pallasschen Wildpferden (jene der samarischen Steppen nannte er Tarpan) dürfte es sich um eine Lokalvarietät des Przewalski-Pferdes handeln, was Hilzheimer (7) in seiner Schrift darzulegen sich bemüht hatte. — Nach ihm lebt gegenwärtig nur eine Art des wilden Pferdes, Equus equiferus Pallas, das in drei leicht kenntlichen Formen auftritt:

1. Maul dunkel umrandet: Verbreitung: Zaganov, E. equiferus typicus Pallas.

2. Maul hell umrandet:

    a) Füße hell. Verbreitung: Urungu — E. equiferus. Hagenbecki Mtsch.;

    b) alle Füße wenigstens vorne schwarz; Verbreitung: Altei S. Kobdo. E. equif. Przewalski i Poliakoff.

Was das stammgeschichtliche Verhältnis des Przewalski-Pferdes mit unserer bosnischen Pferdegruppe betrifft, so haben wir angesichts ihrer Übereinstimmung in der Schädelbildung, welche unverkennbare Anklänge an das Przewalski-Pferd beweist, darauf hingewiesen, daß man dieselbe nur durch die Annahme einer verwandtschaftlichen Beziehung zwischen den beiden Typen erklären kann. Schon Antonius erblickte unter den bosnischen Pferden einen an den Przewalski-Typus sehr erinnernden Schlag, was ich an meinem Material bestätigen konnte.

Eine andere Frage ist, unter welchen Umständen sich der Przewalski-Typus dem wahrscheinlich ursprünglichsten, ältesten, einheimischen Inseltypus zugesellte? Kam er vor oder nach dem Tarpantypus? Diese Frage wage ich nicht zu beantworten, da hier die Untersuchungen der Pferde benachbarter Balkanstaaten abzuwarten sind.

Als älteste auf der Balkanhalbinsel nachweisbare Bevölkerung findet man nach Claassen (8) mehrere verwandte aus Vorderasien herstammende Völker. Man nimmt an, daß ursprünglich auch in Bosnien und in der Herzegowina den makedonischen Pelagonen — dem Stammvolke der Pelasger — stammverwandte Völker hausten, welche dann später durch die von Norden eingedrungenen Illyrier verdrängt und auseinandergesprengt wurden. (Z. B. durch die Liburner in Dalmatien.) Die ureinheimischen erstgenannten Stämme kamen aus Vorderasien, mit ihnen betrat zu jener Zeit der Przewalski-Typus kaum den Boden der Balkanländer. Was für einen Pferdetypus ihre Verdränger — die Illyrier — mitbrachten, ist unbekannt. Das nächstliegende wäre die Ankunft des Przewalski-Typus zur Zeit der Einwanderung asiatischer Stämme, am wahrscheinlichsten solcher mongolischen Sprachstammes (z. B. der Ahnen jetziger Bulgaren, Kurden etc.). In diesem Falle wäre der Przewalski-Typus jünger als der Tarpan, da z. B. die Kurden im 6. bis 7. Jahrhundert am Balkan erschienen, während der erste Einbruch slawischer Stämme in die Provinzen des byzantinischen Reiches 493 nach Chr. erfolgte. Die tatarischen Stämme hielten sich relativ kurze Zeit als Herrscher der von ihnen unterjochten Völker; ob sich ihre aus den asiatischen Steppen mitgebrachten Pferde auch unter den einheimischen seßhaften Völkern der eroberten Länder verbreiteten und zum eigentlichen Hauspferde wurden, ist fraglich, da die Eroberer nicht in allzu nahem Kontakte mit den Bedrückten standen. Immerhin weisen die Ponys des siebenbürgischen Komitates Csik den Przewalski-Typus in hohem Prozentsatze auf. (Die dortigen Szekler sind Hunnenabkömmlinge.)

Bekanntlich sind diese asiatischen Stämme hordenweise eingebrochen, von denen die letzten, die Ungarn, schließlich seßhaft wurden. Auf diesen Wanderungen fand auch der domestizierte Przewalski-Abkömmling asiatischer Steppen einen Weg in die Donau- und Balkanländer.

Als den dritten Typus hätten wir in isolierten Gebieten der west- und ostbosnischen Gebirgsgegenden einen dem Insel-Krk- (Veglia-) Pony stammverwandten „Inseltypus".

Ich fand denselben in den höheren Lagen des Rogaticaner Gebirges, Hofrat Adametz im Vlašić-Gebirge isoliert vor. Die Widerristhöhe im Stockmaße war gering (um 1·15 m herum). Bei dem von einem Gebirgsplateau Südostbosniens (Bezirk Rogatica) stammenden Schädel Nr. XII, sind sämtliche charakteristischen Merkmale des Insel-Krk- (Veglia-) Ponys getreu wiedergegeben, so daß der Schädel ebensogut als von letzterem herstammend gelten könnte. Wie ich in meiner Arbeit über das Insel-Krk- (Veglia-) Pony mitgeteilt habe, finden wir im großen und ganzen auch an den Inselponyschädeln die Merkmale, wie sie Tscherski in seiner Arbeit als für Tarpan, das südrussische Wildpferd, charakteristisch angibt. Odontographisch verhalten sich dieselben auch wie typisch orientalische Pferderassen. Anderseits zeigt das Insel-Krk-(Veglia-)Pony in seinen wichtigsten Schädelmerkmalen Ähnlichkeit mit dem typischen Vertreter der kleinen skandinavischen Pferdeschläge, dem isländischen Pony. Bei so viel Ähnlichkeit und Übereinstimmung der erwähnten nordischen Ponyschlägen mit dem quarnerischen Inselpony einerseits und der Ähnlichkeit des letzteren mit den tarpan- ähnlichen bosnischen Ponys anderseits, ist eine endgültige Entscheidung in der Abstammungsfrage der Insel Veglia (Krk) und der entsprechenden bos- nischen „Inseltypen" nicht leicht zu treffen. Sie könnten geradeso ein Tarpanabkömmling sein, wie auch in frühhistorischer Zeit auf Handelswegen aus ihrer vielleicht nord-westeuropäischen Heimat in den Quarnero und die angrenzenden Landstriche gelangt sein. Nachdem das Inselpony zur Zeit der Ankunft des kroatischen Stammes aus den Gegenden nördlich der Karpathen (im siebenten Jahrhundert) im adriatischen Küstengebiete bereits vorhanden war, ist die Annahme wahrscheinlicher, daß diese kurzschnau- zigen Ponytypen mit starken Anklängen an das südrussische Wildpferd (E. Gmelini Antonius), einen auf der westlichen Balkaninselhälfte seit frühhistorischen Zeiten einheimischen Tarpanponytypus, darstellen. (Siehe meine Arbeit über das Insel-Krk- [Veglia-] Pony.)

Zusammenfassung

Das bosnische Pferd tritt in drei deutlich voneinander unterschiedlichen Typen auf:

- a) Tarpantypus (id. mit E. Gmelini Antonius): zierliche, leichtere Körperform, feinerer Kopf mit schwachkonkaver Profil- linie;
- b) Przewalski-Typus (id. mit E. equiferus Pallas variet. Przewalski Poliakoff), kräftige, stämmige Figur, relativ großer, schwerfälliger Kopf mit leicht konvexer Profillinie.

Der erstere dürfte älter sein, da er wahrscheinlich mit den frühen slawischen Stämmen an seine jetzige Stätte kam (im fünften Jahrhundert), den letzteren dürften die später in die Balkanländer eingebrochenen tatarisch-mongolischen Stämme der asiatischen Steppengebiete mitgebracht haben. Zahlreich sind Mischtypen von a und b;

- c) „Inseltypus" (id. mit Insel-Krk- [Veglia-] Pony): Dem Tarpantypus im Schädelbau nahestehend, von ihm durch seine typisch ponyartige und entsprechend stämmige Figur abweichend. Am wahr- scheinlichsten ist die Annahme, daß dieser Inseltypus einen auf der westlichen Balkaninselhälfte seit frühhistorischen Zeiten einheimischen Tarpanponytypus darstellt.

Literaturverzeichnis

1. Tscherski J. D., Wissenschaftliche Resultate der von der kais. Akad. d. Wiss. zur Erforschung des Janalandes und der neusibirischen Inseln ausgesandten Expedition, Abt. IV, in Mém, de l'Acad. des Sciences de St. Petersburg, 7. Serie, Vol. 40, I;

2. Salensky W., Wissenschaftliche Resultate der von N. M. Przewalski nach Zentralasien unternommenen Reisen, zool. Teil, 1. Bd., Abt. II, Lief. 1, St. Petersburg, 1902;

3. Antonius O., Was ist der Tarpan? Naturwiss. Wochenschrift, N. F. XI, 1912, Nr. 33;

4. Antonius O., Über das Aussehen des Tarpans, Equidenstudien, Separatabdruck d. Verhandlungen der k. k. zool.-botan. Gesellschaft in Wien, Jahrg. 1913;

5. Über die Rassengliederung der quartären Wildpferde Europas, Verh. d. k. k. zool.-botan. Gesellschaft, Wien, 1912, 62. Bd.;

6. Pallas P. S., Reisen durch verschiedene Provinzen des russischen Reiches, Petersburg, 1771—1776;

7. Hilzheimer M., Was ist Equus equiferus Pallas? Naturwiss. Wochenschrift, N. F. VIII, Nr. 51, 1909;

8. Claassen K., Die Völker Europas zur jüngeren Steinzeit, ihre Herkunft und Zusammensetzung, Stuttgart, 1912, Studien und Forschungen zur Menschen- und Völkerkunde.

Tabelle 1. Absolute Werte in *mm*

Nr.	Bezeichnung des Maßes	Bosnische Landpferde					Tarpane (Tscherski)		Equus ferus (Przewalski) nach Salensky Mittel aus 5 Schädeln
		Schädel von ausgewachsenen Tieren			Junge Schädel				
		Minimum	Mittel von 7 Schädeln	Maximum	Nr. XI	Nr. XII	Nr. 521 Krym	Cherson	
1	Basilarlänge	425	455·8	485	456	420	470·5	470	483·2
2	For. magn. bis Gaumen .	119	216·4	230	208	199	213	210·5	—
3	„ „ „ Vomer .	115	119·7	127	116	115	122	128	120·4
4	Vomer bis Gaumen . . .	85	100·5	115	97	87	95·5	90	107·8
5	Zahnreihenlänge im Oberkiefer	145	157·4	170	165	162	172	150	178·8
6	For. magn. bis crista max.	247	261	277	263	239	270	268	—
7	Incis bis crista max. . . .	208	221	232	217	203	221	224	—
8	„ „ alv. P 3	106	120	135	124	108	120	126	—
9	„ „ Hinterrand M 3	258	274·5	286	287	264	291	275	—
10	„ „ „ des Gaumens	232	242·7	258	244	223	256	262	—
11	Scheitellänge	474	500	535	506	449	520	512	537·6
12	Hintere Augenlinie	182	187·7	200	189	168	200	197	200
13	Vordere „	340	355·7	374	361	323	362	361	385
14	Schnauzenlänge	284	297	315	295	265	303	308	—
15	Länge der Gesichtsregion	275	285·4	301	288	259	209	—	305·8
16	„ „ Gehirnregion .	210	229·5	247	231	198	249	—	246·4
17	Diastemalänge (Oberkiefer)	73	91	105	85	66	85·5	96	84·2
18[1]	Länge der Nasenbeine (Nas. Naht)	200	210	220	—	—	—	—	—
19	Occ. Breite=Pr. mastoid.	107	111·2	120	113	93	112·3	112	—
20	„ „ =Tub. articulare	177	182·7	193	191	168	188	186	—
21	Oberkieferbreite zwischen P 3	61	67·2	74	74	70	58	66	—
22	Breite: Pr. zyg. ossa front.	20	22·3	23	19	20	—	—	—
23	Gesichtsbreite an der Naht	162	171·4	183	170	152	176	181	184
24	Schnauzenbreite des Oberkiefers	60	64·1	68	65	61	67	73	73·2
25	Schnauzenbreite a. Diastema	40	45·3	51	43	41	43·5	47	—
26	Crista occ. Breite	60	67	72	65	54	—	—	—
27	Schädelbreite zwischen den Gehöröffnungen . .	104	110	118	109 ·	104	110·5	109	115·6

[1] Mittel aus 4 Schädeln.

| Nr. | Bezeichnung des Maßes | Bosnische Landpferde | | | | | Tarpane (Tscherski) | | Equus ferus (Przewalski) nach Salensky Mittel aus 5 Schädeln |
| | | Schädel von ausgewachsenen Tieren | | | Junge Schädel | | | | |
		Minimum	Mittel von 7 Schädeln	Maximum	Nr. XI	Nr. XII	Nr. 521 Krym	Cher-son	
28	Stirnbreite	184	195·5	208	201	181	203	206	206
29	Geringste Stirnbreite zwischen Orbiten . . .	126	133·7	143	123	117	141	145	—
30	Geringste Stirnbreite zwischen Orbiten (Meßband)	133	140	145	130	122	150	152	—
31	Cerebralbreite	96	100	106	100	97	105	101·5	107·8
32	Geringste Schädelbreite .	74	79·5	88	81	81	75	80	90
33	Nasenbeinbreite: Hint. Pt. Nas. max. Naht	99	105·7	115	100	95	—	—	—
34	Größte Breite der Nasenbeine	90	105	118	100	95	108·5	109	99
35	Größte Breite der Nasenbeine (vordere Nasenöffnung)	37	40·7	44	40	38	40·5	43	—
36	Vertikaler Augenhöhlendurchmesser	50	52·7	57	56	54	—	—	56·2
37	Horizontaler Augenhöhlendurchmesser . .	56	59	65	65	59	—	—	63·2
38	Höhe des Occiputs (U. R. des For. magn.)	86	92·4	97	100	82	88·5	85	106·6
39 1)	Länge des Unterkiefers .	396	402·5	410	—	—	422	414	429·4
40 1)	Länge der Backzahnreihe (Unterkiefer)	153	160	166	—	—	—	—	—
41 1)	Länge der Diastema (Unterkiefer)	86	90	97	—	—	—	—	—
42 1)	Gelenkskopf (Unterkiefer) bis Incis	386	398·6	403	—	—	—	—	—
43 1)	Breite zwischen Gelenksköpfen (Unterkiefer). .	177	180·8	186	—	—	—	—	—
44 1)	Höhe des Unterkiefers .	195	210·3	222	—	—	—	—	—
45	Nehrings Index I	221·7	233·2	239·6	226·8	232	231·8	228·8	232·8
46	„ „ II	247	255·6	259·2	251·7	248	256·1	253	261·4
47	„ „ III	185	188·5	190·9	191	192·2	181	182·2	192·8
48	Facialindex	63·8	65·1	67·1	64·7	63	60·4	63·3	—
49	Occipitalindex	108·1	109·6	111·6	110	106·9	110·5	108·9	111·2
50	Index IV a (Salensky) . .	168	176·2	179	175	173	180	—	175·8
51	„ IV b „ . .	215	217	220	219	226	210	—	218·1

1) Mittel aus 4 Schädeln.

Tabelle 2. Relativwerte in % der Basilarlänge der wichtigsten Schädelmaße

Nr.	Bezeichnung des Maßes	Bosnische Landpferde					Tarpane (Tscherski)		
		Schädel von ausgewachsenen Tieren			Junge Schädel				
		Minimum	Mittel von 7 Schädeln	Maximum	Nr. XI	Nr. XII	Nr. 521 Krym	Cherson	
1	Basilarlänge	100	100	100	100	100	100	100	100
5	Zahnreihenlänge im Oberkiefer	32	34·6	38·5	36	38·5	36·5	31·9	37·0
7	Incis.—crist. max.	47·1	48·4	49·7	47·8	48·3	46·9	47·6	—
10	„ —hinterer Rand des Gaumens	51·8	53·2	55·1	53	53	54·4	55·7	—
12	Hintere Augenlinie	40·2	41·3	42·8	41·4	40	42	41·9	41·3
17	Diastemalänge Oberkiefer	16·5	19·8	22·0	18·6	16	18·2	20·4	17·4
19	Occ. Breite = Pr. mastoid	23·0	24·4	25·8	24·7	22·1	23·9	23·8	—
20	„ „ = Tub. articulare	37·4	39·9	42·1	41·0	40·0	39·9	39·6	—
21	Oberkieferbreite zw. P 3.	13·1	14·6	15·8	16·0	16·6	12·3	14·0	—
23	Gesichtsbreite an der Naht	37·0	37·6	38·3	37·2	36·1	37·4	38·5	38·0
24	Schnauzenbreite des Oberkiefers	13·3	14·0	14·4	14·2	14·5	14·2	15·5	15·1
25	Schnauzenbreite a. Diastema	9·0	9·7	10·0	9·4	9·7	9·2	10·0	—
26	Crista occ. Breite	13·3	14·6	16·0	14·2	13·0	—	—	—
27	Gehöröffnungs - Schädelbreite	21·2	23·8	24·9	23·9	24·7	—	23·2	23·9
29	Geringste Stirnbreite (zw. Orbita)	27·8	28·9	30·0	27·0	27·8	29·9	30·8	—
31	Cerebralbreite	20·8	21·8	23·4	21·9	23·0	22·3	21·6	22·3
32	Geringste Schädelbreite	16·4	17·3	18·4	18·1	19·2	15·9	17·0	18·4
34	Größte Breite der Nasenbeine	21·1	22·8	24·7	21·9	22·5	23·1	23·2	—
35	Größte Breite der vorderen Nasenöffnung	8·0	8·9	9·9	8·9	9·0	8·6	9·1	—
37	Horizontaler Durchmesser der Orbita	12·5	13·0	13·4	14·2	14·0	13·1	12·8	13·0
38	Höhe des Occiputs (U. R. des For. mag.)	18·5	20·1	22·8	21·9	19·5	18·8	18·1	22·0

Untersuchungen über die Abstammung und Rassezugehörigkeit der Pinzgauer Rinder

Von

Landestierzuchtinspektor **Dr. Robert Scheuch,** Klagenfurt

Das Pinzgauer Rind, welches heute den weitverbreitetsten Schlag in den österreichischen Alpenländern darstellt, hat in der Rassensystematik noch keine sichere Reihung erfahren.

Die wenigen diesbezüglichen ausführlicheren Angaben, welche die einschlägige Literatur aufweist, gehen in das Anfangsstadium der Rinderrassenforschung zurück und tragen vielfach nur hypothetischen Charakter. Diese ersten Feststellungen wurden sodann in der Folgezeit — mit einer einzigen Ausnahme — traditionell übernommen, ohne daß dieselben eine kritische Überprüfung auf Grund der achtunggebietenden Entwicklung der Rassenkunde erfahren hätten.

Die unsichere Stellung, welche das Pinzgauer Rind seit jeher im zootechnischen System eingenommen hat, hat sicherlich dazu beigetragen, daß dasselbe als „gemischter Landschlag" nicht die verdiente Beachtung erfahren hat. Aufgabe dieser Arbeit soll es nun sein, die bestehende Lücke auszufüllen und auf Grund exakter kraniologischer Untersuchungen den zootechnischen Rassecharakter des Pinzgauer Rindes festzulegen.

Die Anregung zu diesen Untersuchungen verdanke ich meinem hochgeschätzten Lehrer, Herrn Hofrat Professor Dr. L. A d a m e t z, Vorstand des Institutes und der Lehrkanzel für Tierzucht an der Hochschule für Bodenkultur in Wien, dem ich auch für seine stets gewährten wertvollen fachlichen Ratschläge zu besonderem Danke verpflichtet bin.

Kurze Charakteristik des Pinzgauer Rindes

Als das vornehmste und augenfälligste Rassenmerkmal des Pinzgauer Rindes wird heute dessen charakteristische rotbraune Färbung und weiße Zeichnung angesehen. Die rotbraune Grundfarbe zeigt eine große Mannigfaltigkeit als Folge einer gesteigerten oder geschwächten Farbstoffproduktion. Erstrebt wird ein volles Rotbraun, welches am nächsten als Kastanienbraun zu bezeichnen ist.

Neben dieser rotbraunen Varietät kommt, wenn auch nur mehr in wenigen Exemplaren, eine schwarze Varietät vor, welche seinerzeit als Übergangsform — als früh auftretende Domestikationsstufe — eine weite Verbreitung besessen haben dürfte. Ohne eingehenderen gegenständlichen Ausführungen, welche später folgen, vorzugreifen, sei hier nur festgestellt, daß das schwarze Pigment bei Pinzgauern lediglich eine Anhäufung brauner Farbstoffe vorstellt. Diese Erscheinung entspricht auch vollkommen den A d a m e t z schen farbenbiologischen Forschungen, welche durch Arbeiten, die unter Leitung Prof. Dr. H e n s e l e r s am Tierzuchtinstitute der technischen Hochschule in München durchgeführt wurden, neuerlich bestätigt wurden.

Die rote und die schwarze Varietät tragen — je nach Einzeltieren verschieden — die charakteristische Zeichnung, welche in einem weißen Streifen besteht, der am Widerrist beginnt, sich über Rücken, Lende, Kruppe,

Damm, Eutergegend und Unterbauch bis zum Triel vorzieht und in der Regel auch Schenkel und Vorarme bandartig umgreift (Fatschen). Diese weiße Zeichnung ist das typische Bild einer mittleren Domestikationsstufe und es liegt kein Anlaß vor, die Rückenscheckenzeichnung als ein rasseneigenes Merkmal zu bezeichnen.

Die weiße Zeichnung hat die Tendenz zur Ausbreitung, insbesondere in Leistungszuchten. Dem zu starken Übergreifen der weißen Abzeichen sowie der Farbenabblassung wird durch eine entsprechende Zuchtwahl vorgebeugt. Die Züchter des Pinzgauer Rindes stehen heute mit Recht auf dem Standpunkte, zur Erhaltung der kräftigen Konstitution dunklere Farbentönungen und geringe weiße Zeichnung zu bevorzugen, insbesondere bei der Auswahl des Stiermaterials. Farbenabblassung und Ausbreitung der weißen Zeichnung gehen zumeist Hand in Hand.

Als eine, allerdings selten zu beobachtende Zwischenstufe verminderten Farbstoffbildungsvermögens wäre das mehr oder weniger starke Auftreten von Schimmelhaaren in der Grundfarbe zu bezeichnen. Diese Erscheinung zeigt sich am häufigsten am Kopfe (Mittelstirne, Ganaschen), seltener als stärkeres Stichelhaar in der Grundfarbe über den ganzen Körper verteilt.

Zusammenfassend kann somit gesagt werden, daß beim Pinzgauer Rind heute Färbungen von Melanismus bis zum partiellen Albinismus (Scheckung) auftreten, der weitaus überwiegendere Teil jedoch die oben beschriebene mehr oder weniger r o t b r a u n e F ä r b u n g und c h a r a k t e r i s t i s c h e w e i ß e Z e i c h n u n g trägt.

Das Flotzmaul sowie die Maulschleimhäute sind pigmentfrei, daher Fleischfarben. Farbstoffeinlagerungen kommen manchmal vor.

Interessant ist das bisweilen im Winter erfolgende Auftreten eines leichten bläulichen Pigmentes am oberen Teile des Flotzmaules, was in den Sommermonaten nicht wahrzunehmen ist. Diese Erscheinung dürfte mit der intensiveren Tätigkeit der Farbstoffzellen im Vorwinter zusammenhängen.

Die Hörner sind von der Basis angefangen bis ungefähr zwei Drittel ihres Verlaufes eigenartig weißgelb. Bisweilen kommt auch ein gelbgrüner Farbton vor. Im obersten Drittel sind die Hörner braunschwarz, an den Spitzen rein braun und matt durchscheinend. Die Hörner verlaufen anfangs seitwärts, dann vorwärts und aufwärts und gegen die äußerste Spitze zu etwas nach rückwärts. Die Klauen sind dunkler als die Hornspitzen und meist von braunschwarzer Farbe. Bei Stieren verlaufen die Hörner meist wagrecht, seltener in den Spitzen etwas vor- und aufwärts.

Hornlosigkeit ist bei den Pinzgauern äußerst selten. Im gesamten österreichischen Pinzgauer Verbreitungsgebiet ist mir lediglich eine hornlose Herde in A u r a c h bei Kitzbühel in Tirol bekannt. Dieselbe besteht aus einem Stier, drei Kühen und einigen Jungtieren. Im Pinzgau selbst sind Fälle von Hornlosigkeit nicht zu verzeichnen.

Die Haut ist entsprechend dem Klima und den Halteverhältnissen dick und derb, entbehrt aber nicht der Elastizität. Lichtgefärbte oder stark weiße, oder scheckfärbige Tiere haben nahezu immer eine dünnere und weichere Haut.

Bei durchwegs gefälligem Gesamteindrucke finden sich bei den Pinzgauern, entsprechend der unter den vorherrschenden natürlichen und wirtschaftlichen Verhältnissen gegebenen kombinierten Leistung, verschiedene Nutzungstypen. Entgegen weitverbreiteter Ansichten soll hier nur das Vorkommen von ausgesprochenen Milchformen verzeichnet werden.

Der Kopf der Pinzgauer ist in der Regel mittellang und trägt eine breite und mäßig lange Stirnfläche. Ausgesprochene Kurz- oder Langköpfe sind selten. Die Zuchtwahl begünstigt großstirnige, im Nasenteile breite und kurze, feinhörnige Köpfe. Neben einer relativen Gesamtkürze des Schädels soll derselbe aber nicht plump oder gar schwer erscheinen.

Die schwache Verkürzung des Kopfes beim heutigen Pinzgauer ist demnach als ein Produkt der Züchtung anzusehen, als das Ergebnis einer fortgesetzten Zuchtwahl nach brachycephalen Kopfformen unter gleichzeitiger Einwirkung verbesserter Haltungsverhältnisse. In diesem Sinne wären ausgesprochene Kurzköpfe als Variationstypen, ausgesprochene Langköpfe als primitive Formen zu bezeichnen.

Der Hals ist beim Pinzgauer Rind mäßig lang und verhältnismäßig kräftig. Die im allgemeinen gute Rückenlinie wird häufig durch hohe Schweif- und Kreuzlage ungünstig beeinflußt. Die Vorhand zeigt bei oftmals ungewöhnlich schöner Tiefe eine mittlere Breite. Die Wölbung der Rippen ist eine mittlere. Das Becken ist gut geformt; die Hüften treten zuweilen stärker hervor. Die Gestellhöhe ist eine mittlere, das Fundament relativ kräftig. Die Bemuskelung des Gesamtkörpers ist eine sehr gute.

Was die allgemeine anatomische und physiologische Entwicklung der Pinzgauer anbelangt, so befinden sich dieselben in den fortgeschrittenen Zuchtgebieten in einem Übergangsstadium von Spätreife zu einer mittleren Frühreife. Jedenfalls kann von einer typischen Spätreife, wie sie dem Kärntner Blondvieh innewohnt, nicht gesprochen werden.

Durch die vorstehenden Ausführungen soll einer eingehenden Arbeit über Körperbau, Rassezeichen, Leistungen, Lebensbedingungen, physiologische Anlagen und Zuchtbestrebungen nicht vorgegriffen werden. Diese kurze Charakteristik verfolgt lediglich den Zweck, im Rahmen einer Übersicht eine Grundlage für die folgenden Darlegungen zu gewinnen.

Kraniologische Untersuchungen und die sich hieraus ergebenden Schlußfolgerungen

Die Auswahl des Schädelmaterials für die folgende Untersuchung erfolgte unter zwei Gesichtspunkten: 1. Sicherstellung von Schädelmaterial von rassetypischen vollentwickelten Kühen aus dem Pinzgau; 2. Erwerbung eines Schädelmaterials von Kühen der allgemeineren Typen des salzburgischen Alpenvorlandes behufs Feststellung der Art und des Einflusses einer allfälligen fremdrassigen Einmischung.

Die Sammlung des Schädelmaterials erfolgte im Jahre 1920 bei noch teilweisem Bestande der Zwangslieferungen für Rindvieh. Durch das außerordentliche Entgegenkommen der Direktion der Landesirrenanstalt in Salzburg war es möglich, aus dem der Anstalt kontingentweise zugewiesenen und lediglich im Lande Salzburg aufgebrachten Schlachtvieh obige Auswahl zu treffen.

Das Material für die Untersuchung besteht aus fünf Schädeln von typischen Kühen aus dem Pinzgau und sechs Schädeln aus dem Tännengau und Flachgau. Die erste Gruppe trägt die Bezeichnung I bis V, die zweite Gruppe VI bis XI. Der als Schädel XII eingestellte Kuhkopf stammt aus dem Flachgau, und zwar von einer nach Kopfform und Körperbau atypischen Kuh zur Erstellung von Vergleichswerten. Das betreffende Stück war von lichtbrauner Farbe, zirka 370 *kg* schwer und von auffallender Kopfform (stark trapezförmige Stirn, starke Einschnürung in der Stirnenge, in der

Gesamtheit schmaler Kopf und kegelstumpfartige Hornbildung mit einheitlicher gelber Pigmentierung).

Die deskriptive Behandlung der Gruppen I und II erfolgt, wo Übereinstimmung herrscht, gemeinsam, in divergierenden Merkmalen jedoch gesondert und vergleichend. Die Beschreibung des Schädels XII erfolgt in Gegenüberstellung mit den Schädeln der beiden ersten Gruppen.

Diese — wie sich später herausstellen wird — nicht gleichgültigen Vorausschickungen leiten nunmehr auf die eigentliche Untersuchung über.

Gesamteindruck. Die Schädel der Gruppe I (I bis V) zeigen bezüglich ihrer Größe, der Kräftigkeit der Bauart, der einfachen scharfen Umrahmung, der gestreckten Form und der allmählichen Verjüngung von der Stirnweite zum Zwischenkiefer eine weitestgehende Übereinstimmung. Die durchaus

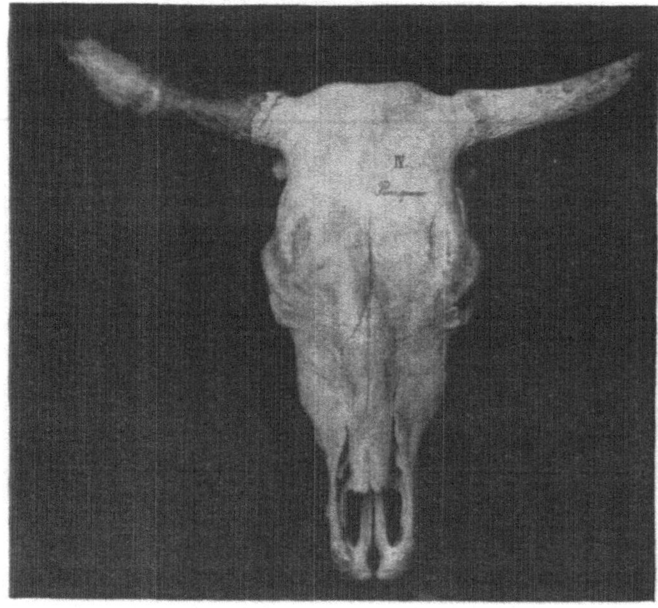

Abb. 1. Pinzgauer Rinderschädel Nr. IV

edel zu nennende Form des Schädelbaues überrascht nach dem am Kopfe des lebenden Tieres gewonnenen Eindruck der schwach mittleren Länge und Gedrungenheit.

Im Vergleiche zur Gruppe I tritt bei der Gruppe II allgemein eine deutlich wahrnehmbare Verfeinerung des Gesamtschädels in Erscheinung. Ferner sind die Schädelumrisse durch ein teilweise stärkeres Hervortreten der Augenbögen und Augenhöhlen, der größeren Einbuchtung in der Zwischenhornlinie und infolge der stärkeren Verjüngung beim Übergange des Schädelteiles in den Gesichtsteil nicht so ausgeglichen.

Stirne. In der Gruppe I kommt es durchwegs zur Ausbildung einer charakteristischen Stirnplatte mit regelmäßigen Umrissen.

Der rückwärtige Teil der Stirne liegt bei den Schädeln I, IV und V mit der Mittellinie nahezu auf gleicher Höhe, bei Schädel III ist er etwas ausgebuchtet, ohne daß jedoch diese kleine allmählich abfallende Erhabenheit auch nur als Andeutung eines Stirnkammes gewertet werden könnte. Diese

Ausbuchtung erreicht eine im vordersten Drittel der Hornzapfenbasis gelegte Verbindungslinie nicht. Bei Schädel II fällt die Stirne von der Stirnmitte gegen alle Seiten leicht ab, eine Erscheinung, welche Weisheit bei den primigenen Devons dreimal und S a b o r s k y beim primigenen wallischen Schwarzvieh in einem Fall ebenfalls beobachten konnte, während bei Brachyceros eine solche Bildung noch nicht festgestellt wurde.

Die Verbindungslinie der oberen Hornzapfenbasis erscheint beim Schädel II eben, bei den Schädeln I und IV ist sie schwach, beim Schädel V stärker quergewölbt, ein Charakteristikum, das U l m a n s k y bei dem typisch primigenen andalusischen Rinde bei fünf unter acht Schädeln (d. i. 62·5%) feststellen konnte. Verstärkt wird diese Querwölbung durch den tiefen Ansatz der Hornzapfen, besonders deutlich bei Schädel V. Bei Schädel II ist die genannte Verbindungslinie bis knapp an die Hornzapfen eben, dann leicht abfallend.

Die Z w i s c h e n s c h e i t e l b e i n e greifen bei allen Schädeln der Gruppe I in Form eines Dreieckes auf breiter Basis auf die obere Stirnfläche über. Die Abgrenzung des Parietalzipfels ist bei den Schädeln I, II und III eine klare, bei den Schädeln IV und V infolge starker Verwachsung der Knochennaht zwischen Stirnbein und Zwischenscheitelbeinen undeutlich.

Die bei den vorliegenden Schädeln zu beobachtende Anteilnahme der Zwischenscheitelbeine an der Bildung des rückwärtigen Stirnteiles ist eine von Brachyceros grundlegend verschiedene. Während es im letzten Falle zu einem Überschlage des Parietalzipfels und in der Folge zur Ausbildung eines Stirnbeinkammes kommt, erfolgt hier ein bloßes Einschieben des Scheitels und der Zwischenscheitelbeine zwischen die Stirnbeine nahezu ohne Erhöhung der rückwärtigen Stirngegend.

Eine Ausnahme bildet nur der Schädel III, bei welchem die bereits erwähnte Erhöhung im rückwärtigen Stirnteil anscheinend durch ein besonders breites und tiefes Eindringen des Parietalzipfels in die Stirnfläche hervorgerufen wird, eine Erscheinung, welche H i l z h e i m e r nach A d a m e t z als wesentliches zoologisches Merkmal des von ihm untersuchten altägyptischen Wildrindes angibt.

Die Grundlinie bzw. Höhe des in die Stirnfläche einfallenden Parietalzipfels beträgt bei:

Schädel Nr. I . . . . 6·2 *cm* bzw. 2·3 *cm*
  „ „ II . . . . 9·9 „ „ 2·3 „
  „ „ III . . . . 8·9 „ „ 3·3 „
  „ „ IV . . . . 6·6 „ „ 2·5 „
  „ „ V . . . . 7·9 „ „ 2·2 „

Diese Feststellung erscheint für die Bestimmung der Rassengruppenzugehörigkeit des Pinzgauer Rindes von Wichtigkeit. Es handelt sich hier um eines jener von A d a m e t z nachgewiesenen wichtigen Unterscheidungsmerkmale zwischen den Abkömmlingen des Bos primigenius Boj. von Südost- und Mitteleuropa und dessen afrikanischer Unterart, dem Bos primigenius Hahni, nova subspezies H i l z h e i m e r. Das mehr oder weniger starke Einspringen des Parietalzipfels in die Stirnfläche ist für den westlichen Primigenius typisch. Das bei den Pinzgauer Schädeln I bis V bezüglich dieses Merkmales beobachtete Verhalten deckt sich nun mit den von A d a m e t z beim andalusischen Rind und gewissen primigenen englischen Rassen (walisisches Schwarzvieh und Devon) und dem Vieh der Auvergne gemachten Beobachtungen und damit auch mit der von H i l z h e i m e r bezüglich altafrikanischer Rinder hervorgehobenen Eigentümlichkeit der typischen Anteilnahme der Zwischenscheitelbeine an der Bildung der rückwärtigen Stirnfläche.

Diese Tatsache spricht daher unbedingt für einen engeren zoologischen Zusammenhang des Pinzgauer Rindes mit dem westeuropäischen und weiters dann dem afrikanischen Primigeniusrinde der Subspezies Hahni.

Um die Stirnenge zeigen alle Schädel, mit Ausnahme des Schädels III, eine beiderseits der Medianlinie kaum angedeutete, gegen die Seitenränder der Stirnbeine, besonders bei Schädel V stärker in Erscheinung tretende Querwölbung.

Bei Schädel III ist der Verlauf der Verbindungslinie zur Stirnenge nahezu eben.

In der Stirnmitte treten bei Schädel III die beiderseits der Mittellinie verlaufenden Knochenpartien etwas stärker hervor.

Der vordere Teil der Stirnfläche wird charakterisiert durch die Augenbogen, die Zwischenaugenteile und die Stirnmulde.

Die Augenbogen sind bei den vorliegenden fünf Schädeln flach, der Zwischenaugenteil ist breit und liegt bei den Schädeln I, II, IV und V höher als die Augenbogen, bei Schädel III gleich hoch. Die Bildung einer Delle am Ursprunge der Nasalien fehlt bei Schädel IV und V, kaum angedeutet ist dieselbe bei I und II, angedeutet bei Schädel III.

Die Schädel der Gruppe II sind in der Stirnbildung nicht so einheitlich wie die der Gruppe I. Markante Unebenheiten oder größere Unterschiede fehlen aber auch in dieser Gruppe. Eine Ausnahme bildet nur der Schädel VIII mit einem stärkeren, dreieckigen Überschlag der Zwischenscheitelbeine, der jedoch eine in der vorderen Hornzapfenbasis gelegene Verbindungslinie kaum erreicht. Schädel XII zeigt eine ausgesprochene trapezförmige Stirnumrahmung.

Der rückwärtige Stirnteil ist kaum merklich höher als die Stirnmittellinie bei Schädel X, etwas erhaben bei Schädel XI, stärker bei Schädel VIII. Bei den Schädeln VI, VII, IX und XII liegen beide Vergleichspunkte gleich hoch.

In der Verbindungslinie der mittleren Hornzapfenbasis, wie auch in der Stirnenge tritt eine kaum merkliche bis deutliche Querwölbung auf, welche von der nahezu ebenen Fläche beiderseits der Medianlinie nach den Seiten hin an Stärke zunimmt. Im allgemeinen ist jedoch bei der Gruppe I die Querwölbung wesentlicher ausgebildet.

In der Stirnmitte kommt es bei den Schädeln VII, VIII und XII zu einer stärkeren Ausbildung der beiderseits verlaufenden Knochenäste, ähnlich wie bei Schädel II in der Gruppe I.

Auffallend ist bei der Gruppe II die stärkere Hervorwölbung der Augenhöhlen bei den Schädeln VI, VII, X und XII, welches hier zweifellos auf einen brachyceren Einschlag hinweist. Die Augenbogen liegen bei den Schädeln VII, X und XII etwas höher als der Zwischenaugenteil, bei den Schädeln VI, VIII und XI gleich hoch und nur bei Schädel IX niedriger.

Der zwischen den Augenbogen gelegene mediane Stirnteil ist bei den Schädeln IX, X und XI eben. Bei Schädel VII ist eine Stirnmulde kaum angedeutet, bei den Schädeln VI, VIII und XII ist die Delle etwas stärker und langgestreckter und tiefer gegen die Verbindung der äußeren Augenhöhlenwinkel gelegen.

Der Verlauf der Zwischenscheitelbeine ist im Gegensatze zur Gruppe I kein uniformer. Bei den Schädeln VI und XII greift der Parietalzipfel in einem wenig vorstoßenden halbkreisförmigen Ausschnitte auf die Stirnfläche über, bei Schädel VIII und IX in Form eines breiten Dreieckes, bei Schädel VII, X und XI ist der Knochennahtverlauf infolge vollkommener Verwachsung unkenntlich.

Die Augenhöhlen sind bei den Schädeln I bis V fast seitlich gerichtet und ausgesprochen viereckig, während sie bei der Gruppe II eine Drehung nach vorne aufweisen und eine weniger scharfe viereckige Umrahmung zeigen. Erscheinen die Augenbögen in der Gruppe I in den Gesamtschädel eingepaßt, so treten sie bei der Gruppe II zum Teil etwas röhrenförmig hervor.

Bezüglich der Stirnbildung ergibt sich somit hinsichtlich der besprochenen Merkmale für die Schädel I bis V die unzweifelhafte Zugehörigkeit zur Primigeniusgruppe und auf Grund des Verhaltens der Zwischenscheitelbeine im besonderen zur Subspezies Hahni, während bei der Gruppe II primigene und brachycere Merkmale vorhanden sind, von welchen jedoch erstere überwiegen.

Stirnwulst. Der Stirnwulst der Gruppe I ist ausgezeichnet durch eine bedeutende Höhe und eine hiedurch bedingte starke Wölbung über die Hinterhauptfläche sowie durch eine ziemliche Breite. Der Übergang in die Stirnfläche ist im allgemeinen nahezu eben, bei Schädel V allmählich.

In der Gruppe II ist der Stirnwulst breiter und bedeutend niedriger, die Überdachung der Hinterhauptfläche daher geringer. Der Übergang in die

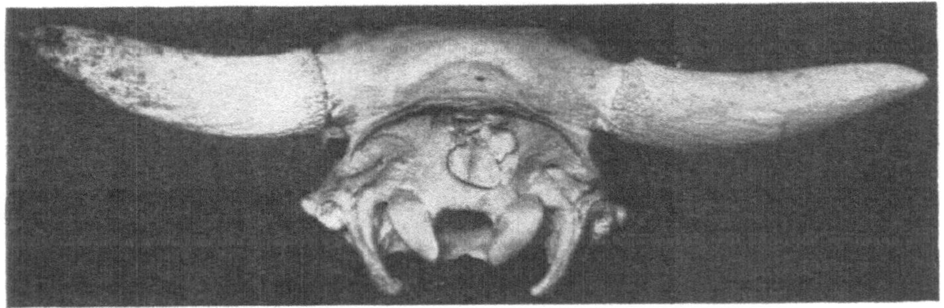

Abb. 2. Pinzgauer Rinderschädel Nr. IV, Hinterhauptansicht

Stirnfläche ist mit Ausnahme von Schädel VIII nahezu unkenntlich, das heißt allmählich.

Die Breite und die Höhe des Stirnwulstes in der Mittellinie betragen:

	Im Mittel		Maximum		Minimum	
	Breite	Höhe	Breite	Höhe	Breite	Höhe
Pinzgauer I	40·0	13·5	43·2	17·3	35·8	11·0
Pinzgauer II	41·5	8·2	51·3	·11·5	32·5	4·5
Andalusier schwarz . . .	40·6	14·8	43·0	21·0	31·0	11·0
Andalusier rot	41·8	15·8	44·0	22·0	40·0	10·0
Devon	34·6	14·0	43·0	20·0	31·0	9·0
Nordwaliser	41·0	12·6	51·0	18·0	36·0	9·0
Steppenrind	37·0	13·0	—	—	—	—

Für die Bestimmung der Rassenzugehörigkeit ist hier vornehmlich die Höhe des Stirnwulstes maßgebend. Für Brachyceros ist ein niedriger und breiter Stirnwulst, für Primigenius ein relativ hoher Stirnwulst charakteristisch.

Die Pinzgauer Gruppe I reicht in den Mittelwerten der Stirnwulsthöhe an die primigenen Andalusier und Devon heran und übertrifft das gleichfalls primigene walisische Schwarzvieh und das Steppenrind.

In der Gruppe II stoßen wir in diesem Merkmale zum ersten Mal auf einen bedeutenderen Unterschied; sowohl Mittel- wie Grenzwerte dieser Gruppe sind auffallende. Die Stirnwulsthöhe der Schädel VI und XI beträgt zirka 61% der ersten Gruppe. Das Maximum der Gruppe II ist nahezu gleich mit dem Minimum der Gruppe I.

Nach Ulmansky und Peter wissen wir, daß bei Kreuzungsprodukten von Rassegruppen gewisse für die Ursprungsrassen charakteristische Merkmale dominant auftreten, während andere Merkmale eine besondere Neigung zur Unregelmäßigkeit aufweisen. Die bei zahlreichem Schädelmaterial von Mischlingstypen gemachten Feststellungen, daß die Hinterhauptfläche und die angrenzenden Teile von Brachyceros mehr beeinflußt werden als von Primigenius, müssen bei vorliegender Untersuchung besonders berücksichtigt werden, weil sie bei den Schädeln der Gruppe II in den besprochenen Merkmalen zweifellos einen brachyceren Einschlag beweisen.

In diesem Zusammenhange interessiert auch das bereits besprochene Verhalten der Zwischenscheitelbeine, welches in der Gruppe I auf reine primigene Zugehörigkeit, in der Gruppe II gleichfalls auf eine gewisse brachycere Beeinflussung hingewiesen hat.

Hornzapfen. Die Längsentwicklung der deutlich gedrehten und gestielten Hornzapfen ist eine mittelstarke. Im Durchschnitte beträgt die Länge bei der Gruppe I = 180·14 *mm* (Max. 202 *mm* und Min. 160 *mm*), in der Gruppe II = 171·5 *mm* (Max. 201 *mm* und Min. 150 *mm*), bei Schädel XII = 197 *mm*, während dieselbe bei Andalusiern einen Durchschnittswert von 368, bei den Devons von 258 und beim walisischen Schwarzvieh von 272 *mm* erreicht.

Der Umfang an der Hornzapfenbasis beträgt bei der Gruppe I durchschnittlich 158·3 *mm* und bei der Gruppe II 141·8 *mm* (d. i. 35·3 bzw. 32·4% der Basilarlänge). Der für die Gruppe I ermittelte Wert deckt sich nahezu vollständig mit den entsprechenden Vergleichswerten der primigenen englischen Rassen.

Der Vergleichswert beträgt bei den Nordwalisern 35·2%, bei den Devons 35·6% und bei den Andalusiern 42·1%. Beim brachyceren polnischen Rotvieh wurde diese Verhältniszahl mit 28·8%, beim brachyceren, nur schwach primigen beeinflußten Kerryrind mit 30·8% ermittelt.

Die Gruppe II der Pinzgauer nimmt mit 32·4% eine Mittelstellung ein.

Der größte und der kleinste Hornzapfendurchmesser an der Basis betragen in *mm*:

	Gruppe I			Gruppe II		
	Minimum	Mittel	Maximum	Minimum	Mittel	Maximum
Kleiner Durchmesser ..	36·7	43·2	55·0	33·8	40·1	42·5
Großer Durchmesser ..	44·5	52·1	61·0	41·0	45·9	48·7

Die beiden Durchmesser verhalten sich beim Pinzgauer wie 1 : 1·21 bzw. 1 : 1·15, beim Andalusier 1 : 1·25, bei den Nordwalisern 1 : 1·20.

Der Verlauf der durch die Querwölbung der rückwärtigen Stirne tief angesetzten Hornzapfen erfolgt bei normaler Lage des Schädels im ersten Drittel unter Bildung eines flachen Bogens nach rückwärts-seitwärts, sodann etwas nach oben und seitwärts, gegen die Spitze zu etwas rückwärts und aufwärts.

Die Stielung der Hornzapfen beträgt bei der Gruppe I 7—11 *mm*, im Durchschnitt 9·4 *mm*, in der Gruppe II 5 — 7 1/2 *mm*, durchschnittlich 6·7 *mm*. Dieses Merkmal verdient besondere Beachtung, da es gleich dem bei der Gruppe I konstatierten Verlaufe der Zwischenscheitelbeine gleichfalls ein Kennzeichen der Subspezies Hahni ist. Wie schon aus den Zahlen erhärtet, ist die Stielung bei der Gruppe I deutlicher ausgeprägt als bei der Gruppe II.

Hornscheiden. Entsprechend der nur mäßigen Hornzapfenlänge ist auch die Entwicklung der Hornscheiden nur eine mittlere zu nennen. Richtung und Färbung der Hornscheiden wurden im Kapitel II besprochen.

Die Hornscheidenkapazität beträgt in cm^3:

Gruppe	Rechte Hornscheide			Linke Hornscheide			Mittel aus beiden Hornscheiden
	Min.	Mittel	Max.	Min.	Mittel	Max.	
I	111	168·6	270	110	167·8	274	168·2
II	97	113·2	127	98	106·1	122	112·4

Die relative Schwäche des Gehörnes bei den Pinzgauern ist in der Zuchtwahl begründet, welche Grob- und Langhörnigkeit ausschließt, außerdem

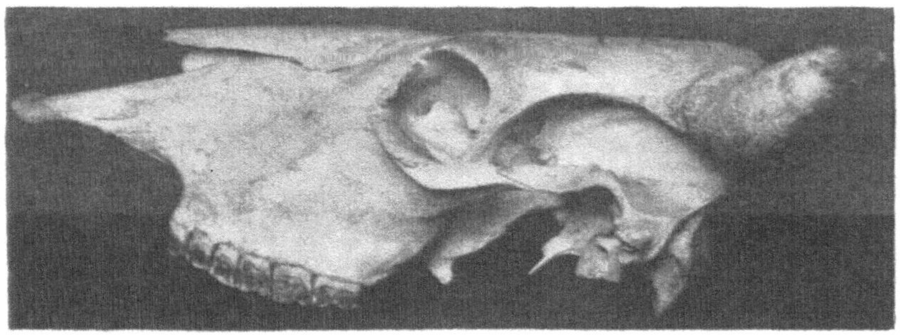

Abb. 3. Pinzgauer Rinderschädel Nr. IV (Profil)

aber auch in den natürlichen Verhältnissen des Pinzgaues, welche für eine kräftige Entwicklung der Cutis ungünstig sind.

Immerhin ist bezüglich der Hornzapfen- und Hornscheidenentwicklung festzustellen, daß auch hier die Gruppe II bedeutend kleinere Absolut- und Relativmaße aufweist, welche unter gleichen Halte- und Zuchtverhältnissen als Folge eines brachyceren Einschlages gewertet werden müssen.

Schläfengruben. Die Schläfengrubenformation ist, wie bereits wiederholt einwandfrei nachgewiesen wurde, ein wichtiges Unterscheidungsmerkmal hinsichtlich der Rassenzugehörigkeit. Bei den Pinzgauern sind die Schläfengruben lang, relativ schmal und sehr tief. Die Breite der Schläfengruben in Prozenten der Tiefe beträgt bei Schädel Nr.:

I	II	III	IV	V	VI	VII	VIII	IX	X	XI	XII
70·4	62·4	81·5	78·2	69·4	75·5	82·5	65·2	85·5	68·5	73·1	96·4

Ein Vergleich des Mittels und der Grenzwerte obiger Verhältniszahlen bei den Pinzgauern mit anderen Rassen ergibt folgendes Bild:

	Mittel	Minimum	Maximum
Pinzgauer I (5 Schädel)	72·4	62·4	81·5
Pinzgauer II (7 Schädel)	74·0	65·2	82·5
Andalusier (10 Schädel)	72·0	41·0	82·0
Nordwaliser (11 Schädel)	75·5	—	—
Devon (10 Schädel)	73·1	—	—
Steppenrind (8 Schädel)	81·0	65·5	95·0

Überblickt man diese Zusammenstellung, so geht daraus hervor, daß die Pinzgauer der Gruppe I vor allen anderen Rassen mit dem andalusischen Rinde nahezu vollständig übereinstimmen. Die durch große Tiefe und Schmalheit gekennzeichnete Bauart der Schläfengrube beim Pinzgauer Rind beweist wohl am klarsten dessen primigene Zugehörigkeit. Unterschiede zwischen Gruppe I und II sind jedoch auch hier vorhanden. Die für die Gruppe II kleinere, aber immer noch günstige Relation resultiert aus einer relativ und absolut geringeren Breiten- und Tiefenentwicklung der Schläfengrube.

Typisch brachycer hingegen verhält sich der Schädel XII, bei welchem Schläfengrubentiefe und Breite beinahe gleich ist (42 *mm* gegen 40·5 *mm*).

Postorbitale Verbreiterung der Stirne. Die postorbitale Verbreiterung der Stirne — nach der Formel von A r e n a n d e r berechnet — ist bei den Pinzgauern groß, vornehmlich bedingt durch die bedeutende Länge der Schläfengruben und durch die große Zwischenhornbreite.

	Gruppe I	Gruppe II	Schädel Nr. XII
Mittel	289·7 *cm²*	268·1 *cm²*	244·75 *cm²*
Maximum	298·4 „	288·4 „	
Minimum	277·8 „	252·3 „	

Die Stirnfläche bei den Schädeln der Gruppe I ist somit wesentlich größer als bei der Gruppe II. Das Minimum der Gruppe I wird von der Gruppe II nur in einem einzigen Fall erreicht bzw. überholt. Die durchschnittlichen Werte der postorbitalen Verbreiterung bei der Gruppe I sind übereinstimmend mit den entsprechenden Werten der typisch primigenen Andalusier (Mittel=287·1 *cm*) und des nordwalisischen Schwarzviehs (Mittel = 291·8 *cm*). Der für den Schädel XII ermittelte geringe Wert ergibt auch hier eine größere Anlehnung an Brachyceros.

Gehirnkapazität. Absoluter Gehirnhöhleninhalt in Zentimeter.

	Mittel	Minimum	Maximum
Pinzgauer I	600	570	640
Pinzgauer II	595	560	620

Die geringen Werte der relativen Gehirnkapazität der Gruppe I sprechen einheitlich für deren primigenen Charakter. Die wesentlich höheren Relativzahlen der Gruppe II und des Schädels XII mit 179 *cm* liegen in der Richtung der für Brachyceros charakteristischen Vergleichswerte.

Zwischenkiefer. Das Verhalten der Nasenbeinfortsätze der Zwischenkiefer ist nicht einheitlich. Diese Fortsätze erreichen bei den Schädeln II, III, V und X die Nasalien nicht, bei den Schädeln IV, VII, XI und XII berühren sie, bei den Schädeln I, VI, VIII und IX laufen sie mit den Nasenbeinen eine Strecke parallel.

Feste Schlußfolgerungen können aus diesem wenig belangreichen rassenunterschiedlichen Merkmalen nicht gezogen werden. Sowohl beim typisch-primigenen Andalusier Rinde wie bei den Devons und noch in verstärktem Maßstabe bei dem walisischen Schwarzvieh wurde die Inkonstanz dieses Merkmales erwiesen. Auch bei den Pinzgauer Schädeln dieser Arbeit bestätigt sich die geringe Brauchbarkeit dieses Kriteriums, nach welchem die Gruppe I gegenüber allen bisher untersuchten Merkmalen ein konträres Verhalten zeigen würde.

Tränenbein. Die Tränenbeine verlaufen von ihrem Ursprung an den Augenhöhlen schmal bis ungefähr in die Mitte ihrer Länge, woselbst sie nasalwärts eine Knickung erfahren und sich von dieser Stelle an ziemlich unvermittelt stark verbreitern. Der stirnwärts zu offene Knickungswinkel der Stirnbeintränenbeinnaht beträgt 115^0 bis 155^0, jener der Oberkiefertränenbeinnaht zirka 95^0 bis 110^0. Die Tränenbeine sind bei der Gruppe I uniformer als bei der Gruppe II.

Nasenbeine. Die Form der Nasenbeine ist trotz einzelner Unterschiede im allgemeinen ziemlich einheitlich, der Bau regelmäßig. Die Nasenbeine des Pinzgauer Rindes sind relativ lang, mäßig breit und verjüngen sich allmählich gegen die Spitzen.

Die Länge der Nasenbeine in Prozenten der vorderen Schädellänge beträgt bei der Gruppe I 34·8 bis 40·5^0/o, im Mittel 37^0/o, bei der Gruppe II 32·4 bis 39·5^0/o, im Mittel 37·4^0/o, beim Schädel XII 35·4^0/o.

Beim andalusischen Rinde beträgt der Mittelwert 38^0/o, bei den Devons 36·4^0/o, beim walisischen Schwarzvieh 36·9^0/o, beim Steppenrind 36·2^0/o. Das Pinzgauer Rind besitzt demnach von allen eben angeführten Rassen nach den Andalusiern die größte Nasenbeinlänge.

Die Breitenentwicklung der Nasenbeine ist eine normale. Nasenbreite in Prozenten der Nasenbeinlänge:

	I	II	III	IV	V	VI	VII	VIII	IX	XI	XII
Oben	27·9	28·0	34·2	30·0	31·2	27·9	36·2	29·3	30·1	29·4	34·5
Unten	19·3	19·3	17·9	15·3	20·0	16·3	20·0	16·4	20·5	17·2	18·5

Zeigte sich schon hinsichtlich der relativen Nasenbeinlänge zwischen der Gruppe I und II nur ein ganz geringfügiger Unterschied, so sind die relativen Nasenbeinbreiten mit 30·3^0/o (18·2^0/o) bei der Gruppe I und 30·4^0/o (18·1^0/o) bei der Gruppe II als völlig übereinstimmend anzusehen. Die Durchschnittswerte für das Pinzgauer Rind decken sich auch hier wieder mit den englischen primigenen Rassen, den Devons und dem nordwalisischen Rind, während bezüglich der oberen relativen Nasenbeinbreite das Steppenvieh mit 32·1^0/o eine obere, das andalusische Rind mit 24·6^0/o eine untere Grenzwertstellung einnimmt.

Der Verlauf der Außenränder der Nasenbeine ist bei den Schädeln III, IV, VII und XII stärker konvergierend, bei den übrigen Schädeln mehr allmählich, aber immer deutlich.

Die Buchten zwischen den untersten Spitzen der Nasenbeine sind seicht und mittelbreit bis breit.

Die Längsrichtung des Nasenbeinrückens und die mediane Stirnlinie bilden einen gestreckten Winkel. Zu einer Aufstülpung der Nasenbeine oder einem konkaven Verlaufe des Nasenbeinrückens kommt es bei keinem der Schädel. Vielmehr ist bei den Schädeln der Nasenrücken durchgehends leicht konvex.

In der Querrichtung der Nasenbeine kommt es zur Ausbildung eines mehr oder weniger scharf ausgeprägten Nasenrückens. Beiderseits der Berührungslinie der beiden Nasenbeine verlaufen die Nasenbeinpartien eben und gehen sodann gegen die Seiten zu in eine stärker abfallende Wölbung über.

Unterkiefer. Die Unterkiefer der Gruppe I sind im allgemeinen von langgestreckter und regelmäßiger Bauart, welche bei den Schädeln der Gruppe II nicht so augenfällig ist. Der Körper des Unterkiefers wie dessen aufsteigender Ast sind normal kräftig entwickelt.

Der Ansatz des schräg, mithin in einem stumpfen Winkel nach rückwärts verlaufenden Schläfenastes hinter M. 3 ist relativ lang. Der Vertikalast verjüngt sich allmählich mit zunehmendem Aufstieg und geht in einen relativ schmalen und langen Schnabelfortsatz über, welcher seitlich gesehen, die Gelenkfläche ganz oder zum Großteil überwölbt. Außerhalb dieses Rahmens fallen die Schädel XI und XII mit einem steiler ansteigenden Schläfenast.

Der Verlauf der Backenzahnreihen ist — mit Ausnahme des Schädels VII mit deutlich konkaver Zahnreihenbildung — nahezu parallel.

Der horizontale Ast des Unterkiefers steigt gegen den die Schneidezähne tragenden fächerartigen Körper nur bei den Schädeln IX, X und XII steiler an, bei allen übrigen hingegen flach bis mäßig flach.

Zusammenfassend ergibt sich, daß die gesamte Gruppe I bezüglich des Unterkiefers eine typisch primigene Formgestaltung besitzt und in allen von A d a m e t z für Primigenius festgestellten Merkmalen des Unterkiefers übereinstimmt. Bei der Gruppe II, welche im allgemeinen eine ähnliche Veranlagung des Unterkiefers zeigt, treten jedoch besonders bei zwei Schädeln, VII und IX, fremde Rasseneinschläge deutlich zutage. Das gleiche gilt vom Schädel XII.

Gesichtsmaße. Die bereits bei der Schilderung des Gesamteindruckes beschriebene langgestreckte Gestalt des Schädels kommt auch in den Gesichtsmaßen zum Ausdruck.

Der Wert der Stirnlänge in Prozenten der vorderen Schädellänge beträgt bei der Gruppe I und II 46·6 %, beim Schädel XII 47·7 %, bei den Andalusiern 45 %, bei den Devons 45·94 %, beim walisischen Schwarzvieh 45·3 %.

Die große Basilarlänge bei der Gruppe I mit 87·6 % der vorderen Schädellänge deckt sich genau mit dem beim andalusischen Rind ermittelten Wert, gegen 90·2 % bei der Gruppe II und 87·8 % beim Schädel XII. Daß eine zunehmende starke Verkürzung der unteren Schädellänge eine Verkleinerung des Stirnhinterhauptwinkels bedingt, hat bereits U l m a n s k y hervorgehoben. Aus den Verhältnissen bei der Gruppe I ergibt sich demnach ein für primigene Rassenzugehörigkeit sprechender, spitzer Stirnhinterhauptwinkel. Für die Gruppe II ist der Winkel offener, was auch durch direkte Messungen bestätigt wird.

Hinterhauptmaße. Die Formenverhältnisse des Hinterhauptes sind als rasseunterscheidendes Merkmal außerordentlich wichtig. Wie bereits von mehreren Autoren nachgewiesen wurde, vererbt sich das schmale und hohe

Hinterhaupt der Brachyceros dominant im Gegensatze zum niedrigen und breiten Hinterhaupte der Primigenius.

Sieht man vorerst von der Gruppe II und dem Schädel XII ab, so ergibt sich, daß sich die Pinzgauer mit Ausnahme der Devons in allen in Betracht gezogenen relativen Maßen am wenigsten von den Andalusiern entfernen. Abweichender verhält sich die Gruppe II, welche hinsichtlich der großen Hinterhaupthöhe dem Steppenrinde nahekommt, bezüglich der kleinen Hinterhaupthöhe, und in der Hinterhauptbreite aber Formen aufweist, welche dem Brachyceros zustreben. Typisch brachycer verhält sich der Schädel XII. Hieraus ergibt sich die Folgerung, daß die typischen Pinzgauer der Gruppe I auch in dem wichtigen Merkmale des Hinterhauptes typisch primigenen Charakter zeigen. Bei der Gruppe II beweist die Zunahme der Hinterhaupthöhe einen brachyceren Einschlag.

Faßt man die aus den vorstehenden kraniologischen und kraniometrischen Untersuchungen sich ergebenden Schlußfolgerungen zusammen, so ergibt sich klar, daß die Gruppe I, also das Vieh des eigentlichen Pinzgaues, in seiner typischen Form der primigenen Rassegruppe angehört, und zwar auf Grund besonderer Merkmale — hinsichtlich des Verhaltens der Zwischenscheitelbeine und der Hornstielung — deren Unterart, der subspezies Hahni, Hilzheimer.

Die Gruppe II, welche das Vieh des salzburgischen Alpenvorlandes repräsentiert, zeigt überwiegend primigenen Charakter, jedoch tritt besonders in der Stirnbildung, im Hinterhaupte und in den Schläfengruben deutlich eine Beeinflussung durch Brachyceros hervor.

Der Vergleichsschädel XII zeigt einen weitgehenden brachyceren Charakter mit einem zurücktretenden primigenen Einschlag.

Die Stellung der Pinzgauer Rinder zur Brachycephalusgruppe

Aus den ausgedehnten kraniologischen und physiologischen Forschungen Adametz' über die Brachycephalie bei den Alpenschlägen und die Brachycephalie und Mopsschnauzigkeit im allgemeinen haben sich derart zahlreiche für die Praxis und Theorie wichtige Folgerungen ergeben, daß es unerläßlich notwendig erscheint, diese Ergebnisse im Rahmen dieser Untersuchung in wünschenswertem Ausmaße vergleichsweise einzufügen.

Die im vorhergehenden Kapitel im Gegensatze zu früheren Ansichten stehenden Untersuchungsergebnisse lassen es wünschenswert erscheinen, die Frage näher zu prüfen, ob und wieweit noch Beziehungen zwischen den Pinzgauern und der brachycephalen Rassegruppe bestehen.

Die nachfolgende Darstellungsweise schließt sich im allgemeinen jener von Adametz an, um das reichliche Zahlenmaterial vergleichsweise verwerten zu können. Die Untersuchung greift zum Teil auf bereits aus früheren Teilen dieser Arbeit Bekanntes zurück und wird daher gelegentlich auf bereits Festgestelltes zurückzugreifen sein.

Wurde bereits die unzweifelhafte Stellung des Pinzgauer Rindes als primigener Vertreter erwiesen, so erübrigt sich nunmehr zu untersuchen, inwieferne eine Korrelation der wichtigsten Schädelmerkmale der Pinzgauer mit der Brachycephalusgruppe besteht.

Was zunächst den für die gesamte Kurzkopfgruppe typischen Eindruck der Kürze und Breite des Kopfes anbetrifft, wurde bereits festgestellt, daß beim Pinzgauer der skelettierte Kopf im Gegensatze zu dem am lebenden Tiere gewonnenen Eindruck, langgestreckt und relativ schmal erscheint.

Was die Gesamtformation der Stirn anbetrifft, so wurde bereits erwähnt, daß es bei den Pinzgauern der Gruppe I zur Ausbildung einer regelrechten Stirnplatte kommt, während bei der brachycer beeinflußten Gruppe II dieselbe nicht so regelmäßig ist, jedoch auch hier keine solchen markanten Unterschiede vorliegen, welche der Beschreibung von Wilckens für Brachycephalus entsprächen, daß „die Stirnplatte sehr uneben und wellig und zwischen den hervorragenden Augenhöhlen tief eingesenkt ist".

Bei der Gliederung des Schädels im Stirn- und Gesichtsteil soll sich bei Brachycephalus eine besondere Verkürzung des Gesichtsteiles gegenüber dem mäßig langen Stirnteil ergeben. Eine Untersuchung dieser Verhältnisse beim Pinzgauer Rinde ergibt, Stirnlänge und Gesichtslänge in Prozenten der vorderen Schädellänge ausgedrückt, ein von den typischen Kurzkopfrassen völlig abweichendes Bild.

Stirn- und Gesichtslänge in Prozenten der vorderen Schädellänge

	Stirnlänge			Gesichtslänge		
	Mittel	Minimum	Maximum	Mittel	Minimum	Maximum
Pinzgauer I	46·7	46·0	47·1	54·3	52·9	55·6
Pinzgauer II	46·7	45·5	48·1	54·0	53·5	55·0
Andalusier	45·0	43·6	46·4	55·0	53·7	58·0
Devon	45·9	45·0	46·7	54·6	53·6	56·0
Nordwaliser	—	—	—	55·4	—	—
Steppenrind	47·3	45·7	48·0	54·4	52·6	59·2
Tux-Zillert.-Pustertaler .	48·4	45·8	52·5	52·2	50·2	53·6
Eringer	47·6	45·6	49·5	52·8	50·7	54·8
Schottisches Rind	49·3	47·7	51·0	52·0	50·3	54·4

Der Gesichtsteil ist bei allen Schädeln bedeutend länger als der Stirnteil. Von einer Kurzschnauzigkeit der Pinzgauer im Sinne einer größeren Stirnlänge als Gesichtslänge kann somit keine Rede sein. Die Pinzgauer stimmen in diesem Merkmale mit anderen primigenen Rassen überein und kommen hierin den primigenen englischen Rassen und dem andalusischen Rinde nahe.

Wenn man ferner die Pinzgauer auf das brachycephale Kriterium untersucht, ob die größte Stirnbreite die Stirnlänge übertrifft oder derselben zumindest gleichkommt, findet sich abermals keine Anwendung.

Weder in der Gruppe I noch in der Gruppe II befindet sich ein Schädel, bei welchem die Stirnlänge der Stirnbreite nur annähernd gleichkommt. Hingegen hat Adametz bei den Tux-Zillertalern in 54% der untersuchten Fälle und bei den Eringern in 18% ein diesbezüglich brachycephales Verhalten konstatiert. Die Stirnlänge übersteigt im Durchschnitt in Prozenten der vorderen Schädellänge die größte Stirnbreite bei der Gruppe I der Pinzgauer um 3·1%, bei der Gruppe II um 1·7%, bei den Andalusiern um 5%, bei den Devons um 2·6%, beim walisischen

Schwarzvieh um 2·1⁰/₀, hingegen bei den Tux-Zillertalern nur um 0·3⁰/₀.
Bei den Eringern um 2⁰/₀. In der Gruppe II der Pinzgauer kommt
ähnlich wie bei den Eringern die brachycere Beeinflussung durch Vergrößerung
der Stirnweite zum Ausdruck.

Zwischenhornbreite und Stirnenge

(In Prozenten der vorderen Schädellänge)

	Zwischenhornbreite			Stirnenge		
	Mittel	Minimum	Maximum	Mittel	Minimum	Maximum
Pinzgauer I	33·9	29·4	35·7	33·9	32·6	34·9
Pinzgauer II	34·4	31·6	36·6	33·9	32·5	34·4
Andalusier	37·7	32·8	42·6	33·0	30·6	35·4
Devon	35·3	32·4	41·1	35·4	33·5	37·6
Nordwaliser	35·9	33·5	40·4	33·7	30·4	36·4
Steppenrind	30·1	25·5	36·1	34·7	31·4	36·7
Tux-Zillert.-Pustertaler .	35·6	31·8	40·7	36·8	33·7	40·7
Eringer	33·6	30·3	36·2	34·4	32·9	36·2
Schottisches Rind	39·8	31·5	47·2	38·7	37·5	40·6

Auffallend ist, daß die Pinzgauer den Tux-Zillertalern in beiden
Breitenmaßen — in der Zwischenhornlinie um 0·75⁰/₀, in der Stirnenge
um 2·9⁰/₀ nachstehen. Ebenso zeigt auch innerhalb der genannten Rassen
das Verhältnis beider Breitenmaße zueinander, daß hier rasseliche Gegen-
sätze vorliegen. Bei den Tux-Zillertalern verschiebt sich die Relation
wesentlich zugunsten der Stirnenge.

Zwischen Gruppe I und II der Pinzgauer bestehen nicht unbedeutende
Unterschiede. Bei der Gruppe I sind im Durchschnitte die Maße für Zwischenhornlinie und Stirnenge gleich groß, und findet sich im einzelnen nur ein
einziger Schädel (II), bei welchem die Stirnenge größer als die Zwischenhornlinie ist. Bei der Gruppe II hingegen sind nur zwei Schädel (VI und XI),
welche dieses Verhalten nicht zeigen.

Die Gruppe I zeigt somit mit einer einzigen Ausnahme jenes Verhalten,
welches nach A d a m e t z für das westliche Primigeniusrind charakteristisch
erscheint, während die Gruppe II, erkennbar durch Brachyceros, konträr
beeinflußt ist. Die Variationsbreite der Stirnenge ist bei beiden Gruppen
sehr gering.

Die Feststellung A d a m e t z, daß für Brachycephalus für die Stirnenge nicht Minimalwerte (W i l c k e n s), sondern Maximalwerte charakteristisch
sind, findet beim Vergleiche mit primigenen Pinzgauern eine neuerliche
Bestätigung.

Stirnbreite und Wangenbreite

„Eine bedeutende Stirnbreite und sehr große Wangenbreite" zählt
W i l c k e n s gleichfalls zu den typischen Schädelmerkmalen der Brachycephalusgruppe.

Stirnbreite und Wangenbreite in Prozenten der vorderen Schädellänge

	Stirnbreite			Wangenbreite		
	Mittel	Minimum	Maximum	Mittel	Minimum	Maximum
Pinzgauer I	43·5	41·9	44·5	30·3	29·3	30·8
Pinzgauer II	45·0	44·2	47·0	31·4	30·4	31·9
Andalusier	40·2	37·6	42·0	28·1	26·5	30·0
Devon	43·3	41·0	45·3	32·3	29·6	34·6
Nordwaliser	43·2	41·2	45·5	32·4	31·2	35·4
Steppenrind	44·4	43·1	46·4	30·6	29·9	32·8
Tux-Zillert.-Pustertaler .	48·1	45·1	51·4	35·4	32·4	40·7
Eringer	45·4	42·7	47·2	33·2	30·8	36·1
Schottisches Rind	47·8	44·4	51·9	32·0	30·4	35·6

Die geringen Mittelwerte der Pinzgauer verglichen mit den hohen der Tux-Zillertaler ergeben außerordentlich krasse Unterschiede. Die Differenz beträgt betreffs der Stirnbreite bei der Gruppe I der Pinzgauer 4·6 %, bei der Gruppe II 3·15 %, hinsichtlich der Wangenweite 5·1 bzw. 4 %. In beiden Maßen sind die relativen Minimalwerte der Tux-Zillertaler größer als die Maximalwerte der Pinzgauer. Nur bei Schädel XI der Gruppe II besteht eine Ausnahme, wie überhaupt diese Gruppe infolge brachycerer Beeinflussung etwas vergrößerte Relativwerte der Zwischenhornlinie, Stirn- und Wangenbreite aufweist.

Die Wangenweite bleibt mit 30·3 bzw. 31·4 % der vorderen Schädellänge gegenüber der Stirnenge mit 33·9 % zurück.

Eine Gegenüberstellung der Breitendimensionen in der Stirnenge und Wangenweite ergibt, daß sämtliche Pinzgauer Schädel mit Ausnahme des Schädels X in der Stirnenge breiter sind als in der Wangenweite. Der durchschnittliche Unterschied beträgt in Prozenten der Stirnlänge ausgedrückt bei der Gruppe I 3·6 % (Min. 2·6 %), bei der Gruppe II unter Ausschluß des bereits behandelten Schädels X sowie des Schädels XI (wegen Beschädigung der intermaxillare) 2·9 % (Min. 0·6 %), bei den Andalusiern 4·9 bzw. 2·5 %, bei den Devons 3·1 %, bei den Nordwalisern 1·4 %, beim Steppenrind 4·1 %.

Es ergibt sich somit für das Pinzgauer Rind das für primigene Rassen typische Verhalten; für die brachycephale Zugehörigkeit mangelt jeder Anhaltspunkt.

Was den Schädel X anbetrifft, so ist die bezeichnete Erscheinung nicht als brachycephales Merkmal, sondern als Folge einer Bluteinmischung von Brachyceros zu werten, bei welchem nach Adametz eine größere Wangenweite als Stirnenge geradezu die Regel ist.

Nasenbeine

Die Nasenbeinlänge beträgt in Prozenten der kleinen Basilarlänge:

	Mittel	Minimum	Maximum
Pinzgauer I	40·9	40·2	43·8
Pinzgauer II	38·9	33·4	44·0
Andalusier	44·5	—	—
Devon	39·2	—	—
Nordwaliser	40·2	—	—
Steppenrind	40·6	—	—
Tux-Zillertaler-Pustertaler	38·3	36·0	42·4
Eringer	37·9	33·8	42·6
Schottisches Rind	36·6	34·7	37·4

Hieraus ist zu entnehmen, daß die Pinzgauer — wie bereits einmal nachgewiesen — mit den englischen Rassen, im Gegensatze zu den alpinen Kurzkopfrassen, für Primigenius charakteristische, relativ lange Nasenbeine besitzen.

Breite beider Nasenbeine und größte Breite des rechten Nasenbeines in Prozenten der Basilarlänge

	Breite beider Nasenbeine			Größte Breite des rechten Nasenbeines		
	Mittel	Minimum	Maximum	Mittel	Minimum	Maximum
Pinzgauer I	12·7	11·9	13·6	7·3	5·5	8·8
Pinzgauer II	12·7	12·2	13·0	7·7	7·4	7·9
Andalusier	11·3	9·5	12·4	6·5	5·7	7·5
Devon	12·1	—	—	—	—	—
Nordwaliser	12·0	—	—	—	—	—
Steppenrind	13·1	10·8	15·1	8·0	6·6	8·5
Tux - Zillertaler - Pustertaler	14·8	12·5	17·3	8·2	7·0	10·0
Eringer	13·8	11·3	18·6	7·5	6·7	9·3
Schottisches Rind	14·0	12·4	19·7	8·5	7·5	10·9

Die mittleren Relativwerte der Pinzgauer stehen abermals den Devons, dem walisischen Schwarzvieh und den Andalusiern am nächsten. Die Maximalwerte der Pinzgauer sind kleiner als die Mittelwerte für Eringer und Tuxer.

Ebenso wie hinsichtlich der Breite und Länge, so ergeben sich auch hinsichtlich der Bauart keine Anomalien. In keinem Falle kommt es zu Anzeichen einer Mopsschnauzigkeit durch Aufbiegen der Nasenbeine in ihren unteren Teilen. Der Verlauf der Nasenränder ist im allgemeinen gleichmäßig.

Es ergibt sich somit für die Pinzgauer keine der für die Brachycephalusgruppe charakteristischen, degenerativen Bauart der Nasalien; vielmehr decken sich die Pinzgauer in typischen Merkmalen mit anderen primigenen Rassen.

Choanenbildung. Außerordentlich wichtig erscheinen die Forschungen A d a m e t z' über den Bau der Choanen im Zusammenhange mit der Brachycephalie und Kurzschnauzigkeit. Für die Pinzgauer und Vergleichsrassen ergibt sich folgendes Bild:

Breite der Choanen in Prozenten der Stirnweite

	Vorne			Rückwärts		
	Mittel	Minimum	Maximum	Mittel	Minimum	Maximum
Pinzgauer I	15·3	14·4	16·8	18·5	15·1	21·2
Pinzgauer II	15·2	13·6	16·3	17·3	16·6	17·9
Andalusier	15·2	14·3	16·2	12·9	11·3	16·2
Steppenrind	14·8	13·7	16·0	11·9	11·3	13·1
Tux - Zillertaler - Pustertaler	13·7	10·5	16·3	11·5	9·8	13·7
Eringer	14·1	11·8	15·5	12·6	10·7	14·5
Schottisches Rind	15·3	13·2	17·6	10·5	8·9	12·4

Im Gegensatze zu den Tux-Zillertalern zeigen die Pinzgauer Schädel außergewöhnlich hohe Mittelwerte. Im Vorderteile der Choanen haben die Pinzgauer eine den Andalusiern völlig analoge Bauart. Im rückwärtigen Teile der Choanen tritt bei den Pinzgauern eine Verbreiterung ein, welche dazu führt, daß die Andalusier im Mittel- und Maximalwert übertroffen werden.

Länge der Choanen
(Unterrand tuberculum pharyngeum des sphenoidale in Prozenten der Stirnweite)

	Mittel	Minimum	Maximum
Pinzgauer I	47·5	44·1	50·4
Pinzgauer II	47·3	41·0	53·5
Andalusier	50·3	48·7	54·5
Steppenrind	45·8	42·6	49·7
Tux-Zillertaler-Pustertaler	43·3	33·5	50·6
Eringer	45·5	43·0	47·0
Schottisches Rind	43·0	38·9	48·9

Entsprechend der gutentwickelten Breite zeichnen sich die Choanen der Pinzgauer Schädel durch eine langgestreckte Form aus. Ebenso wie in der Breite bleiben auch in der Choanenlänge die Tux-Zillertaler bedeutend zurück. Die hohen Längenwerte werden nur von den Andalusiern überholt. Die Variationsbreite beträgt bei der Gruppe I 6·3 %, bei der Gruppe II hingegen 12·5 %.

Gegenüber der großen Variationsbreite von 17 %0 bei Tux-Zillertaler-Pustertalern sind die Schwankungen bei der Gruppe II noch als mäßig zu bezeichnen. Dieselben finden in der durch den festgestellten brachyceren Einschlag hervorgerufenen unterschiedlichen Bauart der Schädel ihre Erklärung.

Zusammenfassend ergibt sich hinsichtlich der Choanen, daß deren normale lange und breite Bauart die auf Grund sämtlicher anderen erörterten rasseunterschiedlichen Merkmale· gefundenen Resultate bestätigt. Es läßt sich auch betreffs der Bauart der Choanen kein Zusammenhang zwischen den Pinzgauern und der Brachycephalusgruppe konstatieren.

Abstand der Choanenrand- und Molarzahn-Tangente voneinander

Der Wert dieses, von A d a m e t z erforschten Merkmales kann entweder positiv oder negativ sein, je nachdem der Choanenrand vor oder hinter der Tangente des letzten Molarzahnes zu liegen kommt. Ein negativer, oder zumindest niedriger positiver Wert ist nach A d a m e t z ein typisches Merkmal für Brachyceros, ein hoher positiver Wert, ein Kennzeichen der primigenen Rassezugehörigkeit. Bei den Pinzgauern beträgt dieser Abstand im Mittel + 17·3 *mm* (Maximum + 23, Minimum + 9 *mm*).

Bei sämtlichen Schädeln beider Gruppen sind die positiven Werte sehr hohe, die Zahnreihen erscheinen somit wenig hinaufgerückt. Im Durchschnitte beträgt der Abstand + 17·3 *mm* gegen + 15·1 *mm* bei den Andalusiern und + 10·4 *mm* bei dem Steppenrind.

Beim Schädel XII hingegen ist dieser Abstand mit — 8·5 *mm* negativ.

Bei den Andalusiern und dem schottischen Hochlandsvieh haben nach A d a m e t z sämtliche Tangentenabstände positive Werte; hingegen beim Steppenrinde nur 62·5 %0, bei den Eringern 63·6 %0 und bei den Tux-Zillertaler-Pustertalern 54·5 %0 der untersuchten Schädel.

Bezüglich der Pinzgauer ergibt sich daher wieder unzweifelhaft deren primigene Zugehörigheit.

Auf das typische Verhalten der Schläfengrube und des Hinterhauptes wurde bereits verwiesen. Auch hier besteht zwischen den alpinen Kurz-kopfschlägen und den Pinzgauern ein offenkundiger rasselicher Gegensatz. Zwischenkiefer und Hornzapfen wurden gleichfalls schon behandelt.

Die Ergebnisse der Untersuchung, inwieweit sich in den wichtigsten Schädelmerkmalen der Pinzgauer eine Korrelation zur Brachycephalusgruppe ergibt, ist dahin zusammenzufassen, daß es sich b e i d e n P i n z g a u e r n, e b e n s o w i e b e i d e n A n d a l u s i e r n, d e n D e v o n s u n d d e m w a l i s i s c h e n S c h w a r z v i e h l e d i g l i c h n u r u m e i n e „v i s u e l l e B r a c h y c e p h a l i e" h a n d e l t, w ä h r e n d v e r g l e i c h e n d e k r a n i o - l o g i s c h e U n t e r s u c h u n g e n k e i n e n d i r e k t e n Z u s a m m e n h a n g m i t d e n T u x - Z i l l e r t a l e r n a l s t y p i s c h e V e r t r e t e r d e r a l p i n e n K u r z k o p f r i n d e r n e r g e b e n.

IV. Geschichte und Herkunft des Pinzgauer Rindes

Der Versuch einer Klarstellung der Entwicklungsgeschichte des primigenen Rindes im Pinzgau begegnet außerordentlichen Schwierigkeiten, da weder aus der prähistorischen Zeit verwertbares Fundmaterial, noch aus der späteren Zeitperiode Urkundenmaterial vorliegt. Anders verhält es sich mit dem Rinde des Salzburger Alpenvorlandes, da dort selbst und in dem angrenzenden oberösterreichischen Seengebiete zahlreiche Niederschläge prähistorischer Kulturepochen zu finden sind. Jedoch wird schon an dieser Stelle vorwegzunehmen sein, daß vergleichende Schlüsse betreffs des Pinzgaues nur in sehr bescheidenen Grenzen gezogen werden dürfen.

Auf Grund natürlicher Verhältnisse bestehen zwischen dem Salzburger Alpenvorland und dem Pinzgaue bedeutende Unterschiede. Das Salzburger Alpenvorland stellt ein geschichtlich bewegtes Territorium dar, während der Pinzgau ein natürlich abgegrenztes, nahezu isoliertes Gebiet ist, in welchem unter rudimentären Verkehrsverhältnissen alle Voraussetzungen für eine vollkommen unbeeinflußte Entwicklung der dort ursprünglichen Haustiere gegeben erscheinen. Hiebei ist wichtig festzustellen, daß der Pinzgau verkehrsgeographisch nicht mit dem Salzburger Becken, sondern durch das Saalachtal mit dem südöstlichsten Teile der bayrischen Hochebene verbunden ist. Der Anschluß des Pinzgaues an das mittlere Salzachtal und weiter mit dem Salzburger Becken ist lediglich ein hydrographischer. Die unwegsamen Flußränder der Salzach zwischen Bruck-Fusch und Schwarzach-St. Veit bilden eine natürliche Grenze des Pinzgaues nach Osten.

Hieraus geht hervor, daß die Urgeschichte bzw. die Urbesiedelung des Pinzgaues im engsten Zusammenhange mit Bayern stehen muß. Bezüglich des salzburgischen Alpenvorlandes ist zu bemerken, daß dieses Gebiet in sämtlichen Zeitperioden keine selbständige Kultur besaß; vielmehr enge kulturelle Zusammenhänge mit dem bedeutend früher und auch zahlreicher besiedelten Bayern bestanden. Die Besiedelung des Salzburger Alpenvorlandes erfolgte bis inklusive der La Tène-Zeit im allgemeinen von Norden nach Süden.

Eine Verfolgung der Urgeschichte von Bayern[1] und Salzburg[2] ergibt nachfolgendes Bild:

Für das Paläolithikum hat die prähistorische Forschung keinen Anhaltspunkt für eine auch nur vorübergehende Siedelung in dem südlich der Donau gelegenen Teile von Bayern und Salzburg ergeben. Erst in der jüngeren Steinzeit finden sich in Südbayern im Lößgebiete der Donau und Isar sowie auch im Salzburger Becken zahlreichere Niederschläge des sogenannten spiral-keramischen Kulturkreises, welcher nach Professor Birkner, München, als aus dem Osten stammend, angesehen werden muß. Die Besiedelung des reinen Lößgebietes spricht für eine ackerbautreibende Bevölkerung.

In der folgenden Frühbronzezeit erfolgte in Bayern die Urbesiedelung des Moränengebietes, im Salzburger Alpenvorland eine Siedelungsverdichtung. Die Hügelgräberbronzezeit ist sowohl in Südbayern wie im Salzburger Alpenvorlande mannigfach feststellbar und beweist die Tatsache, daß dieselbe in ihrem Zusammenhange bis Ostfrankreich verfolgt werden kann, außerordentlich enge Kulturbeziehungen zu dem Westen. Die Besetzung des südbayrischen Moränengebietes kann auch als der Ausfluß einer Entwicklungsstufe verstärkter Viehhaltung gewertet werden. Die in dieser Zeitperiode festgestellten vereinzelten Siedelungen im Pongau und Pinzgau dienten lediglich der Metallgewinnung. Mit Ende der Bronzezeit erscheinen daher auch diese alpinen Wohnstätten wieder verlassen. Der Pinzgau selbst hat nur zwei Stellen, an welchen Depotfunde gemacht wurden, und zwar bei Saalfelden im Mittelpinzgau und in Stuhlfelden im Oberpinzgau, bei

---

1) Nach persönlichen Mitteilungen von Professor Birkner, München.
2) Siehe Literaturverzeichnis Nr. 11.

verbrochenen Stellen von Bergbauern. Dies sind die einzigen prähistorischen Funde, welche bisher im Pinzgau gemacht wurden.

Die mit Ende des zweiten Jahrtausend v. Chr. einsetzende Kulturbewegung, welche in ihren Zügen durch die Urnenbestattungsart charakterisiert ist, erfolgte anscheinend aus der Schweiz und läßt sich das Inntal abwärts bis tief in die bayrische Hochebene hinein verfolgen. Diese endebronzezeitliche Bewegung ist jedoch für Bayern vornehmlich nur von kultureller Bedeutung; die aus der Frühbronzezeit stammende Bevölkerung bleibt bodenständig.

Durch die bell art du bronce der Schweiz erscheint die Hallstattzeit eingeleitet. Die folgende Stufe dieser Kulturperiode weist auf die Rheingegend hin; bleibt jedoch für Südbayern und Salzburg ohne jede Bedeutung.

Die illyrische Kultur — zirka 1000 bis 500 v. Chr. — bringt wieder neue Kulturformen, aber keine wesentliche Völkerverschiebung.

Die große Kelto-Iberische West-Ostwanderung bringt um zirka 500 v. Chr. die La Tène-Kultur mit sich und nimmt sowohl in Südbayern wie im Salzburger Alpenvorland Einfluß. Der südlich des Kalkalpenzuges liegende Landesteil von Salzburg blieb hievon unberührt.

Die an die La Tène-Periode anschließende Zeit der römischen Unterwerfung und Vorherrschaft in Bayern und Salzburg ist bei Beeinflussung des Kulturlebens ohne Rückwirkung auf die viehwirtschaftlichen Verhältnisse. Ebensowenig treten Völkerverschiebungen ein. Wesentlich erscheint jedoch festzustellen, daß während des römischen Imperiums zum ersten Male regere Verkehrsbeziehungen von Süden nach Norden über die Tauernpässe des Pongaues und Lungaues Platz greifen.

Die in das 3. bis 6. Jahrhundert n. Chr. fallende germanische Nord-, Nordost- und Südwanderung bringt eine Zurückdrängung der in Bayern und dem österreichischen Alpenvorlande seßhaften Völkerschaften mit sich, und führt mit zunehmender Übervölkerung dieser Gebiete zur Besetzung der südlich gelegenen Alpengegenden.

Im Rahmen dieser Expansion wird auch der Anstoß zur Urbesiedelung des Pinzgaues zu suchen sein, als Rückzugsgebiet von Teilen der im äußersten südostbayrischen Moränengebiete seit der Frühbronzezeit seßhaften Völkerschaften. Es ist anzunehmen, daß diese Wohnsitzverschiebung ein Ausweichen von den von Norden nachdrückenden germanischen Völkerschaften war.

Von der zu Beginn des sechsten Jahrhunderts einsetzenden Besetzung österreichischer Alpengebiete durch die Bajuvaren blieb der Pinzgau unberührt. Die bajuvarische Besiedelung erstreckte sich vornehmlich auf die östlich der Salzach gelegenen Voralpengebiete, auf den Pongau und Lungau sowie auf Teile von Steiermark und Kärnten. Sowohl die Tatsache, daß sich das Gebiet der bajuvarischen Siedelung mit dem Vorkommen einer Scheckrasse deckt, als auch die Ergebnisse der kraniologischen Untersuchungen des Rindes des Pinzgaues bekräftigen die Annahme, daß der Pinzgau von der bis in das 12. Jahrhundert andauernden Einwanderung bajuvarischer Stämme unbeeinflußt blieb.

Die nachfolgenden Jahrhunderte brachten keine Veränderungen mehr, welche imstande gewesen wären, Umwälzungen hervorzurufen; diese Zeit bot das Bild einer inneren Entwicklung.

Die Untersuchungen über den Schädelbau des Rindes des Pinzgaues haben für dasselbe durchwegs homogene Merkmale ergeben; hingegen hat sich beim Pinzgauer Rinde des Alpenvorlandes eine heterogene Beeinflussung gezeigt. Diese Erscheinung findet in der verschiedenen genealogischen Entwicklung des Rindes des Alpenvorlandes und des Pinzgaues ihre Erklärung, da im ersteren Gebiete eine primigene Überlagerung des dort ursprünglicheren neolithischen Brachyceros anzunehmen ist, während bei der relativ späten Dauerbesiedelung des Pinzgaues als erstes ein primigenes Rind eingeführt worden sein muß.

Die erstere Annahme wird durch die Pfahlbautenfunde im salzburgisch-oberösterreichischen Seengebiete bestätigt, welche über die Rassenzugehörigkeit des ursprünglichsten Rindes des Alpenvorlandes unzweifelhaften Aufschluß geben. Die im Kulturhistorischen Museum in Wien aufbewahrten, allerdings nur spärlichen Rinderknochenfunde zeigen, daß es sich hier um ein kleines brachyceres Rind gehandelt hat, welches sich mit der Torfkuh der Pfahlbauten der Schweiz und von Bayern deckt. Interessant ist die Tatsache zu erwähnen, daß noch heute der Einfluß dieses alten brachyceren Viehs am deutlichsten in der Gegend des Mondsees in Erscheinung tritt, wo die Rinderbestände trotz ständiger Blutzufuhr aus den übrigen Zuchtgebieten Salzburgs dem allgemeinen Pinzgauer Charakter noch nicht völlig angepaßt werden konnten.

Auf Grund des wiederholt betonten territorialen Zusammenhanges von Bayern mit dem Pinzgau und der zweifellos aus ersterem Land erfolgten Besiedelung würde es naheliegend erscheinen, zur Klärung der Frage über die Herkunft des Pinzgauer Rindes die Entwicklungsgeschichte angrenzender südbayrischer Rinderschläge zu verfolgen. Bedauerlicherweise aber stehen solche verwertbare Monographien nicht zur Verfügung. Hingegen wurde des öfteren erwiesen, daß vor 200 bis 300 Jahren in Ober- und Niederbayern, auf der schwäbischen Hochebene, sowie in den angrenzenden nördlichen Gebieten ein rotes Rind ohne Abzeichen verbreitet war. Daß dieses rote Rind trotz gleicher Färbung in den einzelnen Gebieten einen unterschiedlichen Rassecharakter aufwies, kann wohl als sicher angenommen werden, in der Erwägung, daß Bayern kein autochthones Rassegebiet darstellt, sondern der Aufbau und die Verbreitung der einzelnen Rinderschläge nur stufenweise im Rahmen verschiedener Völkerbewegungen erfolgte. Das Pinzgauer Rind wird von dem roten Vieh von Südostbayern seinen Ausgang genommen haben, welches rein primigenen Stammes gewesen sein muß.

Die heutige typische weiße Pinzgauer Zeichnung ist als Domestikationserscheinung biologisch erklärbar. Nach P i r k m a y e r bei Ruhland[1]) wird schon in Akten aus dem Jahre 1709 von rotem und rotweißem Vieh gesprochen. „Eine schärfere Betonung der Farbe als z. B. lichtrot mit weißem Kreuz ‚soll‘ erst relativ spät und nur ausnahmsweise" aktenmäßig verzeichnet sein. Neben diesen Farben sollen aber auch schwarze und weiße und schwarzgefleckte Rinder Erwähnung finden.

Wenngleich die vorstehende auszugsweise Viehbeschreibung für die Umgebungen von Salzburg erfolgten, so erscheint dieselbe doch insoferne wertvoll, als aus ihr das Auftreten von Melanismus und das allmähliche Erscheinen des heute typischen partiellen Albinismus entnommen werden kann. Im Pinzgau selbst dürfte diese Domestikationserscheinung vor allem durch eine unbewußt betriebene Verwandtschaftszucht am schnellsten und klarsten in Erscheinung getreten sein. Hiemit steht auch die in früheren Jahrhunderten stärkere Ausbreitung des Melanismus als erstes Anzeichen einer gestörten Pigmentbildung in Einklang. Daß die schwarze Varietät nicht die zu erwartende Ausbreitung genommen hat, liegt in der einseitig

---

nach der roten Farbe geübten Zuchtwahl begründet, welche auch in der alten Salzburger Volkserzählung — wonach die Salzburger einen schwarzen Stier weiß waschen wollten — Ausdruck findet. Auch heute kommen noch vereinzelte Fälle vor, in welchen nach vollkommen normal gefärbten Eltern dunkle (schwarze) Kälber fallen.

Die von manchen Autoren behauptete Anteilnahme von Schweizer Fleckvieh am Aufbaue der Pinzgauer kann der Erwägung nicht Stand halten, da eine nachhaltige Beeinflussung einer Landeszucht durch den Import vereinzelter Tiere geradezu unmöglich ist. Der ersteren Ansicht widersprechen auch alle in neuerer Zeit bei Verdrängungs- und Veredlungskreuzungen gemachten Erfahrungen. Im allgemeinen muß festgehalten werden, daß eine Rassedurchmischung durch Einfuhr von reinrassigen Einzeltieren in früherer Zeit nur bei benachbarten Zuchtgebieten nachhaltig erfolgen konnte. Erst die Modernisierung der Verkehrsmittel ermöglichte die Entstehung sekundärer, weiter entlegener Zuchtgebiete. R u h l a n d schreibt richtig: „Das tatsächlich vorhandene Urkundenmaterial rechtfertigt also in keiner Weise die überall wiederkehrende Behauptung, wonach die heutige Pinzgauer Rasse als ein Kreuzungsprodukt der Simmentaler mit dem alten Landvieh zu betrachten sei". Beizufügen wäre, daß für den Pinzgauer Landesteil nicht ein einziger Fall eines Berner Importes nachgewiesen ist und die Nachrichten über die Verwendung von Simmentaler Bullen aus der Zeit der Erzbischöfe von Salzburg mit einer einzigen Ausnahme nur auf die herrschaftlichen Meiereien im Umkreise von Salzburg Bezug nehmen.

Im übrigen mag die bei stark weißen Pinzgauern an den Seitenflächen des Rumpfes bisweilen auftretende Scheckfärbung mit eine Ursache für die Annahme der Fleckvieheinkreuzung gewesen sein.

Daß der Pinzgau tatsächlich der entwicklungsgeschichtliche Boden für die Bildung der nach ihm benannten Rinderrasse ist, geht auch aus einer eingehenden Verfolgung des stufenweisen Aufbaues des heutigen Pinzgauer Verbreitungsgebietes hervor.

Das Pinzgauer Rind mit seinen Ablegern, den Mölltalern, Matreiern usw. umfaßt im gegenwärtigen Zeitpunkte das Land Salzburg, die angrenzenden Landstriche von Steiermark und Oberösterreich, ganz West- (Ober-) Kärnten, Südost- und Nordosttirol und den südöstlichen Teil von Bayern als geschlossenes Zuchtgebiet.

Was zunächst Salzburg anbetrifft, so liegt im Quellgebiete der Mur (Lungau) und im östlichen Pongau die Ausbreitung der Pinzgauer nahe zurück und hat die Verdrängung der dort heimischen Landschläge (Bergschecken, Kampen oder Helmeten, Mariahofer) erst ungefähr um die Mitte des vorigen Jahrhunderts eingesetzt. Das Gebiet des Salzburger Beckens und des übrigen Salzburgischen Alpenvorlandes ist ein ausgesprochenes Übergangsgebiet. Das Vieh des Flach- und Tennengaues, sowie des angrenzenden Oberösterreich trägt wohl die für Pinzgauer charakteristische Domestikationsfärbung, zeigt aber im übrigen eine große Unausgeglichenheit, welche durch den seit langem geübten ständigen Bezug von Veredlungsmaterial aus dem Pinzgau wohl verbessert, aber nicht behoben werden konnte. Die stärkere Vermischung der wichtigsten Haustiere in diesem Gebiete resultiert aus der günstigen verkehrsgeographischen Lage des Salzburger Alpenvorlandes, welches hiedurch von den mitteleuropäischen Völkerbewegungen stets stark berührt wurde.

Die Entstehung der Pinzgauer-Mölltaler in Westkärnten ist historisch und erfolgte durch Verdrängungskreuzung der als Malteiner, Katschtaler

Fuchsen, „reineres Vieh" etc. benannten Lokalschläge. Die Eroberung Kärntens durch die Pinzgauer hat, wie Martiny anführt, vom Pinzgau aus um das Jahr 1820 begonnen. Die Konsolidierung des Pinzgauer-Mölltaler Schlages ist an seinen äußersten Zuchtgebietsgrenzen noch heute nicht zum Abschlusse gelangt. In diesem Zusammenhange wird es des Interesses nicht entbehren, zu erwähnen, daß im slowenischen Teile des Mölltaler Zuchtgebietes in Kärnten im Zwischengebiete von Wörthersee und Drau das vereinzelte atavistische Auftreten eines rotgetupften, in der Grundfarbe schimmelfarbigen, zirka 300 *kg* schweren, dem Äußeren nach typisch brachyceren Rindes beobachtet werden kann.

Auch die in Osttirol gezogenen Matreier dürften aus einer Verdrängungskreuzung mit Pinzgauern entstanden sein. Hiefür spricht die noch stärker als bei den Mölltalern wahrzunehmende Farbenabblassung und die noch heute mangelhafte Vererbungstreue hinsichtlich der charakteristischen Pinzgauer Zeichnung. (Häufiges Auftreten von Scheckfärbung in der Nachzucht nach normal weißen Eltern.)

Die Begründung der steirischen Pinzgauer Zuchten fällt in die Neunzigerjahre des letzten Jahrhunderts.

Eine selbständige, vom Pinzgau aus zumindestens in ihren Uranfängen nicht beeinflußte Entwicklung scheinen, wie die Knochenfunde eines primigenen Rindes in der Tischofer Höhle bei Kufstein vermuten lassen, die Pinzgauer in Nordosttirol genommen zu haben, deren Verbreitungsgebiet seinerzeit sicherlich bedeutend ausgedehnter war und sich bis Jenbach erstreckt haben dürfte.

Wir sehen also, daß das heute große Pinzgauer Verbreitungsgebiet bei Verfolgung der rinderrassegeschichtlichen Entwicklung in den einzelnen Gegenden auf ein sehr kleines Gebiet ursprünglicher Ausdehnung, nämlich auf den Pinzgau zusammenschrumpft. Daß der Ausgangspunkt der Pinzgauer Rasse zum heutigen Verbreitungsgebiet im obersten Salzachtale gelegen ist, wird dadurch bestätigt, daß der Pinzgau das in Typus- und Vererbungstreue best veranlagte Vieh besitzt und alle außerhalb gelegenen Verbreitungsgebiete heute noch mehr oder minder auf den Bezug von Stammaterial aus dem Pinzgau angewiesen sind.

Eine Bekräftigung finden wir ferner in den von Salzburger Züchtern besonders geschätzten Blutlinien, welche sämtliche nur aus dem Pinzgau stammen. (Z. B. Wiedrechtshausen und andere Oberpinzgauer Zuchten.)

Bei Zusammenfassung der Ergebnisse aus den historischen und die Jetztzeit anlangenden Betrachtungen ergibt sich: Der Pinzgau hatte bis zur germanischen Nord-, Nordost- und Südwanderung keine ständige Bevölkerung, während das Salzburger Alpenvorland von der jüngeren Steinzeit an eine vornehmlich von Norden nach Süden fortschreitende Besiedelung erfahren hat. Die Urbesiedelung des Pinzgaues ist zu Beginn der germanischen Völkerwanderung anzunehmen, ausgehend von dem südostbayrischen Moränengebiete, welches dem Ausgange des Saalachtales vorgelagert ist. Das Pinzgauer Rind hat sich aus dem in diesem Gebiete vermutlich seit der Frühbronzezeit bodenständigen roten primigenen Rind — ohne fremde Beimischung — entwickelt. Das Ausgangsgebiet zum heutigen Verbreitungsgebiet ist der Pinzgau. Die charakteristische weiße Zeichnung ist eine Domestikationserscheinung, fixiert durch die geübte Verwandtschaftszucht.

Der Aufbau der Pinzgauer Zucht im Salzburger Alpenvorlande erfolgte auf Grundlage des brachyceren Pfahlbautenviehs.

Bisherige Ansichten über die Herkunft und Rassezugehörigkeit des Pinzgauer Rindes

Die Anzahl der Untersuchungen über diese Frage ist äußerst bescheiden. Grundlegend für sämtliche Rassebeschreibungen des Pinzgauer Rindes sind und waren die Ansichten Werners und Wilckens'.

Wilckens rechnet den Pinzgauer Schlag zu den gekreuzten Landschlägen, und zwar unter die Gruppe der Tauernschläge als Kreuzung zwischen kurzköpfiger, großstirniger und Niederungsrasse. Nach seinen Darlegungen bestehen bezüglich der ursprünglichen Rassezugehörigkeit der Pinzgauer zwei Ansichten: „daß der gegenwärtig im nordwestlichen Teile von Steiermark heimische scheckige Bergschlag (Kampetenvieh) die ursprüngliche Rasse von Salzburg gebildet habe" — oder „daß der Zillertaler Schlag früher im Salzburger Lande einheimisch gewesen sei". Die erste Annahme hält Wilckens selbst für unwahrscheinlich, während er die seiner Ansicht nach bestehenden Unterschiede zwischen Zillertalern und Pinzgauern durch die Annahme einer „Niederungsviehkreuzung" zu erklären geneigt ist. Wilckens schreibt: „Dagegen kommen unter letzterem (Pinzgauer Schlag) dem Zillertaler Schlage ähnliche Formen und Farben wohl noch vor, aber doch nicht in der Ausdehnung, daß man das heutige Pinzgauer Rind kurzweg als Kreuzung von Zillertalern und Bernern bezeichnen könnte. Es kommen unter den Pinzgauern auch Niederungsköpfe vor und es ist nicht unmöglich, daß auch deutsches, von der Niederungsrasse abstammendes Landvieh im Pinzgau eingeführt worden ist".

Demgegenüber ist festzustellen, daß:

1. Die im vorigen Kapitel vergleichende Schädelanalyse keinen Anhaltspunkt für die direkte Rasseverwandtschaft zwischen Pinzgauern und den Tiroler Kurzkopfrassen ergeben hat.

2. Die Kreuzung von Bernern als durchgreifendes, rassebildendes Moment nicht zutrifft. Die wenigen, in der Zeit der Salzburger Erzbischöfe nachgewiesenen Importe von Fleckviehstieren werden hinsichtlich ihrer Auswirkung in der Landeszucht bedeutend überschätzt. Dieselben betrafen im allgemeinen lediglich die sogenannten Meiereien im Flachgau. Für die Pinzgauer Urheimat ist überdies kein einziger Fall der Einfuhr eines Berner Stieres historisch belegt. Der Rassenaufbau des Pinzgauer Rindes mit Bernern, welchen Wilckens auf Grund historischer Belege für „unzweifelhaft" hält, ist daher richtigzustellen.

3. Die Beeinflussung des Pinzgauer Rindes durch Niederungsvieh ist geschichtlich in keiner Weise gedeckt und es liegen hiefür keinerlei Beweise vor. Es ist vielmehr anzunehmen, daß die im Original-Pinzgauer Zuchtgebiet auffallend wenigen Fälle von ausgesprochener Langköpfigkeit als Durchschläge des primitiven primigenen Typus zu werten sind; zum Teile sind dieselben erfahrungsgemäß eine Folge abnormaler Jugendverhältnisse. (Krankheiten etc.)

Die Anteilnahme der Bergscheckenrasse an der Entstehung der Pinzgauer ist nicht nur — wie schon Wilckens mit Recht ausspricht — unwahrscheinlich, sondern sicherlich nicht vorhanden. Das Verbreitungsgebiet dieser erst im 6. Jahrhunderte von den Bajuvaren eingeführten Scheckrasse deckt sich mit den Wanderungen und Siedelungen dieses Volksstammes. Die Wanderzüge und Niederlassungen der Bajuvaren liegen aber im östlichen Alpenvorlande westlich der Salzach, während der südöstliche Teil von Bayern als Einfallpforte für den Pinzgau keine diesbezügliche stärkere Einmischung erkennen läßt.

Werner reiht das Pinzgauer Rind unter „Bos taurus brachycephalus" ein und stellt es hier innerhalb der Rassegruppe des keltischen Höhelandrindes ähnlich den Westerwäldern, Vogelsbergern, Voigtländern u. a., welche „trotz vielfacher Kreuzung mit langstirnigem Grauvieh, großstirnigem Fleckvieh und primitivem Steppenvieh den Typ des roten Keltenviehs unverkennbar beibehalten haben."

Die Stellung des Pinzgauer Rindes zur brachycephalen Gruppe hat bereits eine genügende Klärung erfahren. Für das Pinzgauer Rind in seinem ursprünglichen und vermischt gebliebenen Einwanderungsgebiete hat die Schädelanalyse den primigenen Charakter einwandfrei ergeben. Damit erscheint aber auch die Annahme einer vielfachen Kreuzung widerlegt. Der bei den Pinzgauern des salzburgischen Alpenvorlandes vorhandene und festgestellte fremdrassige Einschlag ist zum überwiegenden Teil auf das dort ursprünglichere brachycere Pfahlbautenvieh zurückzuführen.

Was die Wernersche Einteilung der Kurzkopfrinder in eine iberische und keltische Rassegruppe anbelangt, — erstere soll durch das Rind von Nordafrika, Spanien und den Inseln des westlichen Mittelmeeres, letztere durch ein vom Normaltypus etwas abweichendes Rind, wie Tuxer, Eringer, repräsentiert werden — so haben schon Arbeiten von Adametz und Ulmansky die Mängel dieser Systematik aufgezeigt. Hinsichtlich der Pinzgauer ist zu vermerken, daß dieselben auf Grund der kraniologischen Untersuchungen nicht in der keltischen, sondern vielmehr in der iberischen Rassegruppe eingereiht werden müssen.

Die auf Grund historischer Zusammenhänge sicherlich bestehenden Verwandtschaftsverhältnisse zwischen den Pinzgauern und gewissen süddeutschen Rinderschlägen zu prüfen, würde den Rahmen dieser Arbeit übersteigen. Wahrscheinlich ist, daß die in Betracht kommenden, angeblich kurzköpfigen süddeutschen Rinderschläge — mehr oder weniger stark brachycer beeinflußt — der Primigeniusgruppe angehören. Genaue Aufschlüsse wird erst eine Untersuchung des Schädelbaues der süddeutschen Schläge ergeben.

Gemäß der schon besprochenen Einteilung sieht Werner den Ursprung der Pinzgauer im roten kurzköpfigen Keltenvieh.

Sanson zählt — sich an Wilckens anlehnend — die „Race du pinzgau" der brachycephalen Gruppe zu.

Hingegen hat Ruhland bereits im Jahre 1893 bei der Vornahme von Messungen bei 500 Stück reinrassigen Pinzgauern der Herrschaft Schmidtmann im Pinzgau solche Größenverhältnisse des Kopfes gefunden, „welche die Pinzgauer viel eher unter die Primigeniusgruppe einreihen". Ruhland kommt daher zum Schlusse: „Jedenfalls aber ist es unrichtig, sie unter den Typus des Brachycephalus zu zählen". Wenngleich zuverlässige Resultate nur auf Grund skelettierter Schädel ermittelt werden können, so .erscheint doch diese Feststellung wertvoll. Ruhland ist der einzige Autor,

welcher der bestehenden Ansicht hinsichtlich der brachycephalen Rassezugehörigkeit des Pinzgauer Rindes entgegengetreten ist. Die Frage, welcher
Rassegruppe die Pinzgauer angehören, ließ er aber offen, und betreffs der
Entwicklungsgeschichte der Pinzgauer hält er eine Klarstellung für alle
Zukunft unwahrscheinlich. Immerhin tritt R u h l a n d der häufigen Annahme
einer bemerkenswerten Simmentaler Einkreuzung auf das entschiedenste
entgegen.

Weitere grundlegende Arbeiten sind meines Wissens nicht erschienen.
Es handelt sich zumeist um autoritative Übernahme der von W i l c k e n s
und W e r n e r geäußerten Ansichten, welche in kritischer Beleuchtung im
vorstehenden gewürdigt wurden.

Zusammenfassung

Die vorstehenden Untersuchungen haben nachstehendes ergeben:

1. Das Pinzgauer Rind ist in seinem unvermischten
salzburgischen Stammgebiet (Pinzgau) ein reiner
Vertreter des Primigeniustypus.
2. Die Einreihung der Pinzgauer in die Brachycephalusgruppe ist unrichtig; die häufig angenommene Beeinflussung der Pinzgauer durch Zillertaler oder Tuxer
besteht nicht.
3. Innerhalb der primigenen Species gehört das
Pinzgauer Rind der westlichen Primigeniusgruppe,
nach der Stammform „Primigenius Hahni nova sub-
species Hilzheimer" an.
4. Die Zugehörigkeit der Pinzgauer zur Gruppe der
Hamitenrinder wird durch das Vorhandensein der
von Hilzheimer für das afrikanische Wildrind als
wesentlich angegebenen zoologischen Merkmale,
sowie durch eine weitgehende Übereinstimmung im
Schädelbaue, mit bereits erforschten spanischen
und englischen Rassen bestätigt.
5. Nach dem dermaligen Stande der europäischen Rinderrassenforschung ist demnach das Pinzgauer Rind als
der östlichste Vertreter der westlichen Primigeniusgruppe anzusprechen. Durch die Adametzschen Untersuchungen über das Vieh der Auvergne wurde der
Vorstoß der hamitischen Welle von Spanien nach
Osten erwiesen; weitere Forschungen dürften zum
lückenlosen Zusammenhange mit den Pinzgauern
führen.
6. Das in den südbayrischen voralpinen Moränen-
gebieten noch in späthistorischer Zeit vorhandene,
vermutlich seit der Bronzezeit dortselbst boden-
ständige, einfärbige, rote Vieh stellt in seiner ursprünglichen, unvermischten Form den Ausgangs-
typus des Pinzgauer Rindes dar. Die Urbesiedelung des
südostbayrischen Moränengebietes, welche im Rahmen
der von Südwesteuropa ausgehenden hügelgräber-
bronzezeitlichen Völkerbewegung erfolgte, läßt den
Zusammenhang zwischen den Pinzgauern und den

bisher untersuchten europäischen Hamitenrindern erklärlich erscheinen.

7. Der beim Pinzgauer Rinde früher weitverbreitete Melanismus sowie die heutige charakteristische weiße Zeichnung ist eine Domestikationserscheinung. Daß die schwarze Farbe dem Pinzgauer Rinde völlig fremd ist (Gierth), trifft daher nicht zu.

8. Der Aufbau der Pinzgauer Zucht im salzburgischen Alpenvorland erfolgte auf Grundlage des brachyceren Pfahlbautenviehs.

Literaturverzeichnis:

Adametz L., Die biologische und züchterische Bedeutung der Haustierfärbung, Österr. Molkereizeitung, 1904;

Adametz L., Untersuchungen über die brachycephalen Alpenrinder (Tux-Zillertaler, Pustertaler und Eringer) und über die Brachycephalie und Mopsschnauzigkeit als Domestikationsmerkmal im allgemeinen. Arbeiten der Lehrkanzel für Tierzucht an der Hochschule für Bodenkultur in Wien, 2. Bd., 1923;

Adametz L., Herkunft und Wanderung der Hamiten, erschlossen aus ihren Haustierrassen, Wien, 1920;

Adametz L., Die Abstammung unseres Hausrindes, Wien, 1899;

„ Studien über das polnische Rotvieh, Wien, 1901;

„ Studien zur Monographie des illyrischen Rindes, Wien, 1898;

Gierth H., Pinzgauer Viehzucht, Beiträge zur Verbesserung und Veredelung der Pinzgauer Rinderrasse, 1892;

Kaltenegger E., Rinder der österr. Alpenländer, 1904;

„ Die geschichtliche Entwicklung der österr. Rinderrassen in den österr. Alpenländern, Jahrbuch für österr. Landwirte, 1881;

Keller C., Die Abstammung der ältesten Haustiere, Zürich, 1902.

Kirley G., Urgeschichte Salzburgs, österr. Kunsttopographie, 17. Bd.;

Peter H., Studien über die zootechnische Stellung und die wirtschaftlichen Eigenschaften der Montafoner Rasse alter Type, Arbeiten der Lehrkanzel für Tierzucht, 1. Bd., 1922;

Ruhland G., Aus der Praxis eines neugegründeten landwirtschaftlichen Großbetriebes im Pinzgau, Landw. Jahrbücher, 1893;

Saborsky P., Das walisische Schwarzvieh, Mitteilungen der landw. Lehrkanzeln der Hochschule für Bodenkultur in Wien, 1. Bd., 1913, Heft 4;

Weisheit F., Devon und Southdevon, Mitteilungen der landw. Lehrkanzeln der Hochschule für Bodenkultur in Wien, 2. Bd., 1914, Heft 4;

Werner H., Die Rinderzucht, Berlin, 1912;

Wilckens H., Die Rinderrassen Mitteleuropas, Wien, 1876;

„ Über die Brachycephalusrasse des Hausrindes, 1880;

Ulmansky F., Die andalusische Rinderrasse, Mitteilungen der landw. Lehrkanzeln der Hochschule für Bodenkultur in Wien, 3. Bd., 1914, Heft 3.

Tabelle 1. Absolute und relative Werte der Pinzgauer Schädel

| Nr. | Bezeichnung des Maßes | Absolute Werte in *mm* | | | | | | | Relative Werte in %/o der vorderen Schädellänge | | | | | | |
| | | Pinzgauer Gruppe I 5 Schädel | | | Pinzgauer Gruppe II 6 Schädel | | | Schädel Nr. XII | Pinzgauer Gruppe I 5 Schädel | | | Pinzgauer Gruppe II 4 Schädel | | | Schädel Nr. XII |
		Min.	Mittel	Max.	Min.	Mittel	Max.		Min.	Mittel	Max.	Min.	Mittel	Max.	
1	Vordere Schädellänge	503	513·6	523	476	485·0	504	474	100	100	100	100	100	100	100
2	Kleine Basilarlänge	442	449·8	455	422	438·0	455	416	86·8	87·6	88·8	88·3	90·2	90·9	87·8
3	Große „	470	477·1	480	447	458·0	478	433	9_·8	92·7	92·7	93·4	94·2	95·0	92·0
4	Stirnlänge (bis Augenrandtangente)	231	239·9	244	218	226·0	239	226	45·9	46·6	47·3	45·6	46·6	48·2	47·7
5	Gesichtslänge (von „)	271	277·9	290	252	261·4	269	252	52·8	54·4	55·5	52·9	53·9	55·0	53·4
6	Zwischenhornbreite	153	174·1	184	151	165·3	175	147	29·4	33·9	35·6	31·6	34·4	36·6	31·1
7	Stirnenge	168	174·0	178	159	163·5	166	147	32·5	33·9	34·8	32·5	33·4	35·2	31·1
8	Stirnweite	217	223·5	230	207	218·0	224	207	41·8	43·5	44·4	44·2	45·0	47·0	45·5
9	Wangenweite	151	155·5	161	145	152·5	161	150	29·2	30·3	30·8	30·4	31·4	31·9	31·8
10	Nasenbeinlänge (Mittel aus beiden)	179	189·8	209	154	181·8	194	167	34·7	37·0	40·5	32·4	37·4	39·5	35·4
11	Größte Nasenbeinbreite	51	57·6	63	52	55·2	59	58	9·7	11·3	12·3	11·3	11·4	11·8	12·2
12	Nasenbeinbreite an den Spitzen	32	34·7	38	31	32·8	36	31	6·1	6·7	7·3	6·4	6·7	7·5	6·6
13	Zwischenkieferlänge	150	163·1	183	139	158·1	173	147	28·7	31·8	35·4	29·2	32·6	34·4	31·2
14	Zwischenkiefernbreite	86	90·8	96	83	87·5	90	83	16·9	17·7	18·9	17·5	18·1	18·5	17·5
15	Kleine Hinterhaupthöhe	106	117·4	124	108	114·5	123	116	20·3	22·8	24·5	22·6	23·6	24·5	24·4
16	Große Hinterhaupthöhe	145	154·7	160	142	147·1	152	141	27·7	30·1	31·1	29·7	30·4	32·0	29·9
17	Hinterhauptenge	135	144·6	154	123	131·8	139	115	26·0	28·2	29·9	25·9	27·2	29·0	24·3
18	Hinterhauptweite	213	221·0	226	196	210·0	221	197	41·1	43·1	43·9	41·2	43·4	45·7	41·6
19	Länge der Schläfengrube	153	164·6	172	152	162·2	164	144	30·4	32·2	32·7	32·7	33·5	33·9	30·4
20	Breite „ „	35	39·7	44	33	37·2	42	40	6·7	7·7	8·8	6·7	7·7	8·2	8·6
21	Tiefe „ „	53	54·9	56	46	50·3	54	42	10·4	10·7	10·8	9·6	10·4	11·3	8·9
22	Gaumenlänge	277	282·7	288	271	275·9	285	—	54·2	55·7	55·9	52·5	57·0	57·3	—
23	Oberer Choanenrand—For. mag.	167	171·5	180	152	163·6	173	166	32·2	33·4	34·8	31·8	33·8	34·6	35·2
24	Gaumenbreite	92	93·5	97	84	90·9	94	81	17·7	18·3	18·8	17·6	18·8	19·6	17·1
25	Zahnreihenlänge	127	130·8	134	117	123·0	132	132	24·5	25·5	26·4	24·0	25·4	26·2	27·9
26	Tang. P3 bis Mitte Zwischenkiefer	136	142·5	147	136	136·5	144	—	27·2	27·8	28·4	28·6	28·8	29·2	—
27	Tang. M3 „ „ „	266	268·8	271	254	260·3	274	—	51·5	52·5	53·2	53·4	55·8	54·6	—

Tabelle 2. Relative Schädelwerte der Pinzgauer und einiger Vergleichsrassen

Nr.	Bezeichnung des Maßes	Pinzgauer I	Pinzgauer II	Andalusische Rasse	Nordwaliser Schlag	Devon	Tux-Zillertaler. Pustertaler	Eringer	Ung. Steppenrind	Albanesenrind
1	Vordere Schädellänge	100	100	100	100	100	100	100	100	100
2	Kleine Basilarlänge	87.6	90·2	87·6	90·6	91·7	90·5	90	92·7	91·1
3	Große „	92·7	94·2	92·3	95·1	96·0	95·8	94·3	94·2	96·9
4	Stirnlänge (bis Augenrand-tangente)	46·6	46·6	45·0	45·3	45·9	48·4	47·5	47·3	44·6
5	Gesichtslänge (von Augen-randtangente)	54·4	53·9	55·0	55·4	54·6	52·2	52·3	54·5	56·2
6	Zwischenhornbreite	33·9	34·4	37·7	35·9	35·6	35·6	33·6	30·1	29·1
7	Stirnenge	33·9	33·4	33·0	33·7	35·4	36·8	34·4	34·9	34·6
8	Stirnweite	43·5	45·0	40·2	43·2	43·3	48·1	45·5	44·4	43·1
9	Wangenweite	30·3	31·4	28·1	32·4	32·3	34·5	33·2	30·6	30·6
10	Nasenbeinlänge (Mittel bei der)	37·0	37·4	38·0	36·6	36·0	34·7	34·1	36·2	37·6
11	Größte Nasenbeinbreite . . .	11·3	11·4	9·6	10·8	11·1	13·4	12·4	11·6	10·9
12	Nasenbeinbreite a. d. Spitzen	6·7	5·7	6·6	6·5	6·4	6·9	6·9	6·9	7·6
13	Zwischenkiefernlänge	31·8	32·6	29·7	30·2	31·7	—	30·8	32·2	30·0
14	Zwischenkiefernbreite	17·7	18·1	16·6	17·6	18·2	20·4	17·6	17·8	17·4
15	Kleine Hinterhaupthöhe . .	22·8	23·6	20·9	23·2	21·8	26·4	23·7	23·5	22·9
16	Große „ . .	30·1	30·4	28·6	31·2	29·7	33·6	31·6	31·4	30·4
17	Hinterhauptenge	28·2	27·2	27·3	28·1	28·5	29·6	28·0	28·4	24·6
18	Hinterhauptweite	43·1	43·4	41·4	43·9	45·2	44·8	43·1	44·2	41·5
19	Länge der Schläfengrube . .	32·2	33·5	—	31·1	30·6	—	—	—	—
20	Breite „ „ . .	7·7	7·7	—	7·6	—	—	—	—	—
21	Tiefe „ „ . .	10·7	10·4	—	10·1	—	—	—	—	—
22	Gaumenlänge	55·9	57·0	—	57·1	56·6	—	—	—	—
23	Oberer Choanenrand bis For. mag.	33·4	33·8	—	34·1	35·8	—	—	—	—
24	Gaumenbreite	18·3	18·8	—	18·3	18·7	—	—	—	—
25	Zahnreihenlänge	25·5	25·4	25·8	26·9	27·4	27·8	27·8	25·7	26·8
26	Tangente P3 bis Mitte Zwischenkiefer	27·8	28·8	28·9	—	—	27·5	29·2	28·4	29·4
27	Tangente M3 bis Mitte Zwischenkiefer	52·5	55·5	—	—	—	54·6	54·0	—	—

Zur Monographie der gemsfarbigen Pinzgauer Ziege

Von

Landes-Alpinspektor **Dr. Erich Saffert** in Salzburg

I. Teil

Abstammung, Rassezugehörigkeit und Geschichte der Pinzgauer Ziege

Das Zuchtgebiet der Pinzgauer Ziege ist, wie schon der Name sagt, der Pinzgau des Landes Salzburg. Dieser wird gebildet vom Längstale der Salzach, von der Quelle angefangen bis zur Talenge bei Lend, ferner dem Zeller und Saalfeldner Becken, die sich mit dem heutigen Verwaltungsbezirke Zell am See decken. Die natürliche Grenze bildet im Süden der Hauptkamm der Hohen Tauern, im Osten folgt sie im wesentlichen dem Scheidekamme zwischen dem Rauriser und Gasteiner Tal und nördlich der Salzach dem Dientner Bache. Im Westen gehört über das engere Salzachgebiet hinaus noch das Wildgerlostal zum Pinzgau, im Norden das ganze Gebiet der Saale bis zur Landesgrenze.

Dem Laufe der Salzach nach zerfällt der Gau in den Oberpinzgau vom Salzachursprunge bis zum Zeller Becken, von hier bis Lend heißt er Unterpinzgau. Das Zell-Saalfeldner Becken mit dem ganzen Saalegebiet wird Mittelpinzgau genannt.

Eine Dreiteilung des Pinzgaues besteht auch in geologischer Hinsicht, die sich jedoch nicht ganz mit der geographischen deckt. Drei verschiedene Gesteinszonen teilen den Gau in drei durch ihre Oberflächengestaltung verschiedene und ziemlich scharf getrennte Gebiete. Das Gebiet vom südlichen Tauernkamm bis zur Salzach gehört zur zentralen Urschiefer- und Gneiszone, dieser ist nördlich bis zum Leogang- und Urschlautal die Tonschieferzone vorgelagert und alles, was nördlich von diesen beiden Tälern liegt, gehört zur nördlichen Kalkzone der Ostalpen.

Auch die volkstümlichen Namen beziehen sich auf diese verschiedenen Gebirgstypen. Die vergletscherten Zentralalpen mit den südlichen Nebentälern der Salzach heißen das „Keesgebirg" (Kees für Gletscher), die begrünten Züge und Höhenrücken der Salzburger Schieferalpen werden das „Grasgebirge" genannt und die unfruchtbaren, steilen und schroffen Gebirge der Kalkzone sind das „Steingebirge".

Die Grenze des Oberpinzgaues folgt der Wasserscheide des oberen Salzachgebietes. Der nördlich der Salzach gelegene Teil ist nur ein verhältnismäßig schmaler Streifen von der Salzach bis zum parallel mit dieser verlaufenden Hauptkamme der Kitzbühler Alpen, vom Paß Thurn westwärts, die sogenannte Kelchsauer Gruppe, von welcher nur kurze Gräben ins Salzachtal einmünden. Dieses Gebiet gehört noch zur Tonschieferzone.

Der ganze übrige, südlich der Salzach gelegene Teil ist von dem Gebirgszuge der Hohen Tauern erfüllt, von deren Einzelgruppen die Venediger, Granatspitze- und Glockner Gruppe zum Oberpinzgau gehören. Die Nebentäler auf dieser Seite der Salzach sind im hintersten Oberpinzgau das Krimmler

Achental, dann das Obersulzbach- und Untersulzbachtal, das Habachtal, Hollersbachtal, Felber Tal, Stubachtal, Mühlbachtal- und Kapruner Tal. Den Unterpinzgau bilden südlich der Salzach die Tauerntäler der Fuscherache, des Wolfsbaches und der Rauriser Ache, sämtliche in der Goldberggruppe entspringend, nördlich der Salzach gehören die Dientner Berge dazu.

Die Täler des Mittelpinzgaues sind westlich des Zeller-Saalfeldner Beckens das Glemmer- und Leogangtal, östlich das Urschlautal und nach Norden das Saaletal. Die Glemmtaler Gebirgsgruppe vom Paß Thurn im Westen bis zum Leogangtal gehört noch der Schieferzone an, während die übrigen Gebirgsmassive, die Leoganger und Loferer Steinberge und das Steinerne Meer der Kalkzone angehören.

Das eigentliche Zuchtgebiet der echten Pinzgauer Ziege ist der Oberpinzgau. Dieser Teil ist der entlegenste und von Natur aus abgeschlossenste und war deshalb auch seit jeher fremden Einflüssen fast gar nicht ausgesetzt, weshalb sich auch hier die schönen Rein- und Stammzuchten entwickeln konnten, die den Namen der Pinzgauer Ziege weit über die Grenzen des Gaues getragen haben. Bei der Schilderung des Zuchtgebietes seien daher vorzugsweise die Verhältnisse im Oberpinzgau berücksichtigt.

Die Besiedelung des Oberpinzgaues ist naturgemäß eine dünne. Im Salzachtale selbst, und zwar fast durchwegs auf den Schuttkegeln der in die Salzach einmündenden Nebenachen, stehen die geschlossenen Ortschaften, während an den meist sanft abfallenden, bis hinauf mit Vegetation bedeckten „Sonnbergen" des nördlichen Tonschieferzuges die Berglehen hingebaut sind. Am dichtesten ist nicht, wie man meinen sollte, die Talsohle besiedelt, sondern die oberhalb derselben gelegenen Hänge der „Sonnberge". Hier steigen auch bis zirka 1300 *m* Höhe die Äcker, Wiesen und Weiden empor und darüber hinaus von 1600 bis 1800 *m* die Nadelwälder. Der südliche Komplex, die nördliche Abdachung der Zentralalpen mit seinen Quertälern, erhebt sich zu schroff ansteigenden Graten und Spitzen, die bis in 1900 *m* Höhe fast durchwegs mit Nadelwäldern bewachsen und fast gar nicht besiedelt sind.

Untersuchungen über den Schädelbau der Pinzgauer Ziege

Die Rassezugehörigkeit unserer Hausziegen scheint heute noch keineswegs vollständig geklärt und abgeschlossen zu sein, auch die Frage der bestehenden Rassetypen mußte noch vor wenigen Jahren eine grundlegende Änderung erfahren. Galt doch noch bis vor kurzem Capra aegagrus als die alleinige Stammform unserer europäischen Hausziegen. Im Jahre 1914 hat dann Adametz[1]) nachgewiesen, daß die in Zloczów in Ostgalizien in einer Schichte, die den Übergang des Diluviums zum Alluvium vorstellt, aufgefundenen Ziegenreste eine neue Spezies von Wildziegen darstellt, die sich von der vorhin erwähnten einzigen, bisher als Stammform unserer europäischen Hausziegen angenommenen echten Wildziege, der Bezoarziege — C. aegagrus — in vielen und wichtigen Stücken charakteristisch unterscheidet und gleichzeitig den Nachweis erbracht, daß die bisher als Subspezies der C. aegagrus geltenden „schraubenhörnigen" Ziegen (Hilzheimer) im Schädelbau vollständig mit dieser neuen Spezies, die er Capra prisca nannte, übereinstimmen.

---

[1]) L. Adametz. Untersuchungen über Capra prisca, eine ausgestorbene neue Stammform unserer Hausziegen. Mitteilungen der landwirtschaftlichen Lehrkanzeln der Hochschule für Bodenkultur in Wien, Bd. III, Heft 1. Gerold, Wien, 1914.

Die Gruppe der echten Ziegen bilden demnach nach dem heutigen Stand ihrer Erforschung folgende Arten:

1. **C a p r a   f a l c o n e r i** mit der Subspezies C. falconeri Jerdoni. Sie hat schraubenartig gewundene Hörner, und zwar ist das rechte Horn von der Basis aus im Sinne des Uhrzeigers nach rechts, das linke nach links gedreht. Bei C. falconeri bilden die Hörner eine ziemlich weite Spirale, während bei C. falconeri Jerdoni die Hörner einen geraden Kegel bilden, mit schraubenförmig verlaufender Vorder- und Hinterkante, ähnlich wie bei einem Korkzieher.

Das Verbreitungsgebiet erstreckt sich von Ostbochara über Afghanistan bis Westhimalaja. Falconeri-H a u s z i e g e n kommen heute nur mehr selten vor, die Tscherkessenziege gilt als echter domestizierter Abkömmling der Schraubenziege. Als Stammform für die europäischen Ziegenrassen kommt sie keinesfalls in Betracht, da die Drehung der Hörner bei letzteren gerade umgekehrt verläuft und C. falconeri diese ihr eigentümliche Hornwindung auch auf alle Kreuzungen mit der Hausziege vererbt. Für unsere Untersuchungen fällt diese Spezies daher von vornherein weg.

2. **Capra prisca.** Die wilde Stammform ist ausgestorben. Zu dieser Spezies gehören die meisten Hausziegen der Mittelmeerländer und Südwestasiens. Sie ist charakterisiert durch eine mäßige nach auswärts gerichtete Drehung der Hörner, die besonders in der oberen Hälfte deutlich in Erscheinung tritt, und zwar dreht sich die Vorderkante des rechten Hornes von der Basis aus im Sinne des Uhrzeigers nach links, die des linken nach rechts.

Zu dieser Spezies gehört auch Capra hircus dorcas, die Jouraziege, von der v. L o r e n z - L i b u r n a u nachgewiesen hat, daß sie nur eine verwilderte Form der Balkanhausziege darstellt.

Das heutige Verbreitungsgebiet der Hausziegen vom C. prisca-Typus sind alle Mittelmeergebiete, Südwestasien, einschließlich Kleinasien, ein großer Teil Mittelasiens, sowie ganz Mitteleuropa.

3. **Capra aegagrus** (Bezoarziege). Die wilde Stammform mit den charakteristisch säbelförmig nach rückwärts gebogenen Hörnern lebt heute noch in Persien, in Teilen des Kaukasus, im Taurus und auf einem Teile der Inseln des Ägäischen Meeres. Hieher gehören die Subspezies C. aegagrus pictus (Wildziege von Erimomilos) und C. aegagrus cretensis (auf Kreta).

Diese drei genannten Spezies gelten heute als die Stammformen der Hausziegen überhaupt, in sie hat man alle bestehenden Rassen aufzuteilen versucht und zum Großteil auch vermocht. Nicht gelöst ist jedoch die Frage der Typenzugehörigkeit der afrikanischen Zwergziege, die teils als verkümmerter Nachkomme der Aegagrusziege, teils als Nachkomme einer bisher noch nicht bekannten Form angesprochen wird.

Was nun die gemsfarbige Pinzgauer Ziege betrifft, so wie sie heute in ihren Reinzuchten im Pinzgau vorkommt, so ist keineswegs der strikte Beweis erbracht, daß sie ein reiner, unverkreuzter Abkömmling der Aegagrusziege ist.

Auf Grund meiner osteologischen Untersuchungen bin ich vielmehr zu dem überraschenden Ergebnisse gekommen, daß wir es hier mit einer fast reinblütigen Priscaziege zu tun haben. Im folgenden sei die Beweisführung hiefür in Form einer kritischen Prüfung auf die Zugehörigkeit zu einer der bestehenden Typen niedergelegt.

Eine Verwandtschaft mit den Turen und Steinböcken ist von vornherein ausgeschlossen und braucht dies wohl nicht erst bewiesen zu werden.

Daß ferner bei dieser Untersuchung die Spezies C. falconeri auszuschließen ist, wurde schon erwähnt. Es bleiben also nur die beiden Spezies C. prisca und C. aegagrus übrig.

Ich habe ausschließlich Schädelmaterial von Böcken für meine Untersuchungen herangezogen, da dies die einzige Möglichkeit ist, Rassenunterschiede mit absoluter Sicherheit feststellen zu können.

Durch das besondere Entgegenkommen des Herrn Hofrat Professor Dr. v. Lorenz-Liburnau, der mir zwei Ziegenschädel, und zwar je einen typischen Vertreter des Prisca- und des Aegagrustypus aus der Sammlung des Naturhistorischen Hofmuseums in Wien leihweise zur Verfügung stellte, war es mir möglich, einwandfreie Vergleichsdaten zu erlangen.

Es seien eingangs diese zum Vergleiche benutzten Schädel kurz besprochen.

Beide sind auf den ersten Blick als die typischen Vertreter ihrer Rasse, der Aegagrusform einerseits, der Priscaform anderseits zu erkennen, was auch aus der Tabelle zu ersehen ist.

Abb. 1. Oben: Schädel eines ungehörnten Pinzgauer Ziegenbockes; unten: Schädel eines 4—5 jährigen Pinzgauer Ziegenbockes

Vor allem fällt beim Priscaschädel die Drehung der Hornzapfen auf, die mehr nach vorne als nach der Seite gerichtete Außenseite derselben, die stark divergierenden Hornzapfenspitzen und der kleinere Winkel, unter welchem die Hornzapfen vom Schädel abstehen, ferner der Unterschied in der Profillinie, die charakterisiert ist durch eine stärkere Vorwölbung der Nasenpartie und ein weniger starkes Hervortreten der Stirne. Weiters fallen auf: die röhrenförmig vorstehenden Augenränder, die breitere Stirne und der konkave Verlauf der oberen Stirnbeinfläche von der Mitte des oberen Randes des Stirnwulstes bis zum Beginne der Scheitelbeine, an der Scheitelpartie wieder die schärfere Trennung in einen oberen und zwei Seitenteile durch zwei verhältnismäßig scharf ausgeprägte Knochenleisten. Die Form der Gehirnhöhle ist relativ lang und niedrig.

In diesen für die Rasse charakteristischen Merkmalen weicht der zweite Bockschädel mit Aegagrustypus bedeutend ab.

Die Hornzapfen ragen nur schwach divergierend und unter einem größeren Winkel und g e r a d e nach aufwärts und rückwärts, von einer

Drehung ist nichts zu bemerken. Die Profillinie ist charakterisiert durch ein weniger starkes Hervortreten der Nasenpartie und eine stärkere Wölbung der Stirne. Die Augenränder treten bei weitem nicht so stark hervor, der Verlauf der oberen Stirnbeinfläche von der Mitte des oberen Randes des Stirnwulstes bis zum Beginne der Scheitelbeine ist hier g e r a d e, an der Scheitelpartie ist der Übergang von den beiden seitlichen Teilen zum oberen Teil ein allmählicher, so daß bei einem Querschnitte durch die Mittelhauptgegend die Schnittlinie beim Zusammentreffen der beiden seitlichen mit dem oberen Teile der Scheitelbeine nicht wie bei C. prisca dort eine Winkelung erkennen läßt, sondern eine ziemlich gleichmäßig gekrümmte Linie darstellt. Die Form der Gehirnhöhle endlich ist kürzer und höher. Die genauen Maße sind aus beiliegender Tabelle zu ersehen.

Das in der Abbildung Nr. 1 wiedergegebene Gehörn stammt von einem vier- bis fünfjährigen reinrassigen Salzburger gemsfarbigen Bocke (Bock Nr. 1). Die Hörner divergieren zuerst wenig, mit wachsender Länge immer stärker, drehen sich fortgesetzt nach außen, so daß die Vorderkanten schließlich eine Spirale von fast einer Drievierteldrehung beschreiben. Die Länge der linken Vorderkante beträgt 69·5 *cm*, der rechten 73 *cm*, der Vorderkante im Mittel 71·2 *cm*. Die Länge der hinteren Rundung beträgt links 50 *cm*, rechts 52 *cm*, der gerade Abstand vom vorderen Kantenende zur Spitze links 51 *cm*, rechts 49·5 *cm*, im Mittel 50·2 *cm*.

Die Abbildung sowie die angeführten Daten lassen auf den ersten Blick den ausgesprochenen Priscatypus erkennen.

Beschreibung der Hornzapfen von Bock Nr. 1

Die äußersten Spitzen waren sehr porös und brachen beim Präparieren ab. Die Länge der Hornzapfen beträgt an den scharfen Vorderkanten gemessen links 27·5 *cm*, rechts 26 *cm*. Die vollständige Länge dürfte zirka 31 bis 32 *cm* betragen haben. Die Sehne am linken Hornzapfen gemessen weist 23·5 *cm*, am rechten 21 *cm* auf. Der Hornzapfenumfang beträgt an der Basis beiderseits 18 *cm*, in 10 *cm* Vorderkantenlänge am linken Zapfen gemessen 10·8 *cm*, am rechten 11·2 *cm*; in 20 *cm* Vorderkantenlänge gemessen links 6·7 *cm*, rechts 6·9 *cm*; in 25·5 *cm* Länge links 4·55 *cm*, rechts 4·6 *cm*. Der Längsdurchmesser des Querschnittes der Hornzapfen an der Basis beträgt beiderseits 6·7 *cm*, der Querdurchmesser beiderseits 4·2 cm, der mittlere Längsdurchmesser in 10 *cm* Kantenlänge 4·5 *cm*, der mittlere Querdurchmesser 2·4 *cm*, in 20 *cm* Kantenlänge 2·9 bzw. 1·25 *cm*.

Die Vorderkante ist stark ausgeprägt, die Hinterkante abgerundet, die Außenfläche der Hornzapfen ist etwas gewölbt, jedoch nicht wesentlich stärker als die Innenfläche.

Der Längsdurchmesser des Basisquerschnittes der Hornzapfen steht zu der längs durch den Schädel gelegt gedachten Mittelebene, die sich mit der zwischen den Hornzapfen nach rückwärts verlaufenden Stirnbeinnaht deckt, in einem Winkel von 30 ^{0}. Hierin weicht dieser Schädel von dem von A d a m e t z beschriebenen Priscawildschädel ein wenig ab, der Winkel ist um zirka 10 ^{0} kleiner, stimmt aber mit dem Priscaschädel aus dem Hofmuseum genau überein. Derselbe Winkel am Aegagrusschädel) aus dem Hofmuseum) beträgt zirka 20 ^{0}. Die Vorderkante verläuft deutlich spiralig, und zwar von der Basis angefangen z i e m l i c h g l e i c h m ä ß i g nach außen und hinten, es rücken daher auch die Hornzapfen überhaupt ziemlich gleichmäßig nach außen voneinander ab. In ungefähr 25 *cm* Kantenlänge macht die Spirale eine Vierteldrehung. Diese verläuft am linken Hornzapfen von der Basis aus im Sinne des Uhrzeigers, am rechten entgegengesetzt.

Der Abstand beider Vorderkanten beträgt:

An der Basis . . . . 3·3 *cm*
Kantenlänge 13·5 *cm* . . . . 10·9 „
„ 19·0 „ . . . . 16·9 „
„ 25·0 „ . . . . 24·1 „

Mit der Drehung der Hornzapfen wendet sich die seitliche Außenfläche, die an der Basis schräg nach der Seite und vorne gerichtet ist, immer mehr nach vorne, so daß sie bei einer Kantenlänge von 23 *cm* gar keine seitliche Lage mehr aufweist, sondern nur mehr nach vorne bzw. oben gerichtet erscheint.

Die Beschaffenheit der Hornzapfen und ihre Drehung in Verbindung mit der Lageveränderung der seitlichen Außenflächen stimmen mit dem diesbezüglichen Verhalten von C. prisca und der Jouraziege vollkommen überein. Daß die seitlichen Außenflächen der Hornzapfen hier erst bei zirka 23 *cm* Kantenlänge völlig nach vorne bzw. nach oben gerichtet sind, während bei C. prisca A d a m e t z dies schon bei 19 *cm* Höhe der Fall ist, ist dadurch erklärlich, daß der Winkel der Längsdurchmesser des Basisquerschnittes zu der längs durch den Schädel gelegt gedachten Mittelebene bei C. prisca A d a m e t z 40⁰, hier jedoch sowie auch bei C. prisca aus dem Hofmuseum nur 30⁰ beträgt. Der Unterschied bei den beiden Priscaschädeln bezüglich dieses Winkels ist auf die Tatsache zurückzuführen, daß der von A d a m e t z untersuchte von einer W i l d z i e g e stammt, während der aus dem Hofmuseum einen H a u s z i e g e n s c h ä d e l darstellt. Bei letzterem ist infolge der Domestikation eine Abschwächung der Rassenmerkmale eingetreten.

Eine solche Abschwächung bedeutet auch die stärkere Wölbung der Innenfläche der Hornzapfen, worin der Pinzgauer Bockschädel und der Schädel aus dem Hofmuseum im Gegensatze zu C. prisca A d a m e t z übereinstimmen.

Schließlich sei noch folgendes charakteristische Verhalten der Hornzapfen erwähnt: Bringt man den Schädel der Pinzgauer Ziege in en face-Stellung und bei ungefähr senkrechter Stellung der Stirnfläche derart in gleicher Höhe mit den Augen des Beschauers, daß der Hornzapfenursprung mit den Augen in einer horizontalen Ebene zu liegen kommt, so sieht man von der Innenfläche beider Hornzapfen jederseits ein deutliches an der Basis zirka 6 *mm* breites und am Hornzapfen zirka 5 *cm* hoch emporreichendes Dreieck.

Bei der von A d a m e t z untersuchten C. prisca ist dieses Dreieck zirka 2 *cm* hoch und zirka 0·2 *cm* breit, bei dem mir von Hofrat Dr. L o r e n z - L i b u r n a u zur Verfügung gestellten Schädel einer C. aegagrus cretensis ist dieses Dreieck 1 *cm* breit und zirka 15 *cm* hoch sichtbar.

Mit dem Priscaschädel aus dem Hofmuseum, bei dem das Dreieck an der Basis zirka 5 *mm*, die Höhe zirka 5 *cm* beträgt, stimmt die Pinzgauer Ziege überein. Der Unterschied mit C. prisca A d a m e t z ist nur eine weitere Folge des vorhin erwähnten kleineren Winkels sowie der stärkeren Innenwölbung der Hornzapfen, in letzter Linie also ebenfalls eine Domestikationserscheinung.

Als rasseunterscheidendes Merkmal kommt auch der Winkel in Betracht, unter welchem die Hornzapfen vom Schädel abstehen. Für die Priscaform ist eine geringe Steilheit derselben charakteristisch, während bei allen Schlägen der Aegagrusrasse die Hornzapfen steiler vom Schädel emporragen und unter einem deutlich größeren Winkel zur Mittelhauptgegend verlaufen (siehe Abb. Nr. 3, 4, 5). Bei C. prisca beträgt derselbe 76⁰, bei C. aegagrus cretensis 93 ⁰, bei dem Pinzgauer Bockschädel Nr. 2 gleich 79 ⁰. Absolut richtige Winkel können natürlich nicht festgestellt werden.

Beschreibung der Stirnpartie von Bock Nr. 1

Die Vorwölbung der Stirne unterhalb der Hornzapfen ist nur mäßig und deckt sich mit dem Vergleichsschädel der Priscaform, während sie bei der Aegagrusziege bedeutend stärker ausgeprägt ist. Es hängt dies mit der schwächeren Entwicklung der Sinus frontales zusammen.

Die Stirnenge, an der engsten Stelle unterhalb der Hornzapfen gemessen, beträgt 9·6 cm, die innere Augenwinkelbreite der Stirne 9·4 cm, die Stirnweite 13·3 cm.

Charakteristisch ist der Abstand des oberen Augenbogenwinkels von der Hornzapfenbasis. Er beträgt bei dem Schädel des Pinzgauer Ziegenbockes Nr. 1 gleich 2·8 cm, bei der von Adametz untersuchten C. prisca 2·9 cm, bei dem Priscaschädel aus dem Hofmuseum 2·8 cm und bei dem Vergleichsschädel mit Aegagrustypus 1·8 cm. Auch hierin zeigt sich also ein vollkommenes Übereinstimmen mit dem Priscatypus. Charakteristisch ist ferner im Zusammenhange damit das Verhalten der Augenbögen in ihrem oberen Teile bzw. die Größe des Winkels, der einerseits von jener Horizontalebene, die man sich durch eine die oberen Augenbogenränder tangierende Linie gelegt denkt, anderseits von der oberen Augenbogenfläche eingeschlossen wird. Dieser Winkel beträgt hier ungefähr 25 bis 30 ⁰, ebenso bei dem mir zur Verfügung stehenden Priscaschädel, während er beim Aegagrusschädel über 45⁰ erreicht.

Die Augenbögen springen also fast röhrenförmig seitlich vom Schädel hervor, in welchem Verhalten die Pinzgauer Ziege mit dem Priscatypus übereinstimmt, im Gegensatze zu C. aegagrus, wo dieses Hervortreten der Augenbögen bedeutend weniger stark ausgeprägt ist. Selbst bei den weiblichen Schädeln der Pinzgauer Ziegen konnte ich das gleiche für C. prisca typische Verhalten feststellen.

Zu einem osteologischen Vergleiche ist ferner folgende Tatsache brauchbar. Legt man einen Schädel auf eine Ebene derart, daß er vorne mit den Zwischenkiefern, rückwärts mit den Gelenkshöckern des Hinterhauptes die Ebene berührt und denkt man sich in dieser Lage vom vorderen Rande des Stirnzapfenansatzes eine Gerade senkrecht nach abwärts, so berührt diese Linie bei der Priscaform gerade noch den hinteren Augenrand, während sie bei der Aegagrusform vor den rückwärtigen Augenrand, beinahe über der Mitte der Orbita, zu liegen kommt.

Die Pinzgauer Ziege Nr. 1 stimmt also auch hierin genau mit C. prisca überein.

Wenn man weiters den Verlauf der oberen Stirnbeinfläche zwischen den Hornzapfen von der Mitte des oberen Randes des Stirnwulstes nach rückwärts bis zum Beginne der Scheitelbeine verfolgt, so sieht man, daß dieser bei männlichen Schädeln von C. prisca ein konkaver, bei C. aegagrus aber ein gerader ist. Bei dem besprochenen Pinzgauer Bockschädel ist der Verlauf ebenfalls ein k o n k a v e r.

Leider fehlen bei dem vorliegenden Schädel die Scheitelbeine sowie die übrigen nicht schon beschriebenen Schädelteile.

Da jedoch die größten Verschiedenheiten und insbesondere rasseunterscheidende Merkmale, vor allem die Stirnbeine, im Zusammenhange mit der verschiedenen Stellung und Entwicklung der Hornzapfen bzw. Hörner aufweisen, kann aus den vorliegenden Daten ohne weiters der Schluß gezogen werden, daß der eben beschriebene Pinzgauer Bock mit Sicherheit d e m P r i s c a - R a s s e t y p u s zuzuschreiben ist. Nicht ein einziges Merkmal ist vorhanden, das auf C. aegagrus hinweisen würde.

Es seien anschließend gleich die Daten weiterer Pinzgauer Bockschädel wiedergegeben, die eines übersichtlichen Vergleiches wegen in einer Tabelle zusammengestellt sind.

Der Bockschädel Nr. 2 stammt von einem 2½jährigen braunen Pinzgauer Bocke. Im Verlaufe der Hornzapfen sowie in allen bereits bei Bock

Abb. 2. Schädel von Bock Nr. 6 (links), Nr. 2 (Mitte) und Nr. 3 (rechts)

Nr. 1 besprochenen Merkmalen weist er eine auffallende Übereinstimmung mit dem Prisca-Vergleichsschädel und natürlich mit Bock Nr. 1 auf, was aus beiliegender Tabelle auch zu ersehen ist. Die Drehung der Hornzapfen ist sogar stärker und schöner ausgeprägt als bei C. prisca aus dem Hofmuseum.

Es erübrigt sich nur noch die Beschreibung bzw. Untersuchung der Scheitelbeine und der Form der Gehirnhöhle.

Scheitelbeine. Charakteristisch ist die Trennung der Scheitelpartie in einen oberen und in zwei seitliche Teile. Der obere, sowohl in der Richtung von vorne nach rückwärts als auch in der Querrichtung nur schwach gewölbte Teil wird von den beiden unteren bzw. seitlichen Teilen durch je eine mäßig ausgebildete Knochenleiste getrennt, die sich in einem nach innen gerichteten Bogen vom Hinterhauptschuppenrande angefangen fast bis zum Hinterrande der Hornzapfenbasis hinzieht. Von diesen Knochenleisten gehen die beiden Seitenteile verhältnismäßig steil nach unten, jedenfalls so steil, daß ein auffallender Unterschied mit dem Aegagrus-Vergleichsschädel zu konstatieren ist. Dieses Absetzen der Seitenflächen der Scheitelbeine von deren oberem Teile ist beim Priscaschädel aus dem Hofmuseum keinesweg stärker ausgeprägt.

Bei einem Querschnitte durch die Mittelhauptgegend bildet die Schnittlinie dort, wo die Oberfläche mit den beiden Seitenflächen der Scheitelbeine zusammenstößt, geradezu einen Winkel, während sie bei C. aegagrus eine gleichmäßige, gekrümmte Linie vorstellt. Es findet sich also auch hierin eine Übereinstimmung der Pinzgauer Ziege mit dem Priscatypus, jedoch auch nur bei den männlichen Tieren, während sich die weiblichen Tiere diesbezüglich so verhalten wie die männlichen Aegagrusziegen.

Bezüglich der Scheitelbeine seien dann noch folgende Maße angeführt: Der horizontale Abstand des Vorderrandes des Stirnbeinwulstes bis zum Beginne der Scheitelbeine beträgt 7·6 *cm*, der horizontale Abstand des Vorderrandes der Scheitelbeine bis zum Hinterrande derselben 3·9 *cm*. Der horizontale Abstand vom Hinterrande der Scheitelbeine bis zur Knickung der Hinterhauptschuppe beläuft sich auf 2 *cm*, der Abstand von dieser Knickung bis zum oberen Rande des Hinterhauptloches beträgt 4·7 *cm*.

Die ganze Länge des oberen Schädels vom Vorderrande des Stirnwulstes bis zum oberen Rande des Hinterhauptloches beträgt 16·2 *cm*. Diese Länge stimmt bei C. prisca A d a m e t z genau mit dem Abstande des Vorderrandes des Stirnwulstes vom unteren Rande des Hinterhauptloches überein, während sie bei dem Pinzgauer Schädel nur 15·9 *cm*

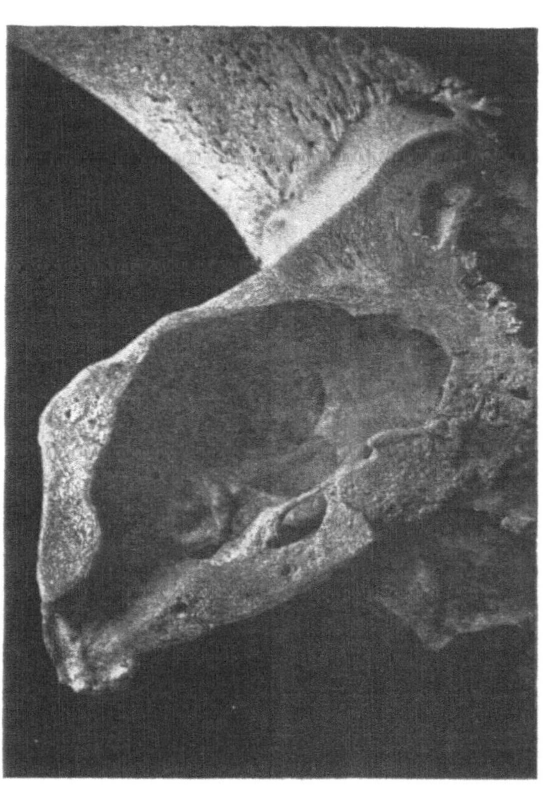

Abb. 3. Pinzgauer Bockschädel Nr. 2. Schädellängsschnitt

beträgt. Doch ist dieser Unterschied von ganz untergeordneter Bedeutung, da er auch beim Prisca-Vergleichsschädel vorhanden ist.

Form der Gehirnhöhle. Sehr charakteristisch und für die Rassezugehörigkeit von Bedeutung ist die Form der Gehirnhöhle. Diese ist bei C. prisca relativ lang und niedrig, insbesondere im vorderen Abschnitte derselben. Bei C. aegagrus hingegen ist die Gehirnhöhle mehr eirund, also kürzer und höher, besonders wieder im vorderen Abschnitte derselben. Bei dem Pinzgauer Schädel Nr. 2 ist dieser lange und niedrige Bau ganz besonders auffallend (Abb. Nr. 3), er ist noch mehr ausgeprägt als selbst bei der Wildform C. prisca.

Bock Nr. 3, 4, 5 und 6

Um nicht mehrmals das gleiche wiederholen zu müssen, seien diese summarisch behandelt. Geringe und belanglose Differenzen der einzelnen Maße sind aus der Tabelle ersichtlich, während die wichtigeren und vor allem die Rasse kennzeichnenden Unterschiede hier besprochen werden.

Hornscheiden und Hornzapfen. Alle vier Schädel stimmen in der Drehung derselben nach außen vollkommen überein, sowohl untereinander als auch mit Schädel Nr. 1 und 2. Ebenso verhält sich der Winkel zwischen Längsdurchmesser des Basisquerschnittes der Hornzapfen und der Sagittalebene, der 30 bis 31^0 beträgt.

Der Winkel, unter welchem die Hornzapfen vom Schädel abstehen, schwankt zwischen 75 und 82^0, auf die Ursache dieser Schwankung, die wohl in der Hauptsache in der unvollkommenen Möglichkeit, diesen Winkel zu messen, zu suchen ist, wurde früher schon hingewiesen. In diesem Merkmale nehmen diese Schädel mehr oder weniger eine Mittelstellung ein, doch stehen sie dem Priscatypus näher.

Stirnpartie. Die Vorwölbung der Stirne unterhalb der Hornzapfen ist so wie bei Schädel Nr. 1 und 2 und bei C. prisca überhaupt bei allen Schädeln gering. Das Verhalten der Augenbögen ist zum Unterschiede von Schädeln Nr. 1 und 2 anders. Der Winkel, den die Fläche des oberen Augenbogens mit jener Horizontalebene

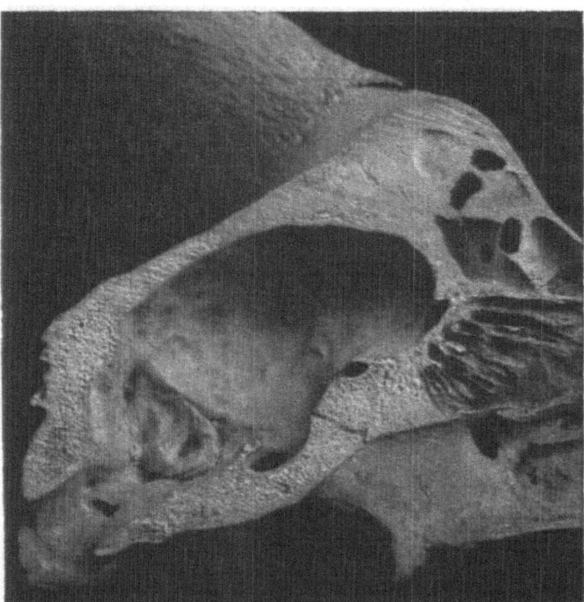

Abb. 4. Capra prisca. Schädellängsschnitt

bildet, welche man sich durch eine die oberen Augenbogenränder tangierende Linie gelegt denkt und der bei C. prisca sowie bei Schädel Nr. 1 und 2 gleich 25 bis 30^0 beträgt, beträgt bei diesen Schädeln 40 bis 45^0, deckt sich also mit dem Vergleichs-Aegagrusschädel aus dem Hofmuseum. Der Verlauf der oberen Stirnbeinfläche zwischen den Hornzapfen ist bei Schädel Nr. 5 konkav, bei 3, 4 und 6 jedoch gerade, also gleich dem des Aegagrusschädels. Hingegen berührt die vom vorderen Rande des Stirnzapfenansatzes senkrecht nach abwärts verlaufende Gerade nur mehr den hinteren Augenrand, was wieder auf den Priscatypus hinweist.

Scheitelbeine. Die für C. prisca charakteristische scharfe Trennung der Scheitelpartie in einen oberen und in zwei Seitenteile ist hier nicht vorhanden, vielmehr weist die Querschnittlinie durch diese Scheitelpartie so wie bei C. aegagrus einen ziemlich gleichmäßig gekrümmten Verlauf auf.

Gehirnhöhle. Die Form der Gehirnhöhle ist bei allen Schädeln charakterisiert durch die große Gesamtlänge und die geringe Höhe im hinteren und besonders im vorderen Abschnitte derselben, worin sie mit Schädel Nr. 1 und 2, wie überhaupt mit C. prisca übereinstimmen. Diese Charakteristik tritt besonders deutlich bei Betrachtung des ganzen Schädellängschnittes in Erscheinung (aus den in der Tabelle angeführten Zahlen ist dies nicht so gut ersichtlich).

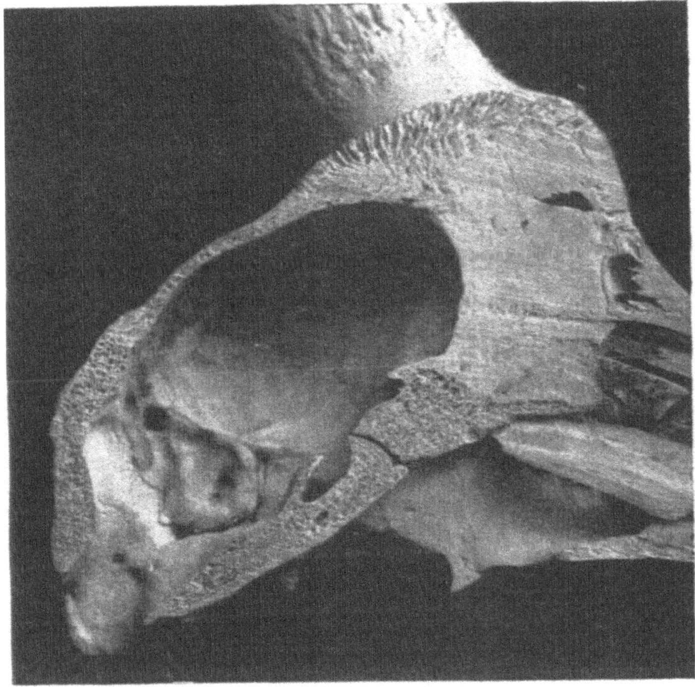

Abb. 5. Capra aegagrus. Schädellängsschnitt

Schädel Nr. 7 eines ungehörnten Pinzgauer Bockes

An charakteristischen Merkmalen sind folgende zu erwähnen: Die Vorwölbung der Stirne ist nur sehr schwach ausgebildet und ist die ganze Profillinie mit der stärker hervortretenden Nasenpartie ganz gleich wie bei allen bisher besprochenen Pinzgauer Schädeln mit der Priscaform übereinstimmend.

An der Stirnpartie wäre der konkave Verlauf der oberen Stirnbeinfläche zwischen den an Stelle der Hornzapfen sich befindlichen Knochenwülste hervorzuheben. Diese Knochenwülste haben ungefähr eine Höhe von 1·5 *cm*, einen Längendurchmesser von zirka 3·5 *cm* und einem Querdurchmesser von 2 *cm*.

Die beiden auf die Aegagrusform hinweisenden Merkmale sind das Verhalten der Augenbögen in ihrem oberen Teile, der diesbezügliche Winkel beträgt hier ebenfalls zirka 40⁰, ferner das Verhalten der Scheitelbeine.

Bei der Form der Gehirnhöhle tritt hinwiederum die große Gesamtlänge im Verhältnisse zur geringen Höhe besonders wieder im vorderen Abschnitte zutage.

Zusammenfassung.

Aus dem vorher Geschilderten ergibt sich kurz zusammengefaßt, folgendes:

I. Schädel Nr. 1 und 2 weisen in allen ihren charakteristischen Merkmalen den reinen Priscatypus auf.

II. Die Schädel Nr. 3, 4, 5 und 6 stimmen in ihrem wichtigsten Rassekennzeichen, im Verhalten der Hornzapfen, ebenfalls mit C. prisca überein, ferner auch bezüglich der Lage des vorderen Randes der Stirnzapfen zu den hinteren Augenbogenrändern, dann in der Form der Gehirnhöhle und schließlich in ihrem ganzen Schädelprofile. Hingegen weisen sie in folgenden Merkmalen auf den Aegagrustypus hin:

    1. Im Verhalten der Augenbögen in ihrem oberen Teile,

    2. im Verlaufe der oberen Stirnbeinfläche zwischen den Hornzapfen, mit Ausnahme von Schädel Nr. 5,

    3. im Verhalten der Scheitelbeine.

III. Der Schädel Nr. 7 eines ungehörnten Bockes verhält sich, abgesehen von den fehlenden Hornzapfen, genau wie Schädel Nr. 5.

Dieses gemeinsame Auftreten von Merkmalen zweier verschiedener Rassen ist auffallend und müßte wohl, wollte man es mendelistisch erklären, zu dem Resultate führen, daß man es bei der Pinzgauer Ziege mit einem Kreuzungsprodukte zwischen C. prisca und C. aegagrus zu tun habe.

Diese Kombination der Rassemerkmale läßt sich hier jedoch keinesfalls mendelistisch deuten, sondern ist einzig und allein im Altersunterschiede der Schädel zu suchen.

Schädel Nr. 1 und 2 stammen von ausgewachsenen Tieren, Nr. 1 von einem vier- bis fünfjährigen, Schädel Nr. 2 von einem $2^{1}/_{2}$ jährigen Tiere, während alle übrigen Schädel von eineinhalb Jahren alten Böcken stammen, deren Wachstum noch lange nicht abgeschlossen ist.

Leider war es ausgeschlossen, eine größere Zahl Schädel von ausgewachsenen Böcken zu bekommen. Im Pinzgau ist es nämlich Sitte, alle Böcke im August des der Geburt folgenden Jahres, also im Alter von $1^{1}/_{2}$ Jahren, zu schlachten. Nur ganz ausnahmsweise soll es vorkommen, daß irgendwo ein älterer Bock anzutreffen ist. Ich konnte während meiner zweijährigen Durchstreifung des ganzen Gaues trotz eifrigsten Herumfragens keinen ausfindig machen. Daß ich trotzdem zwei Exemplare bekommen habe, verdanke ich Zufällen. Bock Nr. 1 wurde in der Stiegelbrauerei in Salzburg gehalten, nur dort konnte er ein solches Alter erreichen. Die Existenz des Bockes Nr. 2 konnte auch nur durch einen großzügig aufgebotenen Apparat von Vermittlungspersonen eruiert werden.

Streng genommen dürften osteologische Vergleiche nur bei vollkommen gleichaltrigem Schädelmateriale vorgenommen werden. Da dies jedoch praktisch beinahe undurchführbar ist, muß man auch ungleich alte Schädel für die Untersuchungen heranziehen. Hiebei muß aber die bei unterschiedlichem Alter verschieden weit vorgeschrittene Schädelausbildung voll berücksichtigt werden, kommen doch selbst bei gleichem Alter Differenzen vor, die bloß auf die ungleiche Konstitution der einzelnen Tiere zurückzuführen sind. Solcherart, das heißt auf die volle Ausbildung des Schädels einerseits, auf das unvollkommene, noch nicht abgeschlossene Wachstum des Schädels anderseits, sind die Unterschiede zwischen den Schädeln Nr. 1 und 2 und den Schädeln 3, 4, 5, 6 und 7 zurückzuführen. Das Verhalten der Augenbögen ist bei den jüngeren Tieren noch nicht so charakteristisch ausgeprägt, die obere Fläche derselben fällt gegen den oberen Augenrand steiler ab als bei ausgewachsenen Exemplaren. Ein Beweis dessen, daß die Ursache hiefür nur in der durch das geringe Alter bedingten unvollendeten Schädelausbildung zu suchen ist und daß es sich in Wahrheit doch um das der Priscaform eigene Merkmal handelt, das bei längerer Lebensdauer durchgedrungen wäre bzw. sich ausgebildet hätte, ein Beweis dessen ist der Abstand des oberen Augenbogenwinkels von der Hornzapfenbasis, der unbeschadet des scheinbar mit der Aegagrusform übereinstimmenden größeren Winkels zwischen oberer Augenbogenfläche und der die oberen Augenbogenränder tangierenden Horizontalebene vollkommen mit C. prisca übereinstimmt.

Auch der gerade Verlauf der Stirnbeinnaht ist bei den genannten Schädeln, da er wohl bis zu einem gewissen Grade mit der bei jungen Exemplaren noch geringen Erhebung des Stirnwulstes zusammenhängt, aus dem geringen Alter zu erklären.

Bei den Scheitelbeinen endlich verhält sich die Sache ebenso. Da die Schädel mit 1½ Jahren noch im Wachsen bzw. in der Ausbildung begriffen sind, so tritt auch die für C. prisca charakteristische scharfe Trennung der ganzen Scheitelpartie in einen oberen und in zwei Seitenteile noch nicht so hervor, die erwähnte Knochenleiste ist noch sehr unvollkommen ausgebildet.

Hätte man nur 1½jähriges Schädelmaterial allein zur Verfügung, so wie man es im Pinzgau fast ausnahmslos bekommt, so könnte man auf diese bei fortschreitendem Alter noch vor sich gehenden, äußerst wichtigen Veränderungen des Schädelskelettes nicht hinweisen und man wäre geneigt, die Pinzgauer Ziege eher dem Aegagrustypus, ein wenig verkreuzt mit Priscablut, zuzuschreiben. Auf diese Weise dürfte auch die bisher bestandene Ansicht, daß die Pinzgauer gemsfarbige Ziege den Aegagrustypus aufweise, ihre Erklärung finden.

Das Gesamtresultat der Untersuchungen über die Pinzgauer Ziege in osteologischer Hinsicht ist also die Feststellung, daß diese einen unverkreuzten Nachkommen der von Adametz entdeckten ausgestorbenen Wildform Capra prisca darstellt.

Im Nachhange zum osteologischen Teile mögen noch die

Untersuchungen über die Ziegenreste der Mondseer Pfahlbauten

angeschlossen werden, soweit sie für diese Arbeit von Interesse sind.

Durch das Entgegenkommen des Herrn Prof. Dr. M e n g h i n, Vorstand des prähistorischen Institutes der Universität Wien, der mir das vorhandene Material bereitwilligst zur Verfügung stellte, war es mir möglich, die Ziegenreste der Mondseer Pfahlbauten zu untersuchen, die ja für die vorliegende Arbeit insofern von Interesse sind, als diese Pfahlbautenstätte an jener Stelle des Alpenvorlandes gelegen ist, die mit dem Gebirge, dem erzreichen und auch damals schon stärker besiedelten Pongau und weiter Salzach aufwärts dem Pinzgau durch eine Hauptwasserader und Verkehrsstraße, der Salzach, in Verbindung stand. Von der Bronzezeit angefangen, hat auch in dieser Gegend zwischen dem Alpenvorlande, im besonderen zwischen den Pfahlbauern des Mondsees und den Bewohnern des Gebirges Salzach aufwärts ein reger Verkehr stattgefunden. Es ist deshalb naheliegend, daß durch diese Wechselbeziehungen auch die Tierwelt nicht unberührt geblieben ist.

Die zutage geförderten Ziegenreste — ich habe nur Schädelmaterial berücksichtigt — sind verhältnismäßig zahlreich, jedoch nicht so häufig wie die Schafreste. Fast durchwegs handelt es sich um jene Stirnbeinpartie, welche die Verbindung zwischen beiden Hornzapfen bildet, wobei letztere vielfach vorhanden sind. Auch mehrere vollständig erhaltene einzelne Hornzapfen lagen vor. Größtenteils wies die Stirnpartie Spuren auf, die darauf schließen lassen, daß das Gehörn mit einem scharfen Instrumente, wahrscheinlich mit einem Beile aus dem Schädel herausgeschlagen worden war, vielleicht hat man genau so wie heute auch damals das Gehörn deshalb entfernt, weil es beim Enthäuten ein Hindernis gebildet hat und um das Gehirn gewinnen zu können. Dies ließe erklären, warum nicht ein einziger vollständiger Schädel aufgefunden wurde.

Leider war auch nicht ein Stück unter den Schädelfragmenten, das von einem männlichen Individuum herrührt, wodurch eine einwandfreie Typenbestimmung natürlich nicht möglich ist und der Wert dieses Materiales für die vorliegende Arbeit eigentlich gering ist. Wenn ich es trotzdem anführe, so geschieht dies der Vollständigkeit halber.

Die Drehung der Hornzapfen kommt bei weiblichen Ziegen des Priscatypus nur selten und dann sehr schwach, meistens aber überhaupt nicht zum Ausdruck. Hofrat Dr. A d a m e t z hat in Bosnien reinrassige Balkan-Hausziegen angetroffen, die zum Unterschiede von den Böcken, mit Bezug auf die Hörner vollkommen den Aegagrustypus glichen, das heißt, sie waren einfach nach rückwärts gebogen ohne Drehung nach auswärts.

In dieser Hinsicht stimmen auch alle vorhandenen Hornzapfen aus den Mondseer Pfahlbauten so ziemlich überein, eine ausgeprägte deutliche Drehung nach außen konnte ich nirgends konstatieren. Die Stirnbeinnnaht verläuft, soweit sie bei einzelnen Exemplaren vorhanden ist, gerade, was auch z. B. bei den weiblichen Balkanziegenschädeln der Fall ist. Der Abstand der beiden Hornzapfen an der Basis schwankt ziemlich bedeutend. Diese erwähnten Merkmale lassen, weil sowohl beim weiblichen Prisca als auch beim weiblichen Aegagrustypus vorkommend, keinen Schluß zu.

Der in Tabelle Nr. 1 mit I bezeichnete weibliche Schädelteil besteht aus dem fast ganz erhaltenen Stirnbein mit beiden Hornzapfen und den oberen Augenbögen. Nur die äußersten Spitzen der Hornzapfen sind abgebröckelt. Die Hornzapfen sind einfach nach hinten gekrümmt, mit einer allerdings schwachen Drehung nach außen, die aber zu schwach ist, um als absolut sicheres Merkmal gelten zu können. Die Größe des Winkels zwischen Längsdurchmesser des Hornzapfenquerschnittes an der Basis und der Stirnbeinnaht ist groß und deutet auf die Priscaform hin. Für denselben Typus spricht das früher beschriebene Dreieck der Hornzapfeninnenfläche, das in en face-Stellung in ungefähr gleicher Höhe mit den Augen sichtbar wird und das hier s c h m a l und n i e d r i g ist. Der Stirnwulst ist schwach entwickelt, die Stirnbeinnaht verläuft horizontal.

Schädel Nr. II ist der Schädelteil einer Ziege, von dem nur die Hornzapfen und der sie verbindende Teil der Stirnpartie vorhanden ist. Dieser Teil wurde aus dem Schädel herausgehackt, wie die vorhandenen Spuren sehr deutlich erkennen lassen. Die Hornzapfen sind ziemlich vollständig erhalten, nur die äußersten Spitzen fehlen. Die Oberfläche derselben ist zum Unterschiede von Nr. III auffallend glatt, an der Innenseite verläuft eine zirka 8 *cm* lange, deutliche Rinne, zirka 3 *cm* oberhalb der Hornzapfenbasis beginnend. Eine Drehung nach außen ist nicht vorhanden, das charakteristische Dreieck in der en face-Stellung ist verhältnismäßig hoch. Schädelteil Nr. III (der Tabelle 1) stammt ebenfalls von einem weiblichen Tiere und verhält sich ähnlich dem Nr. I. Die Hornzapfen haben eine rauhe Oberfläche, an der Basis und über derselben sind zahlreiche größere und kleinere Löcher. An der Außenseite ist neben der Vorderkante ebenfalls eine deutliche Rinne vorhanden.

Außer den Pfahlbaufunden des Wiener prähistorischen Institutes stand mir noch ein Hornzapfen zur Verfügung, den Ingenieur Hell (Salzburg) am Hellbrunner Berge bei Salzburg an einer Abfallstelle einer prähistorischen Siedlung ausgegraben hat, die der jüngeren Hallstattperiode angehört, welche für die süddeutsche Zone ungefähr in die Zeit von 700 bis 500 v. Ch. fällt. Außer diesem Ziegenbockhornzapfen förderte diese Abfallstelle nach den Ergebnissen der Untersuchungen durch Ingenieur Hell noch Reste von Schwein, sowohl Haus- als Wildschwein, Rind, Hirsch, Reh, Schaf, Bär und Biber zu Tage.

Der Hornzapfen stammt von einem starken, kräftig gehörnten Bocke. Ob es sich hiebei um eine Wild- oder Hausziege handelt, ist nicht mit Sicherheit festzustellen. Während in den Mondseer Pfahlbauten viele weibliche und kein männlicher Hornzapfen gefunden wurden, enthielt dieser Abfallhaufen einen einzigen Hornzapfen eines Bockes, weibliche Ziegen waren überhaupt nicht vertreten. Es besteht daher die Wahrscheinlichkeit, daß es sich in dem vorliegenden Fall um eine Jagdbeute, und zwar um einen verwilderten Ziegenbock handelt.

Tabelle 1. Maße der Ziegenreste aus dem Mondseer Pfahlbaugebiet

	Nr. I	Nr. II	Nr. III
	Zentimeter		
Länge des linken Hornzapfens	17·9	21·2	13·7
„ „ rechten „	16·4	21·5	14·2
Sehnenlänge des linken Hornzapfens	14·6	18·1	12·2
„ „ rechten „	14·4	16·6	12·3
Kantenabstand an der Basis	3·55	4·4	· 3·4
„ in 9 *cm* Länge	8·—	9·—	8·7
„ „ 16·4 *cm* Länge bzw. 21·2 und 13·7 *cm* Länge	13·4	14·7	12·4
Hornzapfenumfang an der Basis rechts	9·—	10·4	9·8
„ „ „ „ links	9·—	10·5	9·7
In 9 *cm* Länge rechts	5·8	7·9	6·5
„ 9 „ „ links	6·—	7·8	6·2
Hornzapfenlängsdurchmesser an der Basis (Mittel) . . .	3·3	3·75	3·45
Hornzapfenquerdurchmesser „ „ „ „ . . .	2·4	2·75	2·55
Hornzapfenlängsdurchmesser in 9 *cm* Länge (Mittel) . .	2·25	2·8	2·2
Hornzapfenquerdurchmesser „ 9 „ „ „ . .	1·25	1·85	1·55
Stirnenge	7·45	ca. 8·4	7·9

Der Hornzapfen ist zirka 15·5 *cm* lang, leider ist die charakteristische Vorderkante, die sehr scharf ausgeprägt ist, nur in einer Länge von 5·5 *cm* erhalten, von der Basis angefangen fehlt sie in einer Länge von ungefähr 9 bis 10 *cm*. Die weniger scharf, aber immerhin deutlich ausgeprägte rückwärtige Kante mißt von der erhaltenen Hornzapfenbasis bis zur Bruchstelle 12·7 *cm*, die Sehnenlänge 11·8 *cm*. Der Umfang beträgt in 7 *cm* Länge (an der hinteren Kante gemessen 9·6 *cm*), in 11·2 *cm* Länge 7·4 *cm*, der Längsdurchmesser des Hornzapfenquerschnittes an dieser Stelle 3·3 cm, der Querdurchmesser 1·3 *cm*, in 7 *cm* rückwärtiger Kantenlänge beträgt der Längsdurchmesser 4 *cm*, der Querdurchmesser 1·9 *cm*, der mutmaßliche Längsdurchmesser an der Hornzapfenbasis beträgt schätzungsweise 6 bis 6·5 *cm*. Die Hornzapfeninnenfläche ist sehr schwach gewölbt.

Längs der erhaltenen Vorderkante zieht sich 7 *mm* davon entfernt an der Außenfläche eine starke, 2 *mm* breite und ebenso tiefe Rinne hin, die ganze Oberfläche ist von vielen Rissen und Löchern durchzogen.

Bei einem Vergleiche dieses fraglichen Hornzapfenteiles mit dem Prisca- und dem Aegagrusschädel aus dem Hofmuseum konnte ich ihn ohne weiteres als zum Priscatypus gehörig erkennen. Schon der im Verhältnisse zum Längsdurchmesser auffallend geringe Querdurchmesser des Hornzapfenquerschnittes spricht für die Priscarasse und die typische Drehung ist auch ohne Vergleichshornzapfen sehr deutlich zu erkennen.

Die Tatsache, daß in prähistorischer Zeit die Priscarasse hier konstatiert werden kann, ist jedenfalls von Wichtigkeit.

Geschichtliche Entwicklung der Pinzgauer Ziegenrasse

Die Frage nach dem ehemaligen Vorkommen von Wildziegen im Pinzgau erledigt sich dahin, daß für das ganze Gebiet der Alpen bis heute keinerlei Wildziegenarten gefunden wurden.

Das erste Auftreten der Ziege als Haustier fällt in die ältere Pfahlbautenperiode, das ist in die Kulturepoche der jüngeren Steinzeit, im Paläolithikum scheint sie gänzlich gefehlt zu haben.

Interessant ist die Tatsache, daß die Verhältnisse bezüglich der Haustiere und vielleicht auch der Menschenrasse im schweizerischen Territorium, wie überhaupt in den Pfahlbauten des Alpenvorlandes im Neolithikum andere waren, als die im Gebiete des heutigen weiteren Zuchtgebietes der Pinzgauer Ziege, das ist des oberen Salzachtales und des südöstlichen Teiles von Nordtirol, also im Innern der Alpen.

In den älteren Pfahlbauten der Schweiz war die Ziege häufig vertreten, jedenfalls häufiger als das Schaf, während zur selben Zeit in unserem Gebiete die Ziege bisher überhaupt nicht nachgewiesen werden konnte, das Schaf hingegen häufig war, wie die Funde in der Tischofer Höhle im Kaisertale zeigen[1]). Da sich die Reste in dieser Höhle während zweier Kulturperioden, während des Paläo- und Neolithikums sehr zahlreich ansammelten, müßte doch unbedingt auch irgend ein Fragment von einer Ziege vorhanden gewesen sein, wenn diese Spezies überhaupt zu jener Zeit vertreten war. Da sich aber auch nicht eine Spur von einer Ziege vorfand, kann wohl daraus geschlossen werden, daß die Ziege im Paläo- und Neolithikum im Pinzgau und den Kitzbühler Alpen sowohl in ihrer Wildform wie auch als Haustier vollständig fehlte.

S c h l o s s e r schreibt zwar in seinem oben zitierten Buche, daß „die Ziege nur durch einen einzigen Hornzapfen vertreten ist, von dem es noch dazu sehr zweifelhaft ist, ob er nicht doch von einem ziegenhörnigen

---

[1]) M. S c h l o s s e r : Die Bären- oder Tischofer Höhle im Kaisertale bei Kufstein. Abhandl. d. kgl. bayr. Akad. der Wissenschaften, 2. Kl., 1909.

Schafe stammt". Durch das Entgegenkommen des Herrn Dir. Karl W a g n e r, Obmann des Vereines für Heimatkunde in Kufstein, war es mir möglich, diesen fraglichen Hornzapfen genau zu untersuchen.

Ich konnte mit absoluter Sicherheit feststellen, daß dieser Hornzapfen tatsächlich von einem ziegenhörnigen Schafe stammt und k e i n e s f a l l s von einer Ziege, womit auch das gänzliche Fehlen der Ziege in der Tischofer Höhle feststeht. Hiemit kommt also, was die Ziege anbelangt, das weitere Zuchtgebiet der Pinzgauer Rasse für die Zeit des Paläo- und Neolithikums noch nicht als Verbreitungsgebiet derselben in Betracht.

Erwähnt sei, daß auch das neolithische Rind der Tischofer Höhle verschieden ist von dem der älteren Schweizer Pfahlbauten. Es ist auffallend groß und zeigt primigenen Charakter, während in der Schweiz und in den am Nordrande der Alpen gelegenen Pfahlbauten (Roseninsel im Starnberger See und im Mondsee) das kleine brachycere Torfrind vertreten war. Erst in der Bronzezeit erscheint in der Schweiz eine große Rinderrasse.

Diese Feststellung ist wichtig, weil sie uns zeigt, daß Nordtirol und dank seiner Lage noch viel mehr der Pinzgau mit der Schweiz im Paläo- und Neolithikum in gar keiner Verbindung stand und daß auch Beziehungen zum Alpenvorlande noch nicht vorhanden waren.

Die Ziege der Pfahlbauten war die sogenannte Torf- oder Pfahlbautenziege. Den Funden nach zu schließen, war die der älteren Pfahlbauten kleiner von Gestalt als unsere heutige Alpenziege im allgemeinen. Nach H i l z h e i m e r [1]) wies die Ziege der älteren Schweizer Pfahlbauten den Aegagrustypus auf, erst zeitlich später, in der jungen Pfahlbauperiode erschien auch die Priscaform.

Nun wissen wir aber durch die Ausgrabungen und Funde ganz genau, daß diese jüngere Pfahlbauperiode bedingt ist durch das Auftreten einer vom Norden kommenden Welle langschädliger Völkerschaften, welche bereits das Kupfer kannten. Auch R ü t i m e y e r [2]) schreibt, daß mit Beginne der Kupferzeit die Ziege größere und kräftigere Formen angenommen hat. Es ist wohl klar, daß nicht die bestehende Rasse plötzlich größer geworden ist, sondern der neu auftauchende Priscatypus war größer und kräftiger von Gestalt als die schon vorhandene Aegagrusziege.

Aus der Tatsache nun, daß gleichzeitig mit dem Eindringen der nordischen Völkerwelle in die Pfahlbautensiedelungen am Nordrande der Alpen dortselbst auch die Priscaziege auftritt, kann der Schluß gezogen werden, daß diese von den erwähnten langschädligen Eroberern als Haustier mitgebracht worden ist.

Interessant wäre noch die Frage, wie das Auftreten der capra aegagrus als erste Ziege in den Alpen zu erklären ist. Vielleicht war sie als Wildziege vorhanden und wurde von den Pfahlbauern domestiziert. Gegen diese Annahme spricht jedoch das gänzliche Fehlen der Wildziege in der Tischofer Höhle, während eines so ungeheuren Zeitabschnittes, wie es das Paläo- und Neolithikum darstellen, ferner die Tatsache, daß zugleich mit dem Erscheinen der Pfahlbauern auch schon ein sehr häufiges Auftreten der Aegagrusziege als deren Haustier festgestellt werden kann. Es ist demnach mit Sicherheit anzunehmen, daß sie erst als Haustier mit den rundschädligen Pfahlbau-

---

1) H i l z h e i m e r. Geschichte unserer Haustiere.

2) R ü t i m e y e r. Fauna der Pfahlbauten der Schweiz. Neue Denkschrift der Schweiz. Ges. d. Naturwissenschaften, Bd. 19, 1862.

völkern am Ausgange des Neolithikums in das nördliche Voralpengebiet gekommen ist.

Seit dem Auftreten langschädliger Pfahlbauern in der Kupferzeit scheinen diese zwei Rassetypen nebeneinander bestanden zu haben, in der Folgezeit aber wurde die Aegagrus-Pfahlbautenziege nach und nach verdrängt und die Priscarasse hat sich in und nördlich der Alpen ausgebreitet.

C. Keller erwähnt, daß mehrfache Funde darauf hinweisen, daß schon in prähistorischer Zeit nördlich der Alpen auch eine auffallend große Rasse vorhanden war, womit im Gegensatze zur kleineren Aegagrusziege nur die Priscaform gemeint sein kann. In den späteren römisch-helvetischen Niederlassungen Vindonissa und Aque wurden ebenfalls zwei Typen zutage gefördert, die im Verlaufe der Hornzapfen Unterschiede zeigen.

Daß nun unsere Pinzgauer Ziege mit der Aegagrusziege der älteren Pfahlbauten nichts zu tun hat, geht aus der Rassebestimmung im ersten Teile dieser Abhandlung ohne weiters klar hervor. Die Lösung der Frage ihrer Abstammung ist aber dann nicht mehr schwer, denn es kommt hiefür nur mehr jene Priscaziege in Betracht, welche am Ausgange des Neolithikums mit der erwähnten Völkerwelle vom Norden als Haustier eingewandert ist und sich vorerst in den Pfahlbauten am Nordrande der Alpen festgesetzt hat. Von hier aus ist sie in der Folgezeit auch flußaufwärts in das Innere der Alpen vorgedrungen. Die Stätte, von der aus die Einwanderung in das jetzige Zuchtgebiet, in den Pinzgau, vor sich ging, ist meiner Ansicht nach wohl in den Mondseer Pfahlbauten zu suchen. Diese waren ja dort gelegen, wo die Salzach, der direkte Verbindungsweg des Alpenvorlandes mit dem Pinzgau, aus dem Gebirge heraustritt. Von der Bronzeperiode angefangen, hatte auch zwischen den bergbautreibenden Gebirgsbewohnern des Pongaues und Pinzgaues ein reger Verkehr mit den Bewohnern des Alpenvorlandes und im besonderen und auch erwiesenermaßen mit den Pfahlbauern des Mondsees stattgefunden. Da die Mondseer Pfahlbaukolonie, den vorhandenen Resten nach zu schließen, jüngeren Datums ist als die der meisten schweizerischen, so ist die Vermutung nicht von der Hand zu weisen, daß sie ihre Entstehung, jedenfalls aber ihre Blütezeit in der Hauptsache der nordischen Völkerwelle zu verdanken hatte. Sicher aber kann auf Grund der Tatsache, daß die Mondseer Pfahlbauten der jüngeren Periode angehören, geschlossen werden, daß auch die Ziege derselben wohl ausschließlich den Priscatypus aufgewiesen hat und die Aegagrusform kaum mehr vorhanden war, da diese ja nur in den ältesten Pfahlbauten anzutreffen war.

Daß in der nachfolgenden Zeit die Priscaziege sich von hier ausgebreitet hat und in dieser Gegend vorkam, beweist der bereits beschriebene männliche Hornzapfen, der am Hellbrunner Berge bei Salzburg gefunden wurde.

In dem abgeschlossenen und von fremden Einflüssen verschont gebliebenen, obersten Salzachtal hat sich diese Ziege dann rein und unverkreuzt weiter entwickelt bis auf den heutigen Tag.

Die Hallstatt- und La Tène-Periode brachten keine wesentliche Änderung, selbst der Einfluß der Römer ging an diesem Gaue Salzburgs, wenigstens was die Haustierrassen betrifft, spurlos vorüber.

Das Mittelalter ist mit Bezug auf die Ziegenzucht im Lande Salzburg tatsächlich in ein undurchdringliches Dunkel gehüllt. Auch zu Beginne der

Neuzeit geht es nicht besser. Erst im 16. Jahrhundert finden sich die ersten diesbezüglichen Aufzeichnungen.

Das was uns aus dieser Zeit über die Ziegenzucht im Lande überliefert ist, sind fast durchwegs Maßregeln und Verordnungen der Erzbischöfe zur Bekämpfung und Einschränkung derselben aus forstlichen und jagdlichen Gründen.

So heißt es z. B. in einer Waldordnung [1] vom Jahre 1563 unter der Regierung des Fürsterzbischofes Johann Jakob Freiherr von K u e n: „Obwohl aus vielen Ursachen das Gaißvieh wegen Verödung der Wälder in vielen Gerichten abgeschafft worden ist, so soll doch dessen Haltung dort, wo die Gaiß den Schwarzwäldern, desgleichen auch dem Rotwild, wo dieses seine Winterstände hat, ohne Schaden geweidet werden kann, zugelassen sein, jedoch bei jedem Gute nur die vom obersten Waldmeister erlaubte Anzahl.“

Dabei werden auch eine Menge Beschränkungen auferlegt, wo sie nicht hingetrieben werden dürfen und dgl.

Von diesen Bestimmungen wurden nicht betroffen: Die Täler Glemm, Leogang, Lofer und Unken, „derhalben der Erzstift Salzburg gegen dem Hauss Bayrn des Gaißviechs halben sondere Verträg hat“, wie es in dieser Verordnung heißt. Die Bauern dieser Täler trieben nämlich gemäß diesem Vertrage ihre Ziegen in die angrenzenden bayrischen Saalforste, weshalb eine Einschränkung der Ziegenhaltung dort nicht notwendig erschien.

Wo sich „Raiff und Pandtgewächse“ (Haselnuß, Salchen und Weiden zum Binden der Flöße) befanden, durften weder Ziegen noch anderes Vieh hingetrieben werden. Eine andere Waldordnung vom Jahre 1592 unter der Regierung des Erzbischofes W o l f D i e t r i c h von R a i t t e n a u besagt, daß in Jungmaise überhaupt keine Ziegen noch Schafe getrieben werden dürfen und daß der oberste Waldmeister Fug und Macht haben soll, jedes Mehr von Geißvieh, als erlaubt ist, abzuschaffen. Im 25. Artikel derselben Verordnung heißt es, daß alle Untertanen, die ohne Erlaubnis Geißen halten, bestraft werden sollen. Jene Güter, die die Erlaubnis zur Ziegenhaltung bekamen, erhielten eine schriftliche Bewilligung, auf der die Anzahl der Ziegen verzeichnet war, was auch im Forstregister eingetragen wurde. Wer mehr hielt, wurde bestraft. Die bewilligte Anzahl war verschieden, je nach der Größe des Gutes. Die folgenden Zahlen bezogen sich meistens auf sogenannte Einviertellehen.

Den Waldmeistereiakten im Kaprun (1. Band, Nr. 24, vom Jahre 1601) konnte ich folgende Daten entnehmen, die wohl auch für die anderen Gerichte des Pinzgaues im allgemeinen stimmen dürften und ein Bild des Umfanges der Ziegenzucht in der damaligen Zeit geben.

Jakob Mayer zu Einöden durfte 40 Geißen und 70 junge halten, zusammen 110; dem Martin Ferleyter waren 100 Geißen und 50 junge bewilligt, und zwar zur Sommerzeit auf der Alm Eispichl und im Winter zu Hause in Ferleiten (bei der Überprüfung hatte er 70 Ziegen über die bewilligte Zahl und mußte 12 Gulden Strafe zahlen), Barthmä Sulzbacher in der Fosch 40 Stück, Georg Sulzbacher in Ferleiten 74 Geißen und 10 Böcke, beide auf der Alm Eispichl, Kunz Schranz 50 Geißen und 6 Böcke auf der Alm Rettenstein, Peter Weißbacher in der Fusch 24 Geißen und 21 Kitzen im Sommer auf der Alm in Gaisling, Martin Zinnecker 20 Geißen im Sommer und Winter auf seinem Gute in Walchenbach usw.

---

[1] Nach den Originalen im Landesarchive in Salzburg.

Fast alle hatten aber mehr Ziegen gehalten und wurden mit einer für die damaligen Verhältnisse sehr empfindlichen Geldbuße bestraft.

So betrug die Gesamtzahl der erlaubten Ziegen z. B. im Gerichte Zell, außer Glemm, wo ja in die bayrischen Forste getrieben wurde, 1328 Stück.

Für jede Geiß, die zu halten erlaubt war, mußte ein geringer Geldbetrag erlegt werden. Im Jahre 1729 hatte der Pfleger von Mittersill zu wenig abgeführt und es erging vom fürsterzbischöflichen Verwalter in Salzburg eine Anfrage, warum nur 20 Gulden abgeführt wurden, gegen 40 und 50 Gulden in früheren Jahren. Der Rechenschaftsbericht, der hierauf vorgelegt wurde und sich über die letzten 20 Jahre erstreckte, gewährt uns einen Überblick über die Intensität der Ziegenzucht im Oberpinzgau zu Beginne des 18. Jahrhunderts. Bis zum Jahre 1719 schwankt sie zwischen 1418 und 1195 Geißen. Im Jahre 1720 sinkt der Ziegenbestand im Oberpinzgau plötzlich um die Hälfte (660 Stück). Weder im neuen Rechenschaftsberichte des Pflegers von Mittersill noch in sonstigen Urkunden ist eine Erklärung hiefür zu finden. Wir können nur annehmen, daß vielleicht eine Seuche große Verheerungen angerichtet hat.

Die Schärfe der Verordnungen hat auch um diese Zeit noch nicht nachgelassen, wie aus einer ebensolchen vom 23. Dezember 1755 unter Erzbischof Sigismund hervorgeht. Danach wird das Geiß- und Schafvieh als höchst schädlich bezeichnet, weil es die jungen Sprossen und anwachsenden Maiser abbeißt und so den Waldungen schadet. Es wird befohlen, daß nicht mehr gehalten werden dürfen, als im Winter im Stalle gefüttert werden können. Geiß und Schaf müssen über Winter beim Stalle gehalten werden, dürfen in keinen Wald gelassen und müssen zur gehörigen Zeit auf die Almen getrieben werden.

Und trotzdem hat die Ziegenzucht zwar langsam, aber fortgesetzt an Umfang zugenommen, wie aus den Waldmeistereiakten der Erzbischöfe deutlich zu ersehen ist. Als Beleg mögen die Angaben des landesfürstlichen Pflegers von Mittersill, Ignaz von Kürsinger, vermerkt werden, nach welchen im Jahre 1841 im Oberpinzgau 5700 Stück Ziegen, gegenüber nur 1666 im Jahre 1701, gehalten wurden.

Des Interesses halber sei auch die Anzahl der Schafe (Steinschafe) aus demselben Jahre (1841) verzeichnet, und zwar 10.003 Stück bei einer Gesamteinwohnerzahl von 8285 Köpfen.

Um die Mitte des 19. Jahrhunderts scheint die Ziegenzucht im Lande Salzburg den Höhepunkt erreicht zu haben, worauf ein starker Rückgang zu bemerken ist. In den Rechenschaftsberichten der Landwirtschaftsgesellschaft finden sich folgende Daten. Anzahl der Ziegen im Lande Salzburg:

Im Jahre	1851	51.879	Stück
„ „	1857	39.888	„
„ „	1880	19.621	„
„ „	1890	17.670	„
„ „	1900	15.759	„

Dies ist ein Rückgang in der zweiten Hälfte des vorigen Jahrhunderts um 36.120 Stück. Erst in den letzten 10 bis 15 Jahren beginnt das Interesse für die heimische Ziegenzucht wieder allmählich zu erwachen. In den Rechenschaftsberichten der Landwirtschaftsgesellschaft wird im Jahre 1903 zum erstenmal die Ziege erwähnt, allerdings nur ganz oberflächlich.

Nähere Beobachtungen über den Rassetypus, z. B. in Form einer genaueren Beschreibung des Bockgehörnes, ob es einfach säbelförmig nach rückwärts gebogen ist, oder ob es eine Drehung aufweist, eine Beschreibung über Art und Verlauf einer eventuellen Drehung desselben, findet sich leider nirgends, welcher Umstand wohl auch wieder auf das seltene Vorkommen ausgewachsener Böcke zurückzuführen sein dürfte.

Eine Tatsache sei hier erwähnt, die nicht ohne Interesse sein dürfte. Im Pinzgau besteht die Gepflogenheit, daß in den Wirtshäusern und auch bei Fleischhauern Bockgehörne als Wandschmuck aufgehängt werden. Diese stammen zumeist von älteren Tieren. Man sieht da oft Gehörne, die seit Generationen an der Wand hängen und ein Alter von hundert und mehr Jahren aufweisen. Ich habe zahlreiche solcher alter Gehörne in allen Teilen des Oberpinzgaues angetroffen, die sämtliche ohne Ausnahme den Prisca-typus aufwiesen.

Nr.	Maße in *cm*	C. aegagrus (Hof-museum)	Hausziege vom Prisca-Typus (Hof-museum)	C. prisca nach Adametz	Pinzgauer Ziegen					
					Bock Nr. 1	Bock Nr. 2	Bock Nr. 3	Bock Nr. 4	Bock Nr. 5	Bock Nr. 6
	Hornscheiden									
1	Länge der Vorderkante der Hornscheiden (Mittel)	—	—	—	71·2	55·5	34·5	34	36·5	42·3
2	Gerader Abstand vom vorderen Kanten-ende zur Spitze (Mittel)	—	—	—	50·2	44·9	27·8	29·8	31·8	34
3	Abstand der Vorderkanten an der Basis	—	—	—	2·3	1·2	1·8	2	1·5	1·2
4	Abstand am 1. Drittel der vorderen mittleren Kantenlänge	—	—	—	13	2·5	1	2·7	4·5	3·3
5	Abstand am 2. Drittel der vorderen mittleren Kantenlänge	—	—	—	47	18·4	10·7	12·9	14	16·5
6	Spitzenabstand	—	—	—	88·5	51·5	30·5	32·8	34·8	42
7	Hornumfang an der Basis (Mittel)	—	—	—	19·5	21·3	16·7	16·5	18·8	17·5
	Hornzapfen									
8	Vollständige Länge der Hornzapfen (Mittel), an der Vorderkante gemessen	38	38·9	ca. 32	ca 32	40·2	23·1	24·7	27·3	27
9	Sehnenlänge (Mittel)	34·1	34·2	16	21	31·2	19·2	22	22·6	22·1
10	Hornzapfenumfang (Mittel) an der Basis	14·2	15	15·5	18	18·3	13·6	14·1	16	13·8
11	In 10 *cm* Vorderkantenlänge	10·7	10·2	10·9	11	13	7·9	8·7	10·2	8·2
12	„ 20 „ „	8·2	7·5	7·6	6·8	9·4	3·2	4·2	6·2	5·6
13	„ 30 „ „	5·6	5·2	—	—	6·4	—	—	—	—
14	Längsdurchmesser des Hornzapfenquer-schnittes an der Basis (Mittel)	5·2	5·5	6·1	6·7	7·5	5·4	5·6	6·1	5·4
15	In 10 *cm* Vorderkantenlänge	4·1	4	4·35	4·5	5·5	3·3	3·55	4·3	3·4

Nr.	Maße in cm	C. aegagrus (Hof-museum)	Hausziege vom Prisca-Typus (Hof-museum)	C. prisca nach Adametz	Pinzgauer Ziegen					
					Bock Nr. 1	Bock Nr. 2	Bock Nr. 3	Bock Nr. 4	Bock Nr. 5	Bock Nr. 6
	Hornzapfen									
16	Längsdurchmesser des Hornzapfenquerschnittes in 20 cm Vorderkantenlänge.	3·3	3	in 19 cm Länge = 3·3	2·9	4·1	1·45	1·75	2·6	2·4
17	In 30 cm Vorderkantenlänge	2·25	2·3	—	—	2·95	—	—	—	—
18	Querdurchmesser des Hornzapfenquerschnittes an der Basis (Mittel)	4	3·8	3·6	4·2	4·1	3·1	3·4	3·9	3·4
19	In 10 cm Vorderkantenlänge	2·8	2·3	2·4	2·4	2·6	1·6	1·8	2·4	2
20	„ 20 „ „	2·1	1·7	in 19 cm Länge = 1·6	1·2	1·8	0·5	0·8	1·6	1
21	„ 30 „ „	1·1	0·9	—	—	0·9	—	—	—	—
22	Winkel zwischen Längsdurchmesser des Basisquerschnittes der Hornzapfen und Sagittalebene	ca. 20°	ca. 30°	ca. 40°	ca. 30°	ca. 30°	ca. 31°	ca. 31°	ca. 30°	ca. 30°
23	Abstand der Vorderkanten an der Basis	3·7	3	2·3	3·3	1·8	2·6	3	2·4	2·6
24	In 13·5 cm Vorderkantenlänge	10·2	8·9	6·4	10·9	5·5	6·4	8·2	8·6	7
25	„ 19 „ „	12·9	11·7	15	16·9	8·2	11·8	13·5	12·8	11·3
26	„ 25 „ „	16	15·7	—	24·1	12·3	—	—	20	16·5
27	Spitzenabstand	21·6	32	—	—	33·1	18·9	22·5	24·5	24·4
28	Verschwinden der seitlichen Lage der Außenfläche der Hornzapfen bei einer Kantenlänge von cm	—	20—25	19	23	28—30	18—20	18—20	ca. 20	ca. 16
29	Höhe des an der Innenfläche der Hornzapfen bei en face-Stellung sichtbaren Dreieckes	ca. 15 cm	ca. 5 cm	ca. 2 cm	ca. 5 cm	ca. 4 cm	ca. 4 cm	ca. 4 cm	ca. 5 cm	ca. 4 cm
30	Breite desselben an der Basis	ca. 1—1·2 cm	ca. 0·5 cm	ca. 0·2 cm	ca. 0·5 cm	ca. 0·3 cm	ca. 0·5 cm	ca. 0·5 cm	ca. 0·6 cm	ca. 0·5 cm

Nr.	Maße in cm	C. aegagrus (Hofmuseum)	Hausziege vom Prisca-Typus (Hofmuseum)	C. prisca nach Adametz	Pinzgauer Ziegen					
					Bock Nr. 1	Bock Nr. 2	Bock Nr. 3	Bock Nr. 4	Bock Nr. 5	Bock Nr. 6
	Stirnpartie									
31	Stirnenge	8·8	9·3	8·5	9·6	9	8·7	8·5	8·9	8
32	Innere Augenwinkelbreite der Stirne	7·8	9	8·6	9·4	9·6	8	7·7	8·4	7·5
33	Stirnweite	10·8	12·6	12·6	13·3	11·6	10·1	9·9	10·5	9·1
34	Abstand des oberen Augenbogenwinkels von der Hornzapfenbasis	1·8	2·8	2·9	2·8	2·9	2·8	2·7	2·9	2·5
35	Winkel zwischen oberer Augenbogenfläche und der Horizontalebene, welche die oberen Augenbogenränder tangiert	ca. 45—50°	ca. 25—30°	weit unter 45°	ca. 25—30°	ca. 25—30°	ca. 45°	ca. 45°	ca. 40°	ca. 45°
36	Verlauf der oberen Stirnbeinfläche zwischen den Hornzapfen	gerade	konkav	konkav	konkav	konkav	gerade	gerade	konkav	gerade
	Scheitelbeine									
37	Abstand vom Vorderrande des Stirnbeinwulstes bis zum Beginne der Scheitelbeine	6·5	7·2	5·9	—	7·6	5·9	5·8	7·6	5·7
38	Abstand vom Vorderrande der Scheitelbeine bis zum Hinterrande derselben	4·5	3·6	3·2	—	3·9	3·2	3·3	3·5	3·05
39	Abstand vom Hinterrande der Scheitelbeine bis zur Knickung der Hinterhauptschuppe	2·4	2·2	2·4	—	2	2·2	2·5	2·5	2·1
40	Abstand von der Knickung der Hinterhauptschuppe bis zum oberen Rande des Hinterhauptloches	3·9	4·3	4	—	4·7	3·6	3·3	4·2	3·7

Nr.	Maße in *cm*	C. aegagrus (Hofmuseum)	Hausziege vom Prisca-Typus (Hofmuseum)	C. prisca nach Adametz	Pinzgauer Ziegen					
					Bock Nr. 1	Bock Nr. 2	Bock Nr. 3	Bock Nr. 4	Bock Nr. 5	Bock Nr. 6
	Scheitelbeine									
41	Länge des oberen Schädels vom Vorderrande des Stirnwulstes bis zum oberen Rande des Hinterhauptloches	15·2	15·8	13·7	—	16·2	13·3	13·5	15·8	13·1
42	— — bis zum unteren Rande des Hinterhauptloches	14·8	15·5	13·7	—	15·9	13·1	13·2	15·5	13·1
43	Höhe des Hinterhauptloches	2	2·1	2	—	2·1	1·7	1·6	2	1·85
44	Breite des Hinterhauptloches	2·2	2·3	2·1	—	2·3	2·1	2·1	2·2	2·1
	Gehirnhöhle									
45	Größte Länge der Gehirnhöhle (innen), bis zum Unterrande des Hinterhauptloches gemessen	10·5	11·6	9·4	—	11·4	9·8	9·8	10·8	9·8
46	Größte Höhe innen gemessen	5·4	5·8	5·7	—	6·3	4·9	5·3	5·8	5·2
47	Höhe im hinteren Teile der Gehirnhöhle, senkrecht unter der Hinterhauptschuppe gemessen	4·2	3·8	4·5	—	3·9	3·7	3·9	4·2	4·1
43	Höhe im 1. Drittel der Länge der Gehirnhöhle	3·8	3·2	3·6	—	3	3·3	3·3	3·5	3·6